U0193316

TRANSMISSION

病毒传

王智翔 —— 著

世界知识出版社

图书在版编目（CIP）数据

病毒传 / 王智翔著. -- 北京：世界知识出版社，
2023.10

ISBN 978-7-5012-6685-2

Ⅰ. ①病… Ⅱ. ①王… Ⅲ. ①病毒－普及读物 Ⅳ.
①Q939.4-49

中国国家版本馆CIP数据核字(2023)第185345号

书　　名　病毒传
　　　　　Bingdu Zhuan

著　　者　王智翔
策　　划　席亚兵
责任编辑　苏灵芝
责任校对　张　琨
责任出版　李　斌
封面设计　北京麓榕文化

出版发行　世界知识出版社
网　　址　http://www.ishizhi.cn
地址邮编　北京市东城区干面胡同51号（100010）
电　　话　010-65233645(市场部)
经　　销　新华书店
印　　刷　艺堂印刷（天津）有限公司
开本印张　787毫米×1092毫米 1/16　22印张
字　　数　220千字
版　　次　2023年12月第1版　2023年12月第1次印刷
标准书号　ISBN 978-7-5012-6685-2
定　　价　85.00元

沁园春

千古之毒，旷世奇葩，似死还生。与生灵同在，文明并进。引发恶疫，作浪兴风。饱受其灾，深觉其痛，鹤唳风声魂魄惊。拨云雾，待英雄出世，玉宇澄清。

江山代有豪英，战瘟疫丹心照汗青。纵行踪诡秘，难逃法眼，身微体小，不遁其形。防治新兴，根除旧患，犹叹流行与日增。向明日，世界同凉热，万物咸宁。

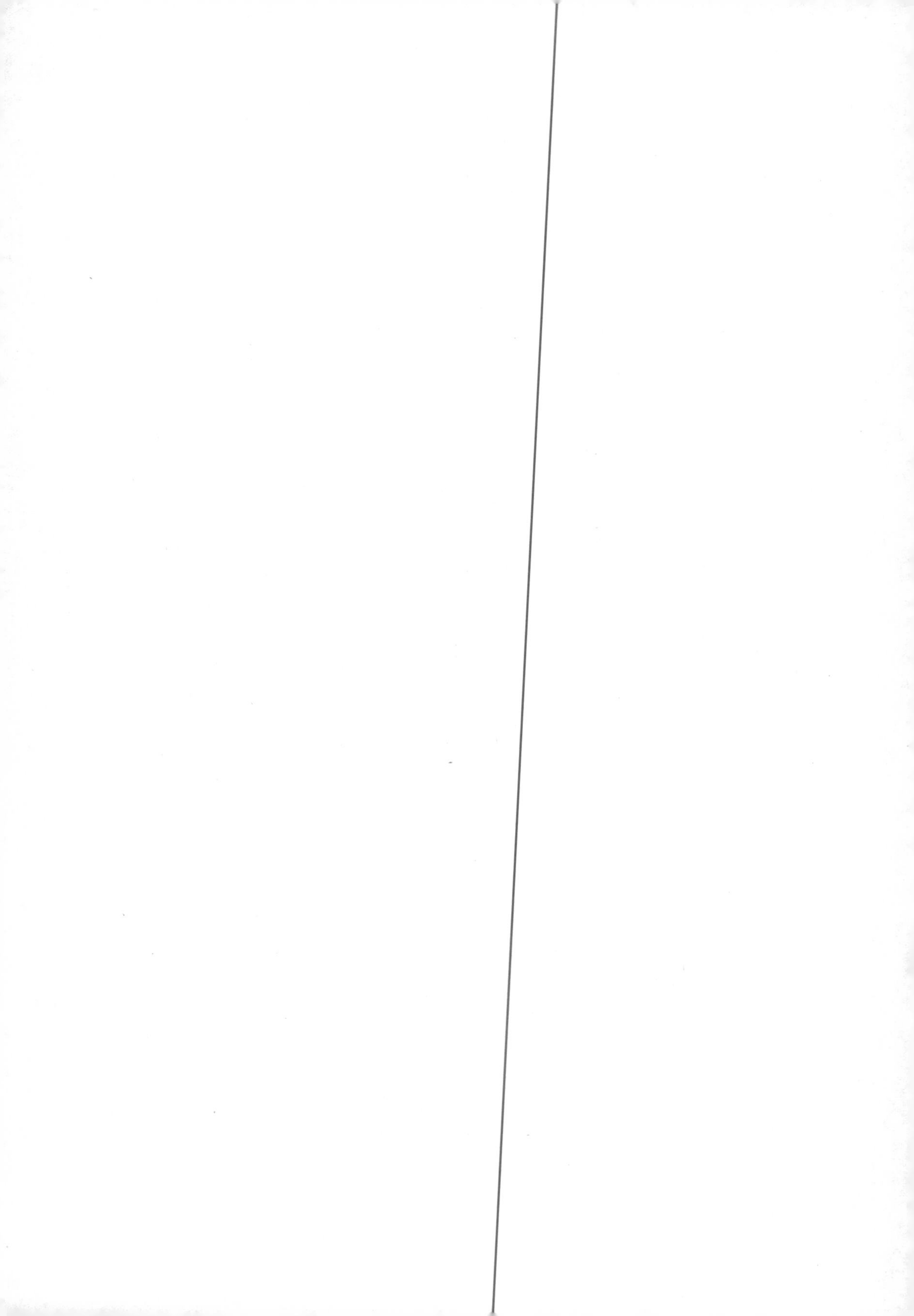

CONTENTS

目　录

引　子

2019 年 12 月 30 日，武汉市卫健委发布《关于做好不明原因肺炎救治工作的紧急通知》。次日又发通报称，已发现 27 例肺炎病例。

四天后，即 2020 年 1 月 3 日，中国政府开始向世界卫生组织以及全球各国通报疫情。武汉人、湖北人、全中国人、全球华人都充满忧虑地关注着疫情的发展。

1 月 26 日，中国疾控中心从环境样本中检测到 33 份样品含有新型冠状病毒核酸，并成功分离出病毒。该病毒寄身于野生动物体内，在人兽混杂的环境里，寄身在野生动物体内的病毒成功外溢（Zoonosis），进入人体。

世界卫生组织将这种病毒命名为 SARS–CoV–2，即新型冠状病毒。它是一种人兽共患病毒（Zoonotic Virus），科学家将它与其他冠状病毒的基因序列进行比较，认定蝙蝠是新型冠状病毒的原始宿主，但中间宿主至今尚未确定。

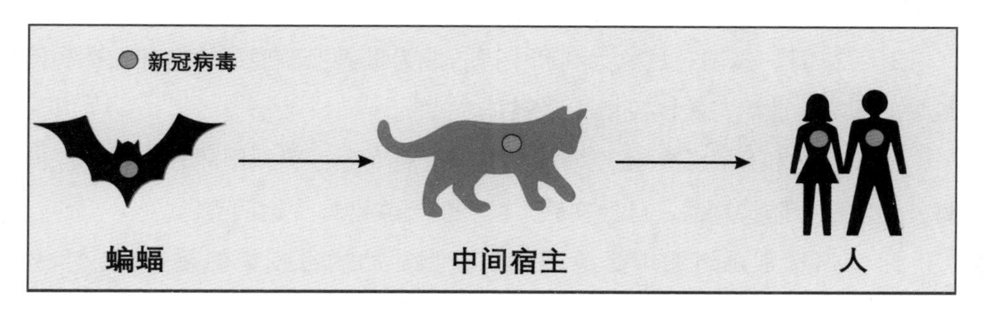

新冠病毒从蝙蝠经未知中间宿主外溢到人

新型冠状病毒的潜伏期平均7天，长可达14天，以武汉为中心向湖北全省扩散，以湖北为中心向全国扩散。至2月中旬，全国34个省市区都宣告失守。

武汉告急！湖北告急！面对危机，中国人迅速动员起来，中国强大的国家机器迅速运转起来。

在经历了最初磨难之后，疫情终于开始逆转。至3月中旬，武汉疫情、湖北疫情、中国疫情完全得到有效控制。

而全球疫情才刚刚开始。

疫情在中国的有效控制并未标志着全球新型冠状病毒疫情的结束。在中国疫情于2月中出现拐点、开始转好时，韩国、意大利和伊朗的疫情开始恶化。

3月10日意大利全国封城。3月11日新增病例超过2000例。

3月11日，世界卫生组织宣布新冠疫情为全球大流行（Global Pandemic）。

到4月22日，即意大利的疫情暴发2个月后，其总死亡人数高达2.5万人，死亡率超过13%，感染和死亡人数已远超中国。

西班牙的疫情与意大利非常相似，只是时间向后推迟了一周。意大利的严重瘟疫在欧洲引发多米诺骨牌效应。短短两周内，借助意大利北部为欧洲经济、文化、交通枢纽的特点，以及欧盟内部无国界自由流动的便利，病毒随着往来人流长驱直入欧洲各个国家，在整个欧洲肆虐。

当新冠疫情在欧洲方兴未艾之时，疫情又以更猛烈的方式和更大的规模在美洲暴发。

3月27日，美国超过意大利和中国，成为世界上新型冠状病毒肺炎病例最多的国家。此后，美国疫情一路飙升。

由于确诊和死亡人数猛烈增加，美国政府下令：美国国际开发署暂停向海外运输医疗防护用品，已经在路上的物资要立即掉头运回美国。

纽约州特别是纽约市是美国早期新型冠状病毒疫情的重灾区，养老院更是首当其冲，感染率和死亡率奇高。因此被完全封闭，不允许任何人探视。

美国冷冻车内的新冠肺炎死者遗体　　美国象征新冠死亡人数的白色小旗

4月7日，纽约市迎来疫情最黑暗的一天，单日死亡人数815人。医院停尸房堆满尸体，新死亡的遗体无处可放，只好存放在冷冻车中。4月下旬，当疫情在美国暂时趋缓时，新型冠状病毒又开始在南美大陆肆无忌惮地疯狂传播。

按下葫芦浮起瓢。

进入夏季，疫情在欧洲沉寂，在美洲趋缓。然而，印度感染人数和死亡人数一直固执地向上攀升，没有任何停下和回头的迹象。9月初，累计感染人数达400万，累计死亡人数达7万。

9月底，印度疫情在好转。可令人沮丧的是，全球疫情并没有改善，恰恰相反，更为严峻的第二波疫情在欧洲、美洲、非洲与除中国以外的亚洲，再次以排山倒海之势席卷而来。

纵观2020年，新冠疫情在世界各地此起彼伏，周而复始，传染性更强的新冠病毒变异株不断出现，推动全球疫情日益恶化。截至2021年1月中旬，整整1年的时间里，全球单日感染人数和死亡人数一直稳步上升，累计感染人数高达1亿，累计死亡人数超过200万。

新冠疫情来势之凶猛，规模之巨大，持续之长久，自1918年西班牙大流感瘟疫后几代人所未见。

新冠疫情就像狂风下的大海，波涛汹涌，此起彼伏，一浪高过一浪，岸在何方？

巴西圣保罗新冠肺炎死者墓地

面对层出不穷的各种病毒，人类是怎样百折不挠、发展壮大到今天的？

一部人类多灾多难的历史，也是一部人类探索自然奥秘的奋斗史。

病毒虽然可以猖獗一时，但只要人类追寻真理的奋斗永不停息，人类的光明未来就是值得期待的。

PART1

第一部分

病毒瘟疫

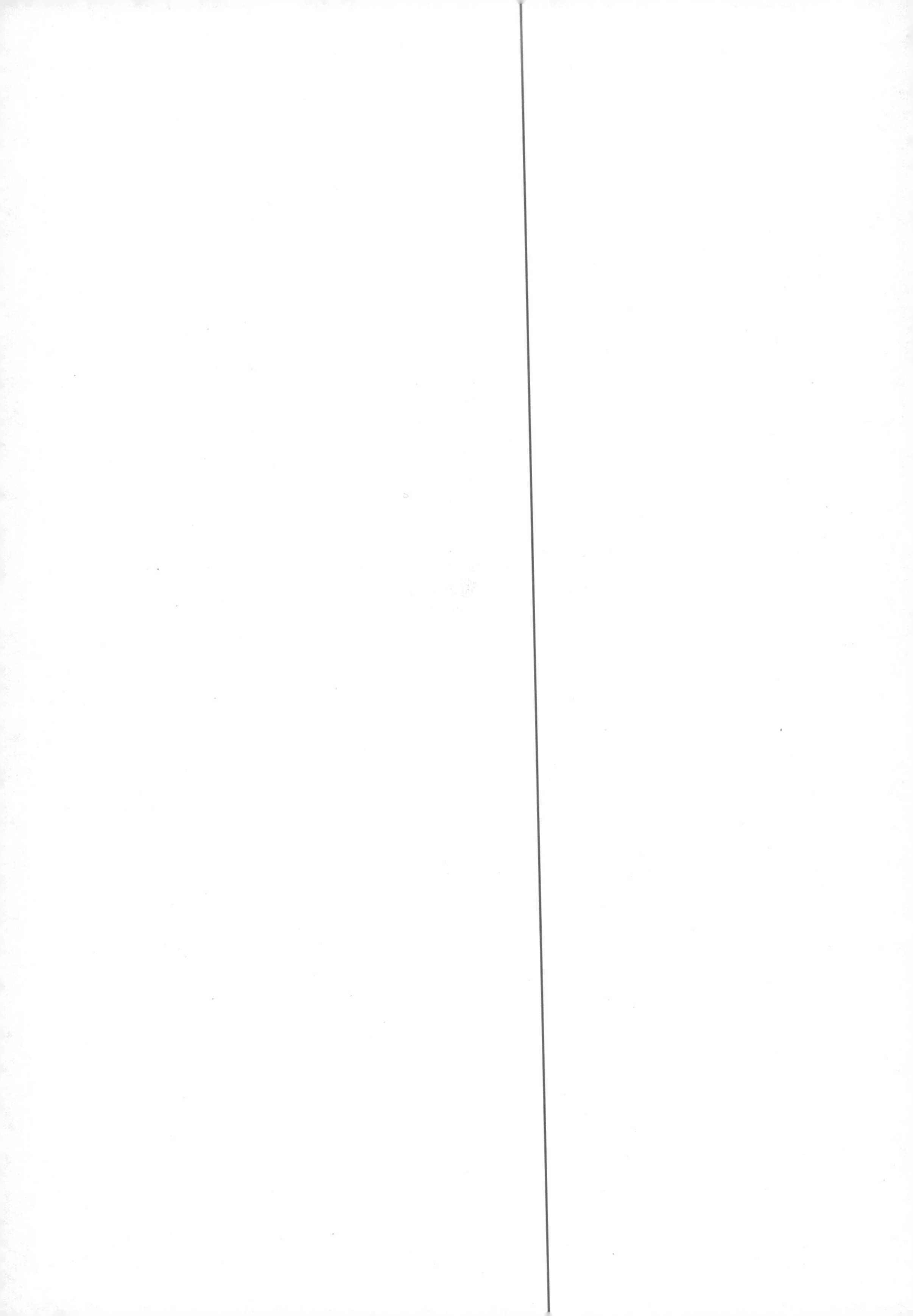

第一章　病毒瘟疫的产生

悠悠盘古开天地，方有生灵沐曙曦。
天宝物华集四海，得天独厚数东非。
纵横万里夺欧亚，拓展八方立业基。
灿烂文明初起步，病毒瘟疫影相随。

古埃及壁画中描绘的农业情景

在茫茫宇宙中有一颗恒星坐落在银河系的边缘，它名叫太阳。年轻的太阳每时每刻照耀并温暖着周边大大小小的星体。

离太阳约 1.5 亿公里的椭圆形轨道上旋转着一颗蔚蓝色的行星，它就是地球。地球的大气中富含氧气，其表面上有充足的液态水。有了光，有了氧，有了水，生命就开始在地球上孕育。

距今约40亿年前，地球上最早、最原始的生命在海洋中诞生，脊椎动物出现在距今约5亿年前，最早的哺乳动物出现在距今9000万年前。但现代人类的历史不足20万年，可见，在生命进化的长河中，人类历史只是短短的一刹那。

在距今大约200万年前，人类的祖先直立人（Homo Erectus）起源于东非，100万年后一部分直立人开始向世界各地迁移，并逐渐进化成欧洲的尼安德特人（Neandertals）和亚洲的丹尼索瓦人（Denisovans）。未迁出东非的直立人借助东非得天独厚的气候和地理环境于大约20万年前进化成现代人（Homo Sapiens），然而现代人在距今大约10万年前才开始走出东非。

现代人为什么在非洲生活10万年后才离开呢?

实际上现代人一直在找机会走出非洲，但是一山难容二虎。当现代人试图离开非洲进入尼安德特人的领地欧亚大陆时，尼安德特人寸土不让，坚定抵抗现代人的入侵。他们与现代人之间的零星和小规模的冲突持续不断，长达10万年，成功地将现代人困在非洲。

现代人冲破尼安德特人的阻击，从非洲走向世界

随着人口的增长，东非一隅实在太小，不能满足现代人发展的需要。最终，大批现代人决定不计代价，冲出非洲，挺进欧亚。

要进入欧亚大陆，必须先北上进入尼罗河三角洲，再东进穿越介于地中海与红海之间的狭窄地带。这一狭窄地带也就是现今的苏伊士运河，最窄处仅有 190 公里，是现代人进入欧亚的必经之路，可谓重要战略要地。

距今 10 万年前，地球刚刚进入最后一个冰川期，尼罗河三角洲地区四季分明，降雨充沛。尼罗河入海前在这里分成众多支流，纵横交错，大大小小的湖泊星罗棋布，滋润着这片一望无际的稀树草原。十多个部落的几千现代人从尼罗河上游北下，追逐着象群、鹿群和成熟的野生果实，陆续进入尼罗河三角洲这片富饶的草原，他们在河边和湖边的小树林搭起临时住处。

在这里，现代人与尼安德特人之间的战争屡屡发生。尼安德特人具有多方面的优势，他们占领了中东数万年，对地形、季节、动植物有深入的了解；强壮的身材使他们成为近距离战斗中的无敌战士；发达的大脑视觉皮层给了他们优越的夜视能力，使他们善于在黑暗中进行伏击。相反，现代人虽然体格较小，但拥有发达的大脑和灵巧的双手，在饱尝了数千乃至数万年的失败后，现代人制造出了远程武器——弓和投掷长矛，用来先发制人和远距离攻击。

最终现代人完全占据了尼罗河三角洲及周边地区，打通了进入欧亚大陆的战略要道，成功地走出非洲，逐渐向北和向东在整个欧亚大陆扩张，并与尼安德特人在欧亚大陆长期共存。

由于地广人稀，尽管冲突不断，现代人与尼安德特人也经常相安无事，各自在自己的领地捕猎、生活。在此期间，也上演过远古版的罗密欧与朱丽叶的故事。

在 4 万年前罗马尼亚喀尔巴阡山脉的崇山峻岭之中，他们偶然相遇在春天的山花之中。

他和她分别来自居住在附近的尼安德特人群和现代人群。

他上身赤裸，披着一件兽皮作风衣。他身材挺拔，虎背熊腰，皮肤浅白，因日晒而稍微发红。粗壮的右手肌肉发达，紧握一把长矛，戴着鹰爪手镯的左手提着一只野兔。

她是一个早期的现代人，穿着兽皮外衣。外衣很漂亮，做工精细，带有狼毛饰边。她皮肤微黑，五官端正，两腿修长，头发编成辫子，两手抱着一张盛满野果的大树皮。

他们在狭窄的山路上迎面相遇，两人都很惊讶，相互凝望了许久，谁都没有说话，也没有走开，只有微风送来阵阵山花的清香。

他率先打破了尴尬，清了清嗓子，上下看了看她，献上了一句衷心的赞美。他说话音调奇高并带有浓重的鼻音。她茫然地看着他，听不懂他在说什么，但从他的神态和话语中感受到善意，她报以友好的微笑。

接下来的日子里发生了许多事情，酸甜苦辣，喜怒哀乐，平静如水，荡气回肠。最终，他们有了孩子，一个现代人和尼安德特人的混血儿！

从迈出非洲的第一步起，现代人的步伐就再也没有停止。现有的化石表明，在距今 7 万年前现代人迁徙到东亚的低纬度地区（中国广西柳江），6 万年前到达澳大利亚，4.6 万年前到达欧洲，3 万年前到达日本群岛和西伯利亚东北部，1.5—2 万年前进入北美洲。

一路上，现代人中的一些人与欧洲的尼安德特人以及亚洲的丹尼索瓦人杂交，在世界各地长期共存、竞争和厮杀。在共处的数万年里，浪漫的故事、枯燥的故事，还有一些暴力的故事，在现代人和尼安德特人及丹尼索瓦人之间不断上演。

最终，尼安德特人在距今 4 万年前灭绝，丹尼索瓦人到距今 1.45 万年前也最终灭绝，他们的一部分基因却保留在人类的基因库里。

猛犸象灭绝

就在丹尼索瓦人灭绝不久，在距今 1.17 万年前，地球结束了历时 9.8 万年的冰川期（距今 11.5—1.17 万年），进入温暖的全新世（Holocene，自 1.17 万年前至今）。伴随着冰川的消退和海平面上升，地球上的植被愈加茂盛，不断向北推进，适宜人类居住的地域不断扩大，现代人数量急剧增加。

不幸的是，人类每扩展到一个新的地区都造成大量当地物种的灭绝。全新世灭绝（包括第四纪物种灭绝，这次物种灭绝也称为第六次大规模物种灭绝）与人类活动息息相关。比如，猛犸象的最终灭绝就是现代人大量猎捕导致的。

在最后一个冰川期，地球上大部分地区都变成了寒冷草原和冻原，草原猛犸象生活的地理区域从 0.3 万平方公里增加到 810 万平方公里，密而长的象毛、丰厚的皮下脂肪、旺盛的新陈代谢使得草原猛犸象在寒冷的冻原上活得十分惬意。

草原猛犸象，又名长毛象，曾是陆地上最大的哺乳动物之一，体重可达 12 吨。对现代人而言，它们不仅能提供大量的食物，其皮毛还可御寒，骨架可搭建房屋。可是，冰川期一过，在短短几千年的时间里，适宜草原猛犸象生活的地理区域面积就下降了 10 倍，草原猛犸象种群数量急剧下降。在南西伯利亚，茂盛的森林取代了冰川时期的苔原，不再是草原猛犸象的最佳栖息地，猛犸象被迫向北收缩。

为了继续捕猎残存的草原猛犸象，萨莫耶德人也逐渐北移，一直追踪猛犸象来到欧亚大陆最北端的泰梅尔（Tamyr）半岛。

史前萨莫耶德人生活一瞥

日复一日，年复一年，距今约6000年前，泰梅尔半岛的草原猛犸象最终被捕杀殆尽。至此，在欧亚大陆再也没有草原猛犸象的踪影。草原猛犸象的命运只是无数物种的缩影。

全新世物种灭绝与现代人在全球扩张同步。

由于人类活动引起的物种灭绝跨越了许多植物家族和各种动物（哺乳动物、鸟类、爬行动物、两栖动物、鱼类和无脊椎动物），而人类的直接捕杀更导致众多大型陆地动物的灭绝。除上面讲到的草原猛犸象之外，其他灭绝的大型陆地动物包括欧亚大陆的披毛犀、大角鹿、锯齿虎、洞狮、洞熊、洞鬣狗、西伯利亚野牛、古菱齿象、剑齿象巨貘、斑鬣狗、王氏水牛、中国犀、西瓦兽（西洼兽）等。

在过往5万年中，北美洲约有33属的大型动物消失。现代人在距今约1万年到达北美洲，在他们到达后的仅1500年期间，消失的大型动物就有15属。

自从走出非洲，现代人不断进入新地区，接触新的病原体（包括病毒和细菌）。由于免疫系统对这些新病毒没有任何抵抗力，人类很容易被感染。但是，由于人口数量有限，人类居群不大，且孤立分散，病毒很难大范围地传播，也就不会造成瘟疫。

文明兴起

在距今1.2万年，人类进入新石器时代，各类病毒性流行病开始频繁发生。

首先，在新月沃土，作物栽培和动物驯化已经开始。当时人们不懂轮作的重要性，一块地长期只种植一种农作物，单一作物种植为植物病毒的迅速传播提供了机遇。病毒大面

古代农业

积感染作物，导致粮食严重歉收。

新月沃土的动物驯化

同时，动物驯化就必须圈养，圈养的猪、牛、羊、马、骆驼和狗等动物身上携带的病毒在家畜中传播和扩散。更为严重的是，有些动物病毒不仅感染家畜，也穿越“物种屏障”外溢到人类。

人类的第一批农业定居点也在此时出现，大量人口开始定居在尼罗河肥沃的洪泛平原上，病毒性传染病也开始成为流行病，比如天花（Smallpox）、腮腺炎（Mumps）、风疹（Rubella）和小儿麻痹症（Poliomyelitis）。

位于约旦河西岸的小镇杰里科（Jericho）是世界上最早的连续定居点之一，其历史可以追溯到距今约 1.1 万年的新石器时期。

世界上最古老的城市之一的乌鲁克市（Uruk，位于现在的土耳其）出现在距今 6500 年。在距今 5700 年时有 1.4 万人，随后人口剧增，到距今 4800 年时为 8 万人。

世界最早的城市之一乌鲁克市遗址（左图）和复原图（右图）

新月沃土包括现代的伊拉克南部、叙利亚、黎巴嫩、约旦、以色列和埃及北部。长期以来，新月沃土因孕育了古代美索不达米亚文明、埃及文明和

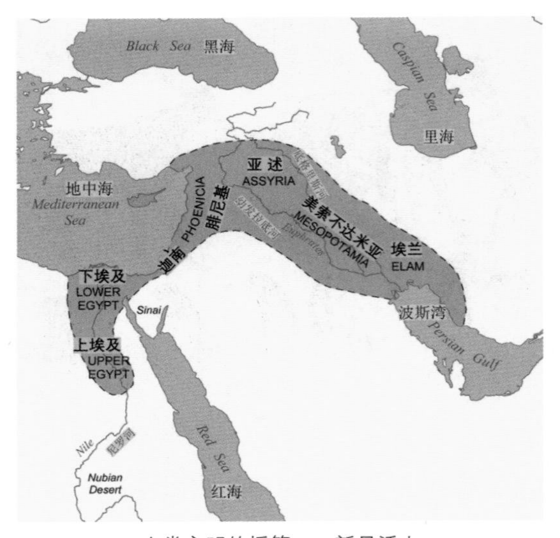

人类文明的摇篮——新月沃土

黎凡特文明而被公认为人类文明的摇篮。由于地形好像一弯新月（左图中红色区域），美国芝加哥大学考古学家詹姆士·布雷斯特德把这一大片肥美的土地称为“新月沃土”。

在中国，湖南省道县玉蟾岩出土了5颗实物稻子，这几粒稻子介于野生稻和栽培稻之间，是最原始的栽培稻，断代测年显示这些稻种距今大约1.2万年。

在距今约7000年间的河姆渡文化时期（Hemudu Culture），采集狩猎没有完全消失，稻作生产已经成为社会经济的主体。河姆渡文化的陶器上有陶塑的猪、羊、人头等，有骨雕和象牙雕作品，有猪、狗、水牛等61种动物的遗骸，由此证明至迟7000余年前不少重要的动物已在中国南方被驯化。

在距今5000年的良渚文化时期（Liangzhu Culture），稻作生产已相当发达，打井修渠，灌溉农田处处可见。农业生产水平的提高，必然带来城镇的进一步发展。良渚文化时期的村落、墓地、祭坛等各种遗存已陆续被发现。

中国最早的城市之一的良渚古城局部遗址

良渚古城始建于距今5300年前，城市人口约2万，是目前所发现的同时代中国最大的古城遗址，堪称“中华第一城”。宏伟的城墙依山傍水，环绕着良渚内城，将古城分为内城与外城。内城占地约 3 平方公里，外城占地约 8 平方公里。整个城墙长达 7 公里，墙基宽大，最窄处也有四五十米宽，个别地段宽至上百米。同样令人瞩目的是良渚古城外围的水利系统，它包括 11 条堤坝，不仅是迄今所知中国最早最先进的大型水利工程，也是世界最早的水坝系统。这些建设工程需要投入的劳动量十分巨大，它见证了良渚社会的复杂化程度及强大的动员能力。

人口居住密集，动物圈养，使病毒如鱼得水，在动物—动物、动物—人、人—人中迅速传播，病毒瘟疫由此而生。

5000 年前的瘟疫遗址

人类历史上已知最早的病毒瘟疫发生在5000年前的中国北方。两个村庄，庙子沟和哈民忙哈，消亡于病毒瘟疫。

乌兰察布草原庙子沟村方位图

雄踞中国北部的内蒙古高原东邻大兴安岭，南接阴山山脉。在高原的中南部，乌兰察布草原一望无际。方圆数百平方公里的黄旗海像一颗璀璨的碧珠镶嵌在这丘陵草原之中，吸吮着源源不断的阴山之水，滋润着四周的大地。

在黄旗海南 7 公里处，坐落着庙子沟村 。和周围的其他村落一样，庙子沟村看上去平淡无奇。有谁能够想到在村外的一片山坡下面却埋藏着一段距今 5000 年的文明和一个难解的谜团？

内蒙古庙子沟遗址

庙子沟原始村落遗址是1985年10月被发现的，经过考古工作者3年的大规模考古发掘，一个几经沧桑、埋没于地下5000余年的原始村落重新展现在人们的面前。发掘后的村南遗址第一地点，约3万平方米，共发掘出房址51座，灰坑、窖穴132个，出土及复原各类陶器700余件，其他比较完整的石器、玉器、骨角器 、蚌器和装饰品达千余件，呈现出一个相对富足的文明社会。

然而考古工作者却观察到一个令人费解的现象：遗骸都散布在住所内，包括居住间、灶房和院落，而且多个遗骸通常在一起。这显然不属于正常埋葬，更像是死亡后尸骨留在原地。遍地的尸骨和大量的遗物似乎告诉我们，这里极有可能是在一场突发性灾难中毁于一旦。

人们不禁要问：是部落间的野蛮掠夺战争？是自然界的地震、火山喷发？是火灾、 水灾？还是一场突如其来的瘟疫浩劫？

内蒙古庙子沟遗址中的居民遗骸

出土的人骨上未见明显的砍杀痕迹，这说明部落战争的可能性很小。当地既没有死火山也不位于地震带，这说明没有火山和地震。遗址处在海拔1370余米的高山坡上，没有淤泥，所以水灾的可能性是不存在的，同时，遗迹中没有火灾遗留的痕迹。唯一可能的罪魁祸首是瘟疫。

时间倒回 5000 年。我们仿佛看到，乌兰察布草原气候比现在更加温暖湿润，位于草原南端的庙子沟一带草原茂盛，成批的黄羊在高草中时隐时现，身背弓箭的猎手在高草的掩护下正悄无声息地接近羊群。远处的山坡上绿树苍郁，黄旗海上捕鱼的小船星星点点。原始村落的坡前台地上庙子沟先民们在开荒耕种，妇女们在小溪旁洗衣打水，在农家小院里养鸡、制陶、烧饭，孩子们戏耍于村前村后。

一天，这种宁静幸福的生活却被突如其来的瘟疫彻底粉碎。面对突然来到的疾病和死亡，庙子沟的先民们不知所措，他们带着恐惧草草地埋葬了第一批死者，祈祷灾难赶紧过去。不幸的是，瘟疫愈演愈烈，死亡人数不断增多，人们自顾不暇，无力埋葬死者。还能走动的人来不及带走任何器具便匆匆逃离了家园。留下的病重者，或者死在床上，或者挣扎着爬到灶房找水和食物而死在灶房里，或者挣扎着爬到院子里而身亡。

一个灿烂的远古文明就此陨落。

几乎在同一时期，距离庙子沟东南 800 公里的内蒙古西辽河平原的一处原始村落——哈民忙哈，也毁于一场瘟疫。

那么，这两处瘟疫是病毒引起还是细菌引起的呢？

中国学者曾推断这两处发生的都是细菌引起的鼠疫（Plague）。理由有二：一是内蒙古草原至今仍存有鼠患，近代以来一直是鼠疫的流行区；二是遗址出土啮齿类动物比例很高。鼠疫耶尔森菌（Yersinia Pestis）主要寄生于啮齿类动物。所以，人可能被啮齿类动物携带的鼠蚤叮咬而感染，也可能通过与啮齿类动物接触或食用啮齿动物而

哈民忙哈遗址

被感染。

利用遗传学分子钟技术，最新的研究结果显示 5000 年前鼠疫耶尔森菌缺乏在鼠蚤体内生存的基因，早期鼠疫耶尔森菌无法被鼠蚤携带和通过鼠蚤传播。所以，在 5000 年以前，腺鼠疫不可能发生。然而，肺鼠疫不需要借助鼠蚤传播，有可能发生。

在约 5000 年前的南西伯利亚人体遗骸上发现了鼠疫耶尔森菌。如果庙子沟和哈民忙哈的瘟疫是鼠疫，科学家应该可以从这一大批遗骸上鉴定出鼠疫耶尔森菌，然而，至今未见有这方面的报道。可见，鼠疫的可能性很小。

既然鼠疫的可能性小，这两处瘟疫的起因就很可能是天花病毒。

第一，采用遗传学分子钟技术，科学家发现，早在几万年前人类天花病毒（Variola Virus）就已经从非洲啮齿动物痘病毒（Taterapox Virus）进化而来，并一直在人群中传播。

第二，人类历史上最早的瘟疫，包括古埃及、古雅典和古罗马的瘟疫，都是由天花病毒引起。

由此可见，最可能引发庙子沟和哈民忙哈瘟疫的是由天花病毒引起的天花瘟疫。

古代早期瘟疫

公元前 3000 年左右，成体系的文字系统诞生。文字的诞生标志人类文明进入了一个崭新阶段，即有历史记载的时期——古代（Antiquities）。

文字至少在 4 个古代文明中独立发展：美索不达米亚（公元前 3400—公元前 3100 年之间）、埃及（约公元前 3250 年）、中国（约公元前 1600 年）、墨西哥和危地马拉南部（约公元前 500 年）。

有了文字记载，我们就可以从中找到关于病毒传染病和瘟疫的信息。这样，我们对古代病毒感染及瘟疫流行的认识就有了两方面的证据：考古发掘的实物证据和历史记载的文字证据。

在史前，人类在除南极以外的每个洲建立定居点，这些定居点都规模有

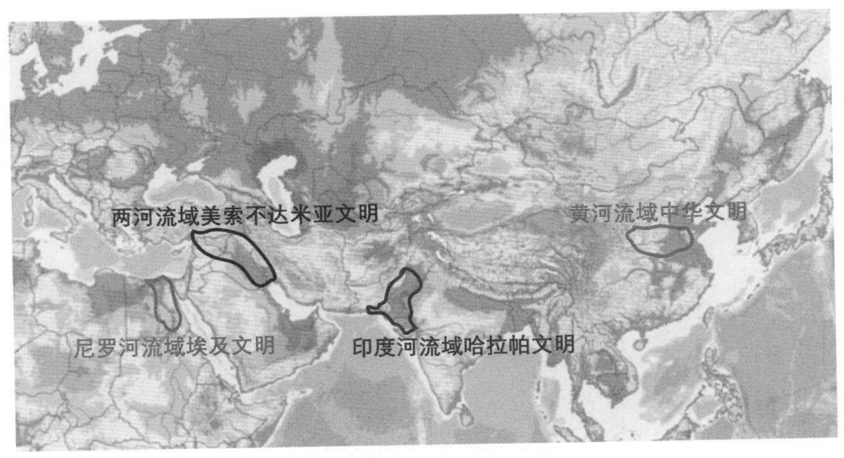

世界最早的四大古代文明

限，且零星、孤立、分散。

在古代，人类扩张由点向面，在特定的区域逐渐连成一片，并在这些区域建立早期人类文明。人类大规模定居为病毒传播提供了宿主。

在古代早期，人类的文字记载非常有限，能保留下来的更加稀少，能完全解读的更是少之又少。但是，根据这些记载，我们仍然能对该时期的病毒感染和瘟疫流行有一个浅显的认识。感谢古埃及皇室的丧葬习俗，我们可以从保留下来的木乃伊中找到病毒感染的证据。

患小儿麻痹症的埃及祭司

公元前2000年左右，由狂犬病毒（Rabies Virus）引起的狂犬病就已为人所知。狂犬病的第一个文字记录出现在美索不达米亚的埃什努纳（Eshnunna）法典（约公元前1930年）中，其中一条规定：得了狂犬病的狗的主人应采取预防措施，防止狗咬伤人。如果另一个

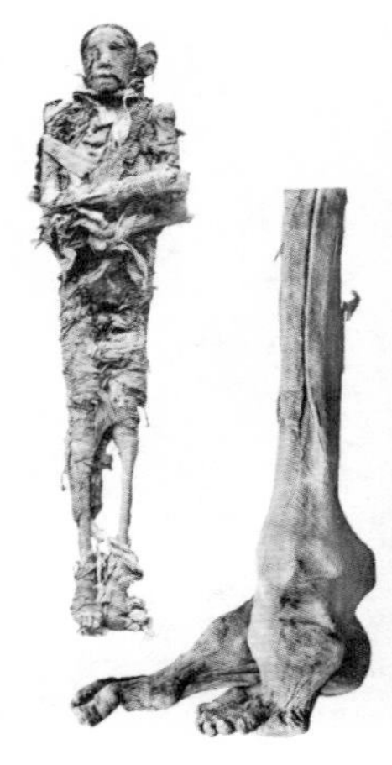

古埃及法老西普塔的木乃伊

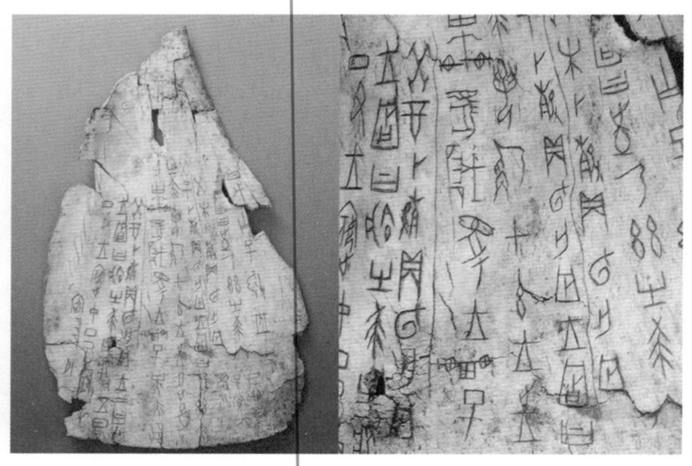

《小屯·殷墟文字乙编》7310

人被疯狗咬伤后死亡，主人要被重罚。

在埃及出土的一个石碑描绘了新王国第十八王朝时期（公元前1580—公元前1350年）的一位埃及祭司。该祭司脚的畸形症状与脊髓灰质炎病毒（Polio Virus）感染造成的小儿麻痹症后遗症完全一致。

古埃及新王国时期，第十九王朝法老西普塔（Siptah，公元前1197—公元前1191年在位）的木乃伊显示出明显的小儿麻痹症迹象。医学检查显示西普塔在死亡时大约16岁。他身高1.6米，红褐色的头发微微卷曲，左脚严重畸形并残废，是典型的小儿麻痹症症状。

石碑及木乃伊两方面的证据表明，脊髓灰质炎病毒在古埃及新王国早期就已开始感染人类。生活优裕的皇室成员被感染更说明脊髓灰质炎病毒感染已相当普遍。

大牛肩胛骨卜辞《屯南》F3.1

古代时期著名的天花病毒感染实例将在

本书的第三部分详细叙述。

在中国河南安阳殷墟出土的商朝甲骨文中也有疫病的记载，编号为《小屯·殷墟文字乙编》7310的甲骨上卜问：“殷王是否染上传染病和疫病是否会蔓延。”

另外，出土的大牛肩胛骨卜辞，被收集在《屯南》中，编号为《屯南》F3.1。骨上记有：“疫情突发，为众人御除疠疫举行了一系列祭祀先人的行事。”甲骨中也有对病人进行隔离，以及熏燎防疫的记载。

第二章　雅典瘟疫

天骄希腊领千邦，雅典斯巴数二强。
修氏箴言成圣典，新权旧霸斗锋芒。
疯狂瘟疫夺生命，妙手神医救死伤。
未有天花成祸害，迄今雅典写华章。

米歇尔·斯威兹（Michael Sweerts）绘制的《古城瘟疫》

雅典—斯巴达战争

古希腊由众多城邦组成，每个城都有自己的政权结构和文化习俗。一些城邦，如科林斯，由国王统治；另一些城邦，如斯巴达由国王和议会管理；而雅典，古希腊城邦的明珠，实行直接民主制。

古希腊人都讲同样的语言，都崇拜同样的神，都认为自己是希腊人。虽然当面对外敌入侵时，他们总是放下分歧，团结一心，同仇敌忾，但他们非常忠于各自的城邦，各城邦之间因争权夺利经常爆发冲突，甚至战争。

伯里克利

伯里克利（公元前 495—公元前 429 年）领导的雅典对斯巴达盟友波泰达亚的进攻点燃了著名的伯罗奔尼撒战争的导火索。

伯里克利不仅是一位运筹帷幄的将军、深谋远虑的政治家，也是一位优秀的演说家。公元前461—公元前429年出任雅典城邦领袖，将雅典带入黄金时代。在雅典卫城建造了许多宏伟建筑，包括举世闻名的帕台农神庙和狄奥尼索斯剧院。伯里克利还促进了雅典民主制。伯里克利穷其一生，将雅典建成了希腊乃至世界的文明中心。不幸的是，伯罗奔尼撒战争的第二年天花瘟疫爆发，天花病毒夺去了他的生命，结束了其辉煌的一生。

伯罗奔尼撒战争局部示意图

公元前 432 年雅典海军从海路远航北上，进攻波泰达亚，同时，雅典对斯巴达盟友梅加里亚实施贸易禁运。作为回应，斯巴达国王阿基达摩斯二世领导的伯罗奔尼撒联军于公元前 431 年侵入雅典。

战争双方一边是陆上强权斯巴达，凭借其强大的陆军实施陆上强攻；另一方是海上霸主雅典，依靠其海军机动能力展开海上游击战。斯巴达的主要战略是每年攻击雅典的土地，造成尽可能多的破坏，如烧毁农场、砍伐橄榄树和葡萄园。这样，一方面可以破坏雅典经济，另一方面可以引诱雅典人出城交战，以便凭借其强大的陆军与雅典展开陆上决战。雅典则避免与斯巴达陆军主力直接交战，通过海上机动，将登陆部队输送到斯巴达海岸，深入斯巴达后方领土造成类似的破坏。

当斯巴达军队进入雅典地区时，他们吃惊地发现周围所有的村庄空无一人，原来，雅典城邦领袖伯里克利已经抢在斯巴达军队到来前让该地区的全部居民撤退到雅典城墙内。

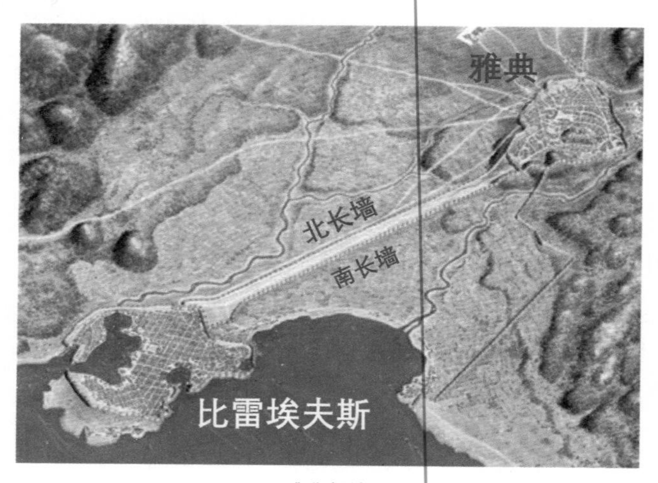

雅典长墙

为了击败斯巴达，伯里克利在雅典和港口比雷埃夫斯都修建了牢固的城墙，并用长墙将两个城市连成一体。长墙长约 7 公里，南北墙之间宽约 50 米，形成一条宽阔的走廊，两堵城墙和长墙加在一起全长近 30 公里。这样既可以通过港口获得粮食和战争物资来支撑与斯巴达的持久战，又能从港口派海军远征斯巴达领土。

伯里克利万万没有料到，大量人口集中在两个城市造成前所未有的人口密度，为瘟疫的肆虐创造了完美的条件。雅典城、比雷埃夫斯港和连接两城的长廊占地不到 12 平方公里， 战前人口 15.5 万，人口密度每平方公里 1.3 万人。雅典地区总人口接近 40 万，他们全部撤到城里后，城市的人口密度达每平方公里 3.3 万人，严重拥挤。在长廊区，居住条件十分恶劣，迁移进来的村民甚至住在木桶和鸽房里，过多的污水、垃圾无处排放，卫生条件极度恶化。这种环境为传染病的发生与蔓延创造了适宜条件。

残酷的战争、恶劣的生活条件让雅典人饱受煎熬，一场前所未有的更大的灾难还在等着他们。

病毒袭击

公元前 430 年初夏的早晨，一望无际的地中海微风习习，碧波荡漾，宁静安详。碧蓝色的海面上，一支由 30 艘商船组成的庞大船队在雅典海军舰队的护航下正向西驶往港口比雷埃夫斯。10 天前船队从埃及港口城市希托起航返回雅典。

每艘船都满载粮食和其他生活用品。这些物资都为正遭围困的雅典所急需。船队选择了最快的航路，借助海流先沿地中海东岸北上。为了早日到达雅典，船队在沿途都只短暂停留补充淡水。

航程一路顺利，没有受到海盗袭击。但船员健康状况令船队总管心里不安，两天前一半船上都有零星船员生病发烧，自己所在的“雅典”号指挥船情况最糟，已有近 20 名船员发烧， 好在“雅典”号仍有足够的桨手保持航行速度。最让总管担心的是生病船员的症状和希托港的埃及病人的症状似乎相同。在希托，他亲眼目睹许多埃及人染病后死亡。总管在心里暗暗祈求海神保佑船员。按照航程，晚上能赶到比雷埃夫斯港，总管心里略微放心。这时，海上突然刮起东风，总管大喜，立即下令所有商船挂满帆。看着速度明显加快的船队，总管舒了一口气：“可以提前到家了。”

黄昏时分，在夕阳的辉映下，船队徐徐驶入比雷埃夫斯港，依次停靠在码头。一靠岸，生病的船员立即由同伴送回家，搬运工人开始卸载货物，船员们领了工钱后回家休假，一切看似都和以往一样。令人始料不及的是，由商船队带回的疾病随着船员分散到雅典的各个角落，迅速扩散。

战争已经进入第二年，战况仍旧胶着。斯巴达人仍然在城外耀武扬威，大肆破坏。雅典人还是坚守不出，不与斯巴达人陆战，而是从海路深入斯巴达后方袭扰，以牙还牙。然而，围困时间越长，雅典的生活越艰难，40 万人挤在城内，雅典最著名的雅典卫城包括帕台农神庙和狄奥尼索斯剧院再次成为肮脏的难民营。同去年相比天气更为炎热，过多的人口造成食品、清洁水、住所和卫生设施严重短缺，再加上战争的压力，雅典人感到身心疲惫。

修昔底德

屋漏偏逢连阴雨，就在雅典最艰难的时刻，一场从未见过的死亡瘟疫铺天盖地而来。最初出现的零星病人并未引起居民与当局的注意，几周后大批居民染病死亡。瘟疫首先在人口更密集的贫民区暴发，但很快就扩散到每一个区域，它无情地攻击每一个人，不分老幼、贫富和贵贱。

当时著名的历史学家修昔底德对病症作了详细描述："病人一开始感到头部暴热，眼睛发红和灼热，喉咙和舌头变得血红，呼吸散发出异常的恶臭。紧接着，病人开始打喷嚏并喉咙嘶哑。不久，病人感觉胸部不适并伴有剧烈咳嗽。当病症出现在心脏时，让人心慌难受，胆汁倒流随之而来，似乎所有的病症都出现在病人身上。大多数病人伴有严重呕吐和剧烈抽搐。或早或晚，病人的这些前期症状有所缓解，特别是体表热度减退。但疱疹和红肿随后而来。体内高热难当，只有脱光衣裳泡在冷水里才会感到舒服一些。病人感到非常口渴，但喝多少水都无济于事。病人根本无法休息。许多人在染病的第 7—9 天就因高烧死亡。熬过高烧的人，开始出现严重腹泻病死于脱水。疾病引起的痛苦难以用文字描述，它的破坏力远远超过人体忍耐的极限。”

修昔底德还对瘟疫的传播方式作了仔细了解，他敏锐地观察到人传人现象。他在书中提道，医生与患者接触的次数越多，他们染病和丧生的可能性就越大。此外，人们因为照顾患者而感染了瘟疫，进而丧生，这是造成大量死亡的最主要原因。根据修昔底德对病症的描述以及疾病流行的方式，当代医学家认定天花病毒是最可能的病因，雅典瘟疫是一场天花大流行。

历史名著《伯罗奔尼撒战争史》

修昔底德（公元前460—公元前400年）是雅典的历史学家和将军，他因其名著《伯罗奔尼撒战争史》而载入史册。我们对雅典瘟疫的了解基本都来自《伯罗奔尼撒战争史》。

修昔底德通过仔细观察不仅对雅典瘟疫的症状作了详细的描述，还彻底揭示了战争与瘟疫给人类带来的灾难。

突如其来的天花瘟疫，让城墙内的雅典市民惊恐万分，谣言四起。起初有人声称斯巴达人在水库里放了毒药，病人都是因饮用了有毒的水而得病，雅典人对水产生了恐惧。然而，在炎热的暑天，没有水，雅典一天也不能维持。

面对严峻的局面，伯里克利焦虑万分，他相信疾病绝对不是水中毒，因为包括自己在内的所有雅典人都喝同样的水，但大多数人都没有染病，而染病者都是病人的家人和护理人员。伯里克利率领各级政府官员出面辟谣，安抚市民。辟谣容易，如何应对瘟疫则让伯里克利束手无策。

这时，一位医生告诉伯里克利，在远方的科斯岛（Kos）有位希腊医生，名叫希波克拉底，医术高超并有许多学生，也许能有办法。一听此话，伯里克利仿佛抓到一根救命稻草，立即写信给希波克拉底，恳求他的帮助。

援　手

希波克拉底（Hippocrates，公元前 460—公元前 377 年）被公认为现代医学之父，其医学理论基于对临床体征的观察，而不依赖于宗教信仰或魔法。

著名的希波克拉底誓言是医生的道德誓言："对知识传授者心存感激；为服务对象谋利益，做自己有能力做的事；绝不利用职业便利做缺德乃至违法的事情；严格保守秘密，即尊重个人隐私、谨护商业秘密。"它体现了西方世界最早的医学伦理，确立了医学伦理学的若干原则，在今天仍然具有至高无上的意义。在许多国家，医学院学生在入学的开学典礼和毕业时的毕业典礼上都必须作此宣誓。

希波克拉底

希波克拉底收到伯里克利求助信的同时，也收到一封来自波斯国王的信。国王请他来拯救患有同样疾病的波斯人，并保证向希波克拉底支付一笔巨额财富作为报酬。品德崇高的希波克拉底毫不犹豫地拒绝了波斯国王的邀请，他对波斯信使说："拯救希腊同胞是我的职责，再丰厚的报酬也改变不了我的信念。"

然后，他带着自己的学生立即经海路前往受灾的雅典城。

虽然早有心理准备，希波克拉底还是被天花瘟疫带来的灾难深深震撼。骄傲的雅典城失去了昔日的辉煌，人们的脸上布满愁容，目光呆滞，重病将死之人躺在大街小巷，呻吟哀号，尸体多得来不及清理，展现在眼前的雅典是一座死亡之城。许多医护人员也没逃过劫难。

希波克拉底和他的学生没有被危险吓倒，立即投入救治，他们高超的护理技能将许多患者从死亡边缘抢救回来。

希波克拉底意识到当务之急是阻止疫情的进一步传播。他观察到除了接触传染外，瘟疫还通过空气传播。于是，希波克拉底决定净化空气来阻断瘟疫传播。他相信火产生的高温可以杀死躲藏在空气中的病魔。希波克拉底还发现疾病在潮湿阴冷的居民区最易传播，而他的医学理念就是以热药治寒病，火可以将潮湿阴冷的环境变为干热。

应希波克拉底的要求，政府下令在整个城市中燃放大火。按照希波克拉底的建议，不仅要烧易燃木材，还要燃烧气味芬芳的花环和鲜花，以及香料精油。希波克拉底相信，这样就可以达到既净化空气又将潮湿阴冷的环境变为干热的双重目的，一举两得，火成为希波克拉底阻止瘟疫传播的最佳盟友。现代的病毒学研究告诉我们，天花病毒的确通过飞沫在空气中传播，的确不耐干热，更易在湿冷环境生存，但燃火对阻止天花病毒传播的作用则非常有限。

希波克拉底的努力赢得了雅典人心，当瘟疫结束的时候，他们都投票支持给希波克拉底制作一个金冠，并接受他为雅典公民，这是他们很少给予任何非雅典人的至高荣誉。

毁灭性后果

在两千多年前，人类对病毒一无所知，更谈不上治疗和预防。再著名的医生在天花瘟疫面前都无能为力。即使以希波克拉底为首的雅典医生尽了最大努力，天花瘟疫还是在雅典无情地肆虐，吞噬生命，死亡人数在7.5—10万，占雅典人口的25%。

修昔底德也染上了天花，但他奇迹般地生存下来，成为病人中的幸运儿，为人类留下了第一份有关天花瘟疫的详细记录。

然而，许多人没有这份运气，包括领袖伯里克利和他的家人。在失去了一个妹妹，以及众多的亲戚和朋友后，伯里克利的两个成年儿子又相继被天花夺去生命。面对一连串的打击，年已65岁的伯里克利终于崩溃了，他泪流满面，没人能够安慰他。过不多久，伯里克利本人也染上天花，在病痛的折磨中结束了他伟大的一生。

这场瘟疫持续 4 年之久，给雅典带来的损失及痛苦空前绝后。它不仅消灭雅典人的肉体，也摧毁雅典人的精神。

首先，对于正在战争中的雅典军队造成灾难性的打击。战争开始时，雅典拥有 1.3 万重装步兵和 1.6 万预备队，因天花分别死亡 4400 人和 4800 人，死亡率为 34%。雅典 1000 人的骑兵部队就因天花死亡 300 人，死亡率为 30%。

在瘟疫暴发不久，雅典军队就因严重减员而失去了战斗力，由海路出击包围斯巴达盟友波泰达亚的 4000 雅典远征军在 40 天内就因瘟疫损失 1050 人，比率高达 26%。

即使瘟疫在公元前 426 年结束以后，雅典军队仍然长时期缺员。

由于天花瘟疫，斯巴达军队不愿意冒险与患病的雅典人接触而暂时放弃了对雅典的占领。实际上，当斯巴达人得知雅典暴发瘟疫之后，就开始回避雅典，只在远离雅典的阿提卡以北地区活动。连外国雇佣兵也拒绝受雇到这座充满瘟疫的城市。

一个城邦四分之一的人口突然消失，对其经济的影响也是空前的。

死亡 3—4 万成年男性导致雅典家庭总收入减少约 1000 塔伦特，这相当于每年维持庞大的雅典舰队所需的基金。按当代美元计算，估计经济损失约 5 亿美元。雅典在随后几十年的战争中财政困难，不仅是由于军费开支飞涨和盟友的背叛，还因为劳动人口的丧失。

另有 5—6 万名妇女、奴隶和儿童的死亡也是灾难性的。他们是雅典经济中不可或缺的角色，即使在战争时期，这种“非战斗人员”也常常发挥着关键作用。例如，在围困中，女性在烹调食物和护理伤病员方面的作用是无可替代的。

成千上万的奴隶在雅典帝国舰队中担任桨手，他们的死亡直接影响雅典海军的战斗力。

儿童的大量死亡则导致雅典人口长期不能恢复。

如果伯里克利没有发动伯罗奔尼撒战争，斯巴达就不会围困希腊，雅典就不会有极度拥挤的人口，病毒就不会有效传播；如果埃及在发生瘟疫后及时隔绝交通，希腊货船就不会去埃及购买物资，病毒就不会被带到雅典。缺少任何一项，瘟疫就不会发生。

天花病毒的致死率约30%，雅典天花瘟疫死亡人数占总人口25%，说明83%的雅典人感染了天花病毒，从而实现了自然群体免疫（Herds Immunity）。这也是为什么当天花瘟疫在公元前426年结束以后，雅典很长时间里再没有暴发过天花瘟疫。但现代文明社会绝不能、也不会选择这种既不人道又灾难性的自然群体免疫来应对病毒瘟疫。

雅典瘟疫是人类历史上第一个有详细文字记载的病毒瘟疫。

第三章　安东尼天花瘟疫

雄霸西方罗马立，武功文治伟名扬。
凯撒执政兴盛世，五圣临朝续炜煌。
无尽扩张招病疫，频繁杀掠引灾殃。
生灵百万皆涂炭，罗马和平泣早殇。

居勒－埃里·德洛内（Jules-Elie Delaunay）的油画《罗马瘟疫》

战 争

罗马—帕提亚战争历经 200 多年（公元前 54—公元 217 年）。

罗马帝国（公元前 27—公元 476 年）是以地中海为中心，跨越欧、亚、非三大洲的大帝国。公元 2 世纪罗马帝国达到极盛，经济空前繁荣，其海外贸易远达中国，是著名“丝绸之路”的西端。罗马帝国控制了大约 500 万平方公里的土地，是世界古代史上国土面积最大的国家之一。

帕提亚帝国（公元前 247—公元 224 年），又称安息或波斯第二帝国，位于亚洲西部、现今的伊朗。

罗马和帕提亚之间的战争开始于公元前 54 年，当时处于全盛期的罗马共和国向东扩张，而处于全盛期的帕提亚帝国向西扩张，这就不可避免地造成了两个强国在近东的冲突。

公元前 54 年罗马第一次入侵帕提亚。在取得初步胜利之后，罗马统帅克拉苏率领的罗马大军在一年后的卡尔海战役中被帕提亚名将苏雷纳击败，克拉苏和他的儿子阵亡，这是罗马人少有的惨败。

随后，在公元 1 世纪“罗马解放者内战”期间，帕提亚帝国侵入隶属罗马的叙利亚。

罗马内战的结束使罗马帝国的实力得到复兴，开始对帕提亚帝国展开反击。公元 113 年，罗马皇帝图拉真将征服东方和击败帕提亚作为战略重点，成功地占领了帕提亚帝国西部首都泰西封。

公元 117 年，新皇帝哈德良即位。他专注于建立稳定、可防御性的边界，以及不同民族的统一。因此，即位不久，哈德良就改变了图拉真的向东扩张政策，重新以幼发拉底河作为罗马的东部边界，放弃了包括泰西封在内的底格里斯河流域 。两国实现和平。

然而，好景不长。50 年后，罗马—帕提亚战争再次爆发。

帕提亚皇帝沃洛加西斯四世首先发难。公元 161 年，在罗马帝国皇位交接时，帕提亚向罗马发起进攻，在亚美尼亚击败罗马人。罗马人不甘示弱，公元 163 年罗马皇帝命令将军普里斯库斯反攻亚美尼亚。普里斯库斯率领罗马大军迅速进入亚美尼亚，全歼帕提亚军队。

在取得亚美尼亚战争的胜利之后，公元 165 年罗马皇帝命令英勇善战的阿维狄乌斯 · 卡修斯将军率领精锐罗马大军乘胜进攻帕提亚的美索不达米亚（现今的伊拉克）。

病毒传播

公元 165 年的仲秋，一支罗马大军正沿着幼发拉底河向东南挺进，统领大军的是一位年轻的将军阿维狄乌斯 · 卡修斯。卡修斯身材魁梧，一头卷发，身披大氅，骑在枣红色的战马上威风凛凛。仲秋的美索不达米亚平原覆盖着金黄色的高草，一望无际，幼发拉底河蜿蜒曲折，缓缓南流，在夕阳的辉映下与挺进的罗马大军构成一幅壮丽的图画。卡修斯是罗马军队中一颗冉冉升起的新星，不到三十岁就成为军团司令。现在他正奉罗马皇帝的命令率领他的军团从正面进攻罗马的宿敌帕提亚帝国。卡修斯统领的高卢第三军团是一支累建功勋的光荣军团，凯撒大帝在公元前 49 年组建这个军团，军团的象征是一头雄健的公牛。

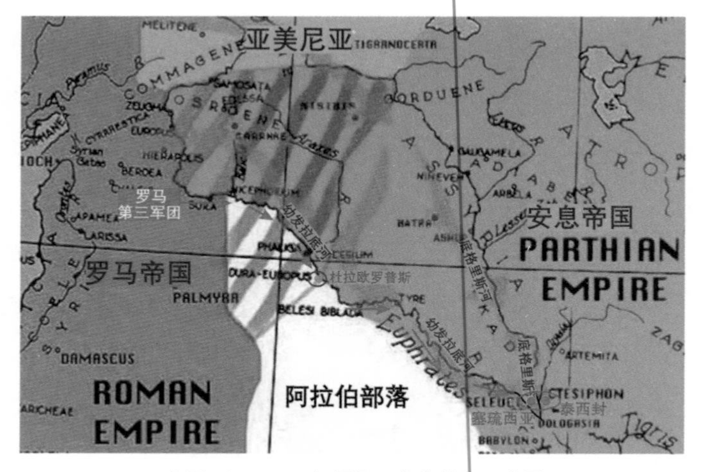

公元 165—166 年罗马—安息战争示意图

帕提亚帝国的军队主力一年前在亚美尼亚遭受重创，现有的军队中一部分部署在底格里斯河一线保卫冬都泰西封，另一部分则守卫在幼发拉底河畔唯一重兵防御的据点，有“东方庞贝”之称的杜拉欧罗普斯。杜拉欧罗普斯是罗马—帕提亚的边界城市，在过去300年间基本上都被帕提亚统治。

卡修斯率领的高卢第三军团不负众望，以迅雷不及掩耳之势拿下这一战略要地。简单休整后，高卢第三军团继续沿着幼发拉底河向东南挺进。一路上势如破竹，直扑位于底格里斯河两岸的双子城塞琉西亚与泰西封。

塞琉西亚位于底格里斯河西岸，是当时美索不达米亚最大、最繁华的城市，以塞卢库斯一世尼卡托的名字命名。塞卢库斯一世于公元前305年将这个早期的定居点扩大为城市，并将其作为他的帝国的首都。在公元前141年，帕提亚帝国征服了美索不达米亚从而占有了这座城市。即使在帕提亚统治下，它也是以希腊文化为主的城市。

塞琉西亚遗址

与塞琉西亚隔河相望的是姊妹城市泰西封。泰西封始建于公元前120年，当时帕提亚国王米特拉达梯一世在塞琉西亚城附近停留，为了防止麾下骑兵入城搞破坏，就在城市边缘的泰西封村驻扎。此后，这里就逐渐成为帕提亚贵族或官员下榻的临时营地。时间一长，泰西封就成为塞琉西亚的卫星城，国王和大贵族经常会在深秋南下，到泰西封避寒。依靠塞琉西亚的繁荣经济与丰厚物产，原先的村庄很快建立起街道与官邸，成为帕提亚帝国的冬都。与塞琉西亚不同，泰西封的建筑以波斯风格为主。

卡修斯率领的高卢第三军团继续向前挺进。当塞琉西亚城与泰西封城

泰西封遗址

遥遥在望时，已是初冬。在辽阔的美索不达米亚大平原上，双子城耸立在遥远的天际。

罗马军队对两城发起全面攻击，战斗进行了一个多月，双方死伤惨重，罗马大军没能取得决定性突破。

正当一筹莫展时，卡修斯发现帕提亚军队的抵抗逐渐减弱，特别是泰西封的帕提亚军队的人数在明显减少。卡修斯随即调整部署，以少量军队围困塞琉西亚，集中主力攻打泰西封。这一策略果然奏效，在冬季结束之前，卡修斯率领的高卢第三军团终于粉碎了帕提亚守军的抵抗，攻入泰西封。泰西封陷落后，塞琉西亚守城军民决定放弃抵抗，与卡修斯达成和平协议，以献城为条件换取罗马人不杀掠。

在得胜的军鼓声中，卡修斯骑着枣红大马，率领队列严整的第三军团，浩浩荡荡开进城中。一踏进城门，卡修斯和罗马军队大吃一惊，大量的守城军民都感染了一种奇怪的疾病，身上长满脓疱，并伴有大量死亡。卡修斯这才恍然大悟为什么帕提亚军队抵抗越来越弱，不堪一击。

罗马占领军对这些病人和死人没有任何兴趣，他们关注的是泰西封皇宫里的珍宝。在卡修斯的纵容下，入城的罗马军队直奔帕提亚皇宫，将皇宫里的各式珍宝掳掠一空。疯狂的罗马军人放火点燃了宏伟华丽的帕提亚皇宫，在熊熊火光中他们饮酒狂欢。

但好景不长，在短暂地欢庆胜利并大肆抢掠了泰西封之后，罗马人发现他们自己也开始感染同城内军民一样的疾病，病情越来越严重。卡修斯不得不放弃下一步的进攻计划，匆忙决定撤回罗马。然而在撤军前，卡修斯作出了一个令人发指的错误决定，他撕毁了与塞琉西亚的和平协议，抢掠了塞琉西亚城， 并焚烧了双子城塞琉西亚和泰西封。卡修斯的这一暴行也注定了他十年后因叛乱而被斩首的可悲下场。

在回撤罗马的路上，这只受了伤的公牛没有了往日的威风，他们偃旗息鼓，放弃了所有占领的地区，只留下部分军队守卫战略要地杜拉欧罗普斯。由于这次战功，卡修斯被升入元老院。

罗马人没有料到，战争胜利不但带来了荣誉与战利品， 也带来了罗马双皇帝的死亡判决，带来了罗马帝国的衰败。

天花瘟疫暴发与罗马双皇帝

当高卢第三军团回到罗马时，疾病在他们所到的每一个地方暴发并传播开来。先是小亚细亚，然后是希腊，最后进入意大利。神秘的瘟疫像野火一样蔓延到意大利地区人口稠密的各个城市。同时第三军团也把瘟疫带向高卢，并在沿莱茵河和多瑙河一线驻扎的罗马军团中蔓延。

公元 166 年，罗马完全被瘟疫笼罩。越来越多的人出现发烧、腹泻、咽炎、皮肤干燥，有时出现脓肿等症状，咳嗽产生难闻的气味，全身长满红色和黑色丘疹， 破了的脓疱散发异味。根据这些症状，现代医学研究得出结论，罗马帝国暴发的这场瘟疫是天花病毒引起的。随着疫情的加重，几乎家家都有人感染和死亡。在疫情最严重时，每天死亡人数高达 2000 人，许多家庭人去室空。整个罗马处于恐惧之中，家家闭门，户户关窗，昔日繁华拥挤的罗马街道现在空无一人，只剩下运送尸体的马车缓缓驶出死寂的罗马城。

遗憾的是，当时人们并不了解天花病毒，惊慌中的罗马人转向祈求邪教和魔法提供保护。神秘预言家阿博诺蒂丘斯·亚历山大创立的蛇神教在瘟疫流行中的罗马大行其道，他的诗被用作护身符，并被刻在房屋的门上作为保护神。可是人们发现这种保护是徒劳的，许多刻有护身符的房屋照样人死屋空。

被压制的基督教在这场瘟疫中大放异彩，不断壮大。虽然罗马皇帝极力反对基督教，把瘟疫的暴发归罪于基督教，从而迫害基督徒，但是基督教的教义和基督徒的爱心却打动了罗马人。与罗马多神教徒不同，基督徒相信帮助别人是自己的义务。当其他异教徒为躲避瘟疫逃离罗马时，基督徒却留下来照顾病人。基督徒们冒着被感染的风险为病人送药送饭，不分昼夜地陪伴在病人身旁，照顾他们的起居。基督徒的爱心感动了异教徒，他们不再相信罗马皇帝的宣传，开始接受基督教。

此外，基督教阐述了生与死的意义。基督徒相信死后可以上天堂去见爱他们的天父，所以在弥留之时不恐惧死亡，亲人们既悲伤又欣慰，相信还会在天堂重逢。基督教“爱”的宗旨吸引了更多的追随者，从而一神论的基督教在罗马传统的多神论文化中扩展开来，信徒人数大幅度增加，奠定了基督教成为罗马帝国唯一的官方宗教的基础。

这场大瘟疫在罗马帝国全境肆虐持续 15 年，蔓延到公元 180 年，导致 7%—10% 的罗马帝国人口死亡。在人口稠密的中心城市，死亡率高达 15%，总人数高达 500 万，连皇帝都不能幸免。

在瘟疫暴发时，两个皇帝，马可·奥勒留（全名为马尔克·奥列里乌斯·安东尼·奥古斯都， 公元 121—180 年）和他的弟弟路奇乌斯·维鲁斯（公元 130—169 年），统治着罗马帝国。他俩都先后死于天花。安东尼瘟疫就是以皇帝马尔克·奥列里乌斯·安东尼·奥古斯都的姓“安东尼”命名。

罗马帝国怎么同时会有两个皇帝呢？

这还得从他们的爷爷哈德良皇帝（公元 76—138 年）说起。

罗马双皇帝马可·奥勒留（左）和路奇乌斯·维鲁斯（右）

在罗马帝国五贤皇（Five Good Emperors）时代，五代皇位都由养子继承。五贤皇中的第三位哈德良皇帝于公元117年以养子身份继承皇位。他放弃罗马帝国的扩张主义政策，通过归还占领的美索不达米亚、亚述、亚美尼亚和达西亚部分地区，同帕提亚帝国达成和平协议。哈德良皇帝致力于建设稳定安全的边界和推动国内各民族和睦。

哈德良皇帝晚年饱受疾病折磨，60岁时几乎死于脑出血。感觉来日不多，他立即收养罗马元老院成员卢修斯·西奥纽斯·康莫杜斯，并指定他作为继任者。天有不测风云，康莫杜斯突然因脑出血死于公元137年的最后一天。

公元138年1月24日，哈德良皇帝只好收养政绩卓著的副执政官——奥雷利乌斯·安东尼努斯，并选定他为新继任者。哈德良皇帝吸取教训，要求安东尼努斯同时收养两个儿子作为继承人，以防不测。于是，安东尼努斯收养了侄子马可·奥勒留，还有刚去世的康莫杜斯的儿子路奇乌斯·维鲁斯。

公元138年，安东尼努斯继承皇位，被称为安东尼努斯·皮乌斯，皮乌斯的意思是重情义并尽职尽责。虽然有两个养子兼继承人，但皮乌斯着重培养奥勒留，让他更多地参与政事并赋予他更大的权力。继承皇位不久，他就把唯一的女儿塞奥尼亚·法比亚嫁给了奥勒留。

奥勒留与维鲁斯这一对收养兄弟有着截然不同的性格和爱好。奥勒留行事稳重，酷爱哲学，是著名的哲学家，有以希腊文写成的哲学著作《沉思录》（*Meditations*）传世，史称 “哲学家皇帝”。维鲁斯被收养时年仅 8 岁，优越的地位养成了他开放的性格和奢华的生活方式。他酷爱赌博、赛车（战车）、派对。当然，他也钟爱诗歌，忠实履行职责。

皮乌斯于公元 161 年去世。尽管元老院计划单独确认奥勒留为新皇帝，但奥勒留坚持让弟弟维鲁斯共同执政，否则拒绝上任。元老院接受了他的条件，确认奥勒留与维鲁斯为双皇帝，开启了罗马帝国前所未有的双皇帝统治。

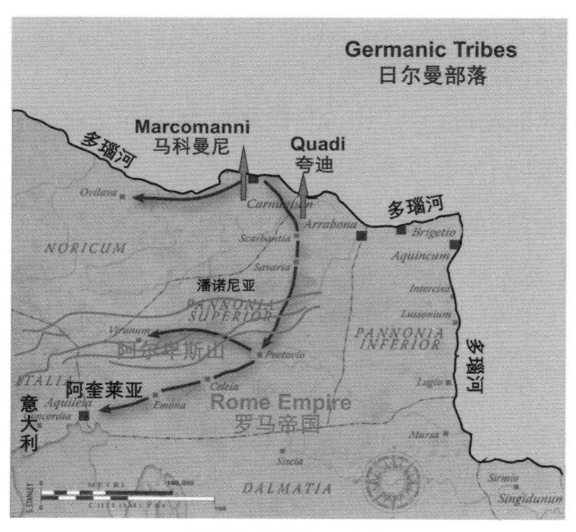

马科曼尼战争示意图

在罗马双皇帝执政初期，罗马北部与日耳曼部落边界沿线的军事压力日益升高。随着人口的增加，日耳曼部落南扩进入罗马帝国的领土，拓展他们的生存空间。从公元 162 年开始，他们不断侵入罗马北部。在公元 166 年末到 167 年初，早已居住在多瑙河以北的马科曼尼人和夸迪人等日耳曼部落开始向罗马发动大规模进攻，其先头部队一度冲进意大利北部。

罗马皇帝虽然早就计划北征日耳曼部落，但由于瘟疫肆虐，计划无法付诸实施。

在瘟疫暴发前，罗马军队由 28 个大小军团组成，约 15 万人。军团训练有素，装备精良，准备充分。他们信心满怀，没有任何力量可以阻挡他们进攻的步伐。但是，如此强大的军队在瘟疫面前却不堪一击，无力抵抗从天而降的天花病毒。士兵们无论职位高低、驻扎在什么地方，都难逃天花之劫。

疾病和死亡造成军队严重缺员，双帝只好新征奴隶、罪犯和角斗士加入军团。这些新兵被派往北部边界抵御日耳曼部落，但他们缺乏战斗力，未能阻止日耳曼部落的南侵。公元 167 年初，日耳曼部落第一次穿越潘诺尼亚，冲进意大利北部。面对这场严重的军事危机，处于天花瘟疫之中的罗马帝国被迫仓促应战。

一年后，公元 168 年春天，在勉强组建了两个新的军团以后，双帝奥勒留和维鲁斯率军从罗马出发，在意大利北部阿奎莱亚建立了总指挥部，并加强了意大利北部的防御线。借助良好的天气，罗马双帝率领罗马军队于同年的夏季越过阿尔卑斯山，进入潘诺尼亚。

希望速战速决的罗马双帝向马科曼尼人发起反攻。因为天花瘟疫在军队中蔓延，士兵纷纷被瘟疫击倒，罗马军队的战斗力被严重削弱，对马科曼尼人的反攻进展迟缓。双帝焦虑万分，将著名希腊医生盖伦和蛇神教的预言家亚历山大紧急召唤到前线，治疗军队中暴发的天花大瘟疫。面对这种从未见过的瘟疫，盖伦医生虽然尽其所能，采用各种医疗方案，但都收效甚微。这时预言家亚历山大觉得是自己大显神威的时候，他向罗马双帝声称："我只需要做两件事就可以止住瘟疫并取得战争的胜利。"

罗马双帝虽然将信将疑，但也只能将所有的希望寄托在亚历山大的魔法上。这位预言家煞有介事地在多瑙河畔的罗马军队阵前先高声念他的咒语，然后对罗马将士们宣布："我现在只要再将两只活狮子扔进多瑙河，你们就不会感染瘟疫并取得胜利。"

两只活狮子被扔进河中后，罗马军团遵照命令向马科曼尼人发起了进攻。然而奇迹并未发生，冲锋的士兵依然行动迟缓，甚至在冲锋途中因病倒下。结果，攻击被击退，罗马军团死伤惨重。

战事进入胶着状态。一直关系良好的双帝产生了意见分歧。弟弟维鲁斯对战争产生厌倦，不再关心战事，将战争的指挥权完全交给哥哥奥勒留，自己每天打猎。入冬前，维鲁斯坚持要返回阿奎莱亚过冬。拗不过弟弟，奥勒留停止进攻，在部署好防御线后，与维鲁斯一起踏上归途。

越过阿尔卑斯山后，维鲁斯突然开始发烧，并感觉乏力、浑身疼痛。接下来的两天，在下肢、腋下及腰部两侧出现皮疹，眼结膜出现充血，维鲁斯始终处于痛苦之中。奥勒留心急如焚，命令队伍加快速度，希望尽快赶回阿奎莱亚，以便让先期返回的盖伦医生为其弟进行治疗。

队伍在加速前进，维鲁斯的病情也似乎出现转机，虽然皮疹向全身蔓延，但体温迅速下降，疼痛减轻。正当兄弟俩感觉稍好时，第五天情况突然恶化，丘疹变成疱疹，疱疹硬如豌豆，疱液浑浊，体温又逐渐上升，病情再度加重。最后，维鲁斯吞咽困难，已不能进水。奥勒留只能无助地守在身边，眼睁睁地看着维鲁斯生命的消亡。在到达阿奎莱亚前，维鲁斯皇帝于公元 169 年 1 月死在行军的马车上。

天花就这样夺走了一位罗马皇帝的生命。

奥勒留皇帝悲痛地带着维鲁斯皇帝的骨灰回到罗马，为弟弟举行了隆重的葬礼。

在以后的数年里，边境冲突持续不断，单独执政的皇帝奥勒留多次亲自在前线指挥作战，最终将马科曼尼人驱赶出境，但罗马帝国却无力继续北征。在面临军事危机的同时，罗马帝国也遭遇天花瘟疫带来的经济危机。

天花瘟疫对罗马经济造成巨大、全面的打击，因瘟疫死亡造成的人口锐减导致罗马帝国税收急剧下降，农民人口减少导致粮食产量下降，工匠减少导致工业品生产下降。随着供给减少，物品价格急剧上涨。劳动力短缺还导致在疫情中幸存者的工资上涨，加剧通货膨胀。当时，罗马帝国是世界贸易中心，瘟疫造成海上和陆地贸易中断。国际国内经济危机使得罗马帝国不堪重负。

由于没有财力支撑，奥勒留皇帝只好与马科曼尼人谈判，希望平息战事，让罗马帝国得以喘息。双方在公元 175 年签订和约，结束了第一次马科曼尼战争。

停战是短暂的。

公元 177 年，夸迪人入侵，紧随其后，夸迪人的邻居马科曼尼人入侵。

罗马皇帝奥勒留被迫再次率军北上迎战，开始他的第二次马科曼尼战争。

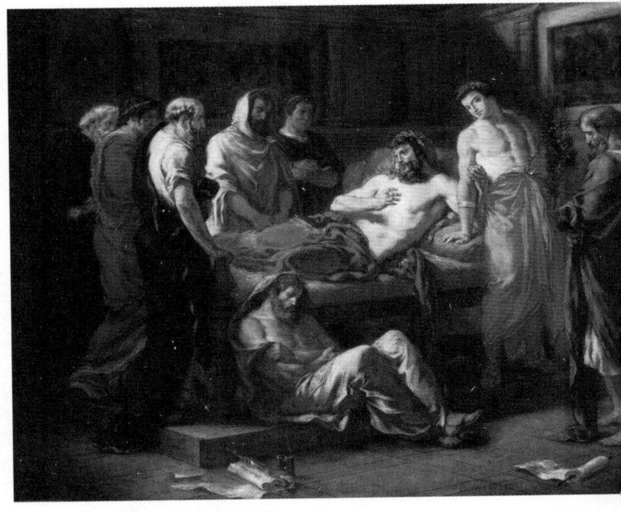
罗马皇帝奥勒留的最后时刻

战争持续了数年，虽然取得进展，但未及战争结束，公元180年初，皇帝奥勒留突然感染上了天花，和他弟弟维鲁斯皇帝一样，一病不起。在弥留之际，他躺在病床上对周围的人说："不要为我哭泣，想想那么多因瘟疫而亡的人。"

奥勒留是罗马帝国五贤皇中的最后一位皇帝，他的去世不仅是罗马帝国五贤皇时代的终结，也是长达200年"罗马和平"，也称"罗马治世"（Pax Romana）的终结。

在大约两个世纪的"罗马和平"时期（公元前27年—公元180年），罗马帝国极大地拓展了领土，最盛时领土达500万平方公里，人口达到7000万。但在最后的15年，天花瘟疫的暴发不仅直接夺走了两个皇帝的生命，也导致罗马帝国人口锐减、财政枯竭、军力衰退。

从此，罗马帝国从"黄金帝国"变为"铁锈帝国"。

第四章　中国东汉瘟疫

马援平虏凯歌旋，孰料天花共马还。
日暮王朝兵祸起，悲凉大地疫情传。
圣医专著说寒理，道士偏方锁病源。
罗马瘟疾连汉土，东西两霸化云烟。

葛洪像

虏疮——天花

“比岁有病时行，乃发疮头面及身，须臾周匝，状如火创，皆带白浆，随决随生。不即治，剧者多死；治得差者，疮瘢紫黑，弥岁方灭，此恶毒之气……（此病）以建武中于南阳击虏所得，仍呼为虏疮。” 虏疮就是众所周知的天花。

著名医学家葛洪（公元284—364年）在其著作《肘后救卒方》（也称《肘后备急方》）中对天花症状作了中国最早、最详细、最准确的描述。虏疮，简单的两个字，含义丰富。“疮”是对病症的形象描述，“虏”则点明了病的来源，即岭南的蛮族。当时，汉人称呼岭南雒越人为蛮人。

二征起义

这是一个光荣的时代。公元25年，刘秀横扫群雄，重建高祖刘邦缔造的大汉帝国，定都洛阳，史称东汉。汉光武帝刘秀文治武功，实现光武中兴，创立建武盛世。然而，正当天下升平之时，南疆告急。

公元40年，交趾雒越部族将领的一对女儿征侧和征贰姐妹举兵造反。出生于军人贵族之家的征氏姐妹不仅受到良好教育，而且武艺精湛，在当地颇受百姓敬重。

交趾太守苏定贪婪成性，横征暴敛，深受雒越人痛恨。征侧的丈夫、雒越贵族军人诗索，因不服苏定被斩首。

为报夫仇，征侧和妹妹征贰率众揭竿而起。当地雒越人对苏定为首的东汉贪官早就满腔怒火，纷

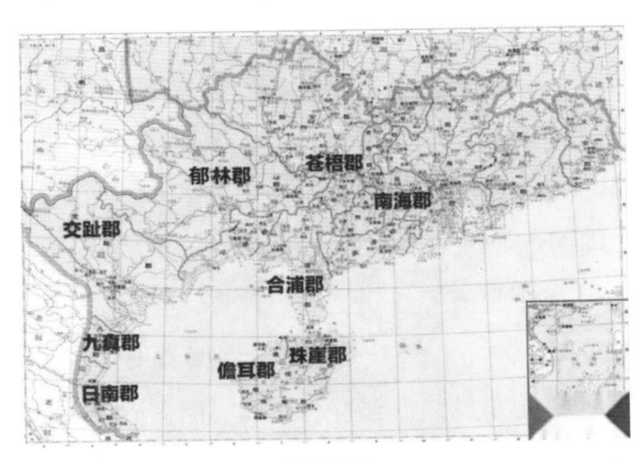

岭南九郡

伏波将军马援

纷响应。起义军迅速壮大，很快攻陷岭南 60 余城，占领交趾和九真。征侧随后在麊泠自立为“征王”，公开与东汉朝廷决裂。

公元 42 年，刘秀任命马援为伏波将军率领大军南击征氏姐妹。伏波将军统帅 2 万大军经海路在交趾郡东南海岸登陆，随即向麊泠开进。交趾一带山高林密，河汊纵横，汉军逢山开路，遇水架桥，长驱直入数百里。

马援为东汉开国名将，一生南征北战，立下赫赫战功。虽已近花甲之年，却宝刀不老。马援披甲上马，手持擂鼓瓮金锤，仍是神采飞扬。

公元 42 年初夏，马援与雒越军在浪泊遭遇。第一次交手，双方都志在必得，征氏姐妹身先士卒，骑着大象冲入汉军。马援统帅的汉军毕竟久经战阵，训练有素，很快稳住阵脚，击溃雒越军，斩首数千级，收降万余人。马援挟初胜余威，趁势攻下交趾城。征侧征贰姐妹一败再败，率残部退入金溪穴（今越南永福省安乐县），扼险固守。

金溪穴为一纵深的峡谷，地势险要，四周是悬崖峭壁，只有一条狭窄山路与外相通，大有一夫当关万夫莫开之势。征氏姐妹率军把住关隘，马援汉军急切不能逾越，两军相持于金溪穴。征氏姐妹一心等待汉军粮尽自退，马援则决心将二征困死在金溪穴中。双方处境都很艰难。

汉军虽能筹集到足够的粮食，但士兵不习水土，金溪穴一带林密草高，瘴气昼熏体，菌露夜沾衣，士兵时常中毒。

雒越军虽然占据有利地形，但被困金溪穴，粮草不济，更何况数千军队拥挤在狭小地域，卫生条件每况愈下。

冬去春来，半年之后，一种怪病开始出现。一些雒越军士兵发热高烧，身上长满疱疹，异味熏天。征氏姐妹心急火燎，却又束手无策，眼睁睁看着病情蔓延。到了公元 43 年 5 月，天气湿热难当，金溪穴中粮食也已告罄，更加上疫情恶化，死亡陡增，雒越军别无选择，被迫突围。

汉军严阵以待，大破突围的雒越军。征氏姐妹英勇奋战，斩杀汉军多人，但最终寡不敌众，双双殉难，残余雒越军群龙无首，纷纷缴械投降。

"突围的雒越军人数如此之少？如此不堪一击？" 马援很惊奇。

他率领汉军冲入金溪穴中，搜寻未参与突围的雒越军余部。

金溪穴中的惨状更让马援震惊：遍地都是死亡和重病的雒越士兵，他们身上长满疱疹，腐烂的疱疹发出刺鼻的臭味。马援意识到这里发生严重瘟疫，命令手下彻底清理金溪穴，迅速掩埋死者，全力救治病人。

10 多天后，当马援统军离开金溪穴时，许多感染疱疹疫病的雒越士兵不治身亡，汉军中也有不少士兵染上同样的疱疹疫病。

汉军又用了半年的时间彻底肃清交趾和九真郡内各地的雒越军余部，完全恢复东汉对岭南的统治。令马援痛心的是近一半的将士并非死于征战，而是死于从雒越人身上传染的疱疹疫病，这种疱疹疫病就是葛洪所描述的虏疮。

公元44年，马援大军凯旋，回到京师洛阳。不幸的是，也将天花带入中原，在中国埋下了一颗随时可能引爆的天花瘟疫炸弹。

瘟疫肆虐

从东汉中后期到三国末期间（公元 49—275 年），中国处在瘟疫的笼罩之下，瘟疫频繁暴发，其中，26 个年份有严重疫情出现。除了 4 个平静期（公元 50—118 年，130—150 年，186—203 年，254—272 年）以外，平均 3 年就有一次大疫情，成为中国历史上第一个瘟疫的高发期。尤其在人口密集的京师洛阳和东都宛城等大城市最为严重。在这 200 多年间，中国人口从超过 5650 万降到仅 1600 万。除了战乱，瘟疫是造成死亡的最大原因。

曹操的诗歌《蒿里行》描述了建安初年战争、瘟疫、饥荒下的百姓遭遇，其中“白骨露于野，千里无鸡鸣。生民百遗一，念之断人肠”便是瘟疫的真实写照。

曹植《说疫气》记载，“建安二十二年，疠气流行，家家有僵尸之痛，室室有号泣之哀。或阖门而殪，或覆族而丧。或以为：疫者，鬼神所作。夫罹此者，悉被褐茹藿之子，荆室蓬户之人耳！若夫殿处鼎食之家，重貂累蓐之门，若是者鲜焉。此乃阴阳失位，寒暑错时，是故生疫，而愚民悬符厌之，亦可笑也。”描绘了疫病流行的惨状。

著名文学家、建安七子之一的王粲在《七哀诗》中也记载：“出门无所见，白骨蔽平原。路有饥妇人，抱子弃草间。顾闻号泣声，挥涕独不还。‘未知身死处，何能两相完？’驱马弃之去，不忍听此言。”是当时凄凉情景的真实写照。

令人扼腕的是，写完《七哀诗》不久，王粲自己也死于这场瘟疫。王粲平日最爱听驴叫，在他的葬礼上，魏文帝曹丕提议在场的人都学一声驴叫为王粲送行。这就是著名的“驴鸣送葬”。

建安七子中，除去早逝的孔融和阮瑀，其余有四人徐干、陈琳、应玚、刘桢也都在这一年殇于瘟疫，其惨状可见一斑。第二年曹操发布的魏王令曰：“去冬天降疫疠，民有凋伤。”

医圣——张仲景

著名医学家、医圣张仲景（公元151—219年），亲眼目睹并经历了这一系列瘟疫带来的苦难。

张仲景出生在南阳郡涅阳县张寨村，张家世代书香，藏书丰富，仲景从小有机会接触到许多典籍。他也勤奋好学，博览群书。他从史书上看到扁鹊望诊齐桓侯的故事，对扁鹊高超的医术非常钦佩，正像他在《伤寒杂病论》序中所言，“余每览越人入虢之诊，望齐侯之色，未尝不慨然叹其才秀也”。仲景喜欢阅读医学书籍，逐渐对治疗疾病产生了浓厚的兴趣，为他后来成为一代医学大师奠定了基础。

自踏上行医之途，在疫情猖獗的年代里，张仲景不辞辛劳看了大量的病人，从中也获得了丰富的临床经验。他给患者看病、开方十分仔细，诊断准确。抓药也一丝不苟，亲自登山采药，精心制药。

张仲景塑像

公元 185 年的南阳，刚刚经过 1 年的战乱，民不聊生，百业凋零，赤地千里。天寒地冻之时，天花瘟疫再度大规模暴发，南阳百姓为避瘟疫四处流浪，或死于瘟疫，或死于饥寒。

张仲景目睹惨状，痛心疾首。既然瘟疫是"伤寒"，要预防就必须祛寒和排毒。于是，他研制了一个抗疫御寒排毒的汤药方子，成分包括生姜、甘草、桂枝、茯苓、胡椒、麻黄、红枣和射干等。可是，对于饥寒交迫的病人，除了吃药，还必须有食物垫底。张仲景忽然想起日常食用的馄饨。

"药汤煮馄饨岂不一举两得？"张仲景眼睛一亮。

他把羊肉和这些药物先放在锅里煮，煮熟了以后再捞出来切碎，做成馅料，再用面皮包好，包出的馄饨一个个呈现耳朵形状，非常整齐漂亮，张仲景给它们取名"娇耳"。将原药汤烧开后，下"娇耳"，张仲景把它叫作"祛寒娇耳汤"。

一切准备就绪，正好是冬至日，张仲景和徒弟们及族人在张寨村通往南阳的路口处搭了个大棚，支上几口大锅，为饥民舍药防病，缓解饥寒。

灶里火焰熊熊，锅里药汤沸腾，"娇耳"翻滚，大棚里热气腾腾，药香和着肉香，在空中弥漫。附近的饥民循着香味，涌入大棚。张仲景一面让徒弟和族人给饥民发放祛寒娇耳汤，一面亲自在另一个大棚里为感染天花瘟疫者诊治。每个饥民都得到一碗热乎乎的祛寒娇耳汤。

喝了药汤，吃了“娇耳”，饥民们热在身上暖在心头，对张仲景千恩万谢。

张仲景施食舍药的消息很快就在涅阳一带传开，方圆数十里的饥民都赶来，希望喝上一碗祛寒娇耳汤。一碗碗祛寒娇耳汤救活了无数在严寒之中潦倒的饥民和病人。

张仲景的“娇耳”因其形状与馄饨不同，逐渐自成一体，演变为现在的饺子。冬至吃饺子也成为习俗并延续至今。

经历了一系列的天灾人祸，已过而立之年的张仲景深切体会到，良药只能治天灾，好官才能治人祸。

公元190年，刚满40岁的张仲景通过孝廉一科，踏入仕途。张仲景决定做一任好官，造福一方百姓。

在他出任长沙太守期间，天花瘟疫于公元204年再度大规模暴发。张仲景虽贵为太守，但他的神医名望无人不晓。染疫患者，无论达官显贵，还是贫苦百姓皆慕名前来求医。张仲景放下太守的架子，对前来求医者来者不拒，悉心诊治。

最初，在处理完公务之后，张仲景仅在后堂或自己家中给人治病。随着疫情加重，前来求医的人越来越多，他应接不暇。张仲景心想，治病救人就是最大的公务，于是，他干脆把诊所搬到了大堂，公开坐堂应诊，首创了名医坐大堂的先例。

疫情过后，张仲景坚持每月的初一和十五两天，不理政事，大开衙门，坐堂应诊。他的这一举动，被传为千古佳话。后世为了怀念张仲景，把坐在药店内治病的医生通称为“坐堂医”，把中医药店称为“堂”。

虽然挽救了许多生命，但看着一个个无法治愈的鲜活的生命在自己眼前凋落时，张仲景十分痛苦。

瘟疫的肆虐也夺走了他三分之二的族人，他们在10年之内相继死于瘟疫，张仲景万分无奈。“余宗族素多，向余二百，建安纪元以来，犹未十稔，其死亡者，三分有二，伤寒十居其七。”这里，张仲景将造成瘟疫的疾病称为伤寒。

他一方面积极诊治病人，另一方面潜心研究新方案，写出了传世巨著《伤寒杂病论》，被后人尊称为医圣。

道医——葛洪

东汉三国这场持续逾百年的天花瘟疫在公元275年告一段落后，并未就此消亡，葛洪早年也经历了5次瘟疫。自古医道相通，道学家往往也是医学家，葛洪就是一个典型代表，既是著名道教理论家又是著名医药学家。

葛洪移居

葛洪出身道学世家，是葛家道创始人葛天师葛玄之侄孙。葛玄（164—244年）道法精深，善于画符治病，以《灵宝五符》为主要思想创立葛家道，也称道教灵宝派。道教灵宝派经过葛玄—葛洪—葛巢甫（葛洪曾孙）几代人的传承发展壮大，延续至今。

葛洪的《抱朴子》继承和发展了东汉以来的炼丹术，对之后道教炼丹术的发展具有很大影响，为研究中国炼丹史以及古代化学史提供了宝贵的史料。

葛洪在医药学上的贡献更是令人叹为观止。他撰有医学著作《玉函方》一百卷（已佚），《肘后备急方》三卷。书中，他对病症作出细致准确的描述、命名，并提供治疗药方。

葛洪确信虏疮（天花）就是张仲景所指伤寒，将虏疮症状及治疗虏疮的药方都收录在治疗伤寒的药方《治伤寒时气温病方第十三》里，他对天花的描述比波斯人早500年。

不得不提的是，葛洪对中国当代医药学家屠呦呦赢得诺贝尔医学奖也是功不可没。正是《肘后备急方》中的药方“青蒿一握，以水二升渍，绞取汁，尽服之”给了屠呦呦灵感，成功提取抗疟新药青蒿素，为中国赢得了第一个诺贝尔医学奖。

欧亚瘟疫

引人注目的是，在中国暴发天花瘟疫的同时期，西方的罗马帝国也暴发两场大规模的天花瘟疫：安东尼瘟疫（公元 165—180 年）和塞浦路斯瘟疫（Plague of Cyprian，公元 251—270 年）。

东汉时期欧亚大陆疆域图

罗马帝国经由丝绸之路与中国连接，两国贸易频繁。公元 97 年，汉帝派甘英出使罗马，由于帕提亚政府阻挠，抵达波斯湾后折回。公元 110 年，罗马梅斯商队经陆上丝绸之路穿越帕提亚帝国，首次到达洛阳。此后，罗马商队沿海上丝绸之路，经印度和越南，于公元 166 年到达洛阳。

频繁的人员交往，使得天花病毒经帕提亚在罗马与中国之间传播，强化了两大帝国的疫情，构成一场席卷欧亚历时百年的天花瘟疫。

澳大利亚历史学家张磊夫（Rafe de Crespigny）认为中国东汉时期的瘟疫与罗马的安东尼天花瘟疫相关联。

第五章　日本天花瘟疫

诡异天花走九州，翻江倒海使人愁。
新罗不敬皇差使，瀚海难行浪毁舟。
诚遂圣心穿疫地，误携毒病入京楼。
一朝之忿终身悔，造庙修佛恨未休。

公元 737 年日本天花大流行

中世纪最严重的一次天花瘟疫发生在日本。

公元 735 年 5 月（天平七年），对马海峡西南，一艘海盗船正在海面游荡，寻找猎物。平静的海面突然阵风连连，远处的天边乌云渐起。正值多雨时节，一场暴风雨就要来临。

烦躁不安的海盗船长下令挂满帆，借风力全速驶向附近的壹岐岛。方才还是风平浪静的海面，现在已波浪起伏。

壹岐岛位于九州岛和对马岛的中间，是往返九州岛和对马岛的重要中转站。海盗船刚刚驶入壹岐岛，暴雨就倾盆而下。海盗船长正坐下来喘口气，一名船员就匆匆忙忙跑来："老大，不好了。那个人质病得不轻。"

"指望他发财没戏了，待会儿雨停了，把他扔到岸上。"船长没好气地说。

今天发烧生疮的人数突然猛增，还死了两个，船长正心烦意乱。

暴雨来得快，去得也快。把人质扔到岸上后，海盗船随即驶出港湾。

人质是北九州的一位渔民，10 天前他的渔船被劫。海盗将他留为人质，让其他船员回去准备赎金。不幸，船老大被生病的海盗传染。一见船老大病入膏肓，壹岐岛居民立即将他带回到了北九州的家中。

看似一段有惊无险的经历，却引发了日本历史上最大的天花瘟疫。天花很快就在壹岐岛和北九州传播， 进而传播到对马岛和九州岛大部。越来越多的人染病，越来越多的人死亡，大宰府焦头烂额。

大宰府是 7 世纪下半叶在九州设立的地方行政机构，负责九州地区的内政，统辖西海道 9 国（筑前、筑后、丰前、丰后、肥前、肥后、日向、萨摩、大隅）和三岛（壹岐、对马、多岛）。自古以来大宰府还负责与中国和新罗（现朝鲜半岛地区）的对外交流，是日本与唐代商船贸易的中心。由于被赋予的权力极大，大宰府也被称为"边远的朝廷"。

面对严峻的疫情，大宰府一面赈灾发药，祭祀祈福，一面将疫情紧急上报首都平城京。

8 月 12 日天皇得到了九州岛最高政府大宰府的报告：近日大宰府辖区内因为疫情而死亡的百姓很多。仅仅 11 天后，大宰府再次上书报告其辖区下的 9 国"疫疮大发，百姓悉卧"，申请免除当年的税收，得到了天皇的允许。

时间进入到公元 736 年，天花依然在日本肆虐，九州的许多土地租户要么死亡，要么抛弃庄稼，使得农业产量下降，最终导致饥荒。与此同时，与日本隔海相望的新罗不满于被日本视为属国，想要寻求与日本的平等关系，在公元 735 年派使节访问日本时告知日本天皇，新罗已改国号为"王城国"。

日本朝廷对此十分恼怒，下令驱逐新罗使者。

公元 736 年 2 月 28 日，天皇做出他一生中最错误的决定：在九州瘟疫期间派使团经九州前往新罗，导致使团成为传播天花病毒的媒介。他任命阿倍仲麻吕为遣新罗大使，向新罗问罪，意图压迫新罗承认属国地位。

为此，日本组建了几十人的庞大使团，成员包括副大使大伴三中、大判官弥生宇太麻吕、少判官大藏麻吕等。

4 月 17 日，阿倍仲麻吕向圣武天皇辞行，率团离开本州岛上的首都平城京，经九州前往新罗。一路上，到处都是逃难的人流、倒毙的尸体，疫情之严重远超遣新罗使团成员的想象。

遣新罗使团路线图

来到九州之日，正逢天花瘟疫猖獗之时。为了避免感染，遣新罗使团马不停蹄直奔港口。

“启航！”阿倍仲麻吕下令逃离九州。

尽管天气不好，时有风浪，航船还是一路颠簸到达壹岐岛。不久，海上渐起大风，阿倍仲麻吕决定继续前行，希望在暴风雨来临之前赶到对马岛。然而，天不遂愿，航船在对马海峡中部遭遇暴风雨严重损坏，被迫在海上漂流。

几天之后，航船又漂流回到九州，真是欲速则不达。

休整之后，使团再次启航前往新罗。

刚刚到达壹岐岛后，阿倍仲麻吕最担心的事情还是发生了，数名团员感染天花！阿倍仲麻吕只好留下生病的团员，自己带着其他团员继续上路。

几天后，留在岛上的雪连家满死于天花，他是第一位死于天花的使团成员。

日本使团在秋天抵达新罗后，态度傲慢，以宗主国的身份对待新罗，但新罗并不买账，双方不欢而散。

日本使团启程返国，于公元 737 年 1 月 27 日抵达对马岛。使团成员们一路艰辛，身疲力竭，决定在岛上休假几天。不幸的是，第二波天花疫情已经悄悄启动，阿倍仲麻吕及数名团员均被感染，不能返京复命。剩余人员不敢久留，在副大使大伴三中带领下立即经九州返回平城京。阿倍仲麻吕不久病死在对马岛。

使团在返程路上所见疫情比来时更为惨烈，九州岛北部赤地千里，哀鸿遍野。使团里不断有人感染天花病倒，大伴三中也中招，他们只能走走停停，进入本州岛时，使团已经满载天花病毒。

3 月 28 日使团其他人员终于回到平城京，大判官弥生宇太麻吕和少判官大藏麻吕在殿堂上向满朝文武高官作归朝报告。

让人始料不及的是，归朝使团不仅将天花瘟疫从九州岛带入本州岛，还将其直接带入平城京和朝廷百官之中。

4 月 17 日，出现了第一例死亡的高级官员，他是藤原北家之祖藤原房前，当时朝政被藤原家族的藤原四兄弟把持。

到 6 月 1 日，许多高级官员被感染，无法上朝，朝廷不得不休朝。

到 8 月，大批高级官员死亡。藤原四兄弟中的另外三个也都相继死于瘟疫。

高级官员尚且死亡惨重，一般市民的状况可想而知。平城京是一座模仿唐朝京城长安新建的都城，东西长 4.2 公里，南北长 4.7 公里。当地居民约 10 万人，另有 10 万流动人口，人口密度高达每平方公里 1 万人。圣武天皇热衷佛教，在城里大肆兴建寺院，从外地来的建筑工人数量庞大。流动人口中有被征调来的士兵、服徭役的壮丁，还有商人。人口稠密和流动性强为瘟疫的流行创造了条件。

平城京设计上的缺陷更助长了瘟疫的流行。由于那时卫生观念不强，没有考虑到下水道的重要，而只是在大路边挖有侧沟排放污水。随着人口增加，平城京的卫生条件每况愈下。当天花瘟疫暴发时，糟糕的卫生条件无疑是火上浇油。短短几个月，平城京就有 6 万多人死于天花瘟疫。

国家遭此大难，圣武天皇心中非常不安，时时自责。8 月 13 日，他下了罪己诏，两天后，又批准 400 人出家为国家祈福。

庆幸的是，9 月后，疫情逐渐停止，最终没有延续到公元 738 年。

奈良大佛

公元 735—737 年这场天花瘟疫给日本社会带来的破坏空前巨大，给统治者和人民带来的恐惧和痛苦刻骨铭心。日本死于天花的人数占当时总人口的 25%—35%，在一些地区的死亡率远远超过这一数字。在瘟疫发生前全国人口有 600 万，这场瘟疫夺去了近 200 万条生命。

天花暴发后，圣武天皇决定迁都，并兴建寺庙和大佛，希望得到佛教的救赎。著名的东大寺大佛——奈良大佛随之诞生，它是日本第一大佛像，也是世界最大的青铜佛像。大佛坐高 14.9 米，台座上有千瓣莲花，每瓣线刻释迦佛像，呈现莲华藏世界图。共计 260 万人参与了工程，称得上是“镕尽国铜终成象，削却大山方作堂”。

第六章　英国出汗病瘟疫

阋墙兄弟比雄雌，夺位亲叔弑幼侄。
血统两支争落幕，玫瑰双色二合一。
病毒肆虐人出汗，瘟疫呈威路满尸。
太子平民皆不测，三十三口最悲戚。

英国出汗病瘟疫

英国出汗病（English Sweating Sickness）是一种神秘的传染性疾病，它于 1485 年突然出现在英国，并于 1508 年、1517 年、1528 年和 1551 年四次流行。除了 1528—1529 年的大流行蔓延到欧洲大陆外，其他仅限于英国。但在 1551 年暴发之后，出汗病就突然从人们的视野中消失，可以说是来无影去无踪。

英国出汗病死亡率很高。由于患者在感染后会出现高热和暴发性出汗，该病被称为出汗病或英国出汗病。当代学者认为，这种疾病是由汉坦病毒（Hanta Viruse）感染引起的。

出汗病有着独一无二的特点：其一，感染过的人对该病毒并不产生免疫力，可以重复被感染；其二，病情发展极快，许多患者在 24 小时内死亡。如果能挺过 24 小时，康复的概率很高。

王位争夺——玫瑰战争

1485 年，最后一场玫瑰战争结束。这场大战成就了亨利 · 都铎的帝王梦，开启了长达 118 年的都铎王朝。同时，这场大战也将英格兰西北部局部发生的传染病——出汗病带到战场（英格兰中部），在军队中传播，最后不幸传入伦敦。

都铎王朝的双色玫瑰

玫瑰战争的起因还要从一百年前说起。

英王爱德华三世（1327—1377 年在位）有 5 个儿子，长子和次子都先他而死，三儿子约翰（兰开斯特公爵）和四儿子埃德蒙（约克公爵）分别开启了兰开斯特家族和约克家族。

英王爱德华三世将王位传给长房次孙理查德二世（1377—1399 年在位）。

天有不测风云，1399 年，兰开斯特家族的亨利四世推翻英王理查德二世，成功篡位。20 年后，他的孙子亨利六世幼年继位。

约克家族对兰开斯特家族篡位一直怀恨在心，决定兵戎相见，争夺王位。

兰开斯特家族和约克家族的象征分别是红白玫瑰，战争因此得名“玫瑰战争”。

1455 年，第一场玫瑰战争爆发。6 年后，约克家族取胜，爱德华四世登上王位。他下令将威胁其王位的兰开斯特家族的人全部消灭，只有流亡在法国的亨利·都铎躲过一劫。

1483 年 4 月 9 日英王爱德华四世病逝，在遗命中任命自己的弟弟理查为护国公，辅佐他 12 岁的儿子爱德华五世。可是，爱德华五世即位仅仅两个月，大权在握的叔叔理查就背信弃义，残忍地将爱德华五世和他唯一的弟弟一起关进伦敦塔，两兄弟从此消失，成为著名的“塔中王子”。阴险毒辣的理查篡位成为英国国王理查三世。

理查三世夺权和谋杀一双侄儿的行为引起广泛不满。

机不可失，时不再来。流亡在法国的亨利·都铎一直密切关注英国的政局发展，他意识到代表兰开斯特家族兴正义之师、讨伐篡位暴君的时刻到了。他公开宣布：即位之后，迎娶爱德华四世的长女，“塔中王子”的姐姐伊丽莎白共同组成王室，彻底化解两大家族百年恩怨。亨利的宣言极有号召力，得到兰开斯特与约克两大家族的支持。

1485 年 8 月 7 日，亨利在法国援助下，率领法国雇佣兵登陆英国，浩浩荡荡向伦敦挺进。得道多助，失道寡助，亨利果然得到各界的支持，队伍不断壮大。

理查三世做贼心虚，惊恐万分，尽举国之力聚集起一支庞大的军队，决定 8 月 22 日 在英格兰中部博斯沃思迎击亨利。

这是一场决定理查三世和亨利两人生死的战争，也是决定兰开斯特家族和约克家族荣辱兴亡的战争，还是决定英国皇家命运的一场战争。双方都是背水一战。

开战之前，理查三世似乎在人数和地势上都占优势，然而，战斗一打响，他的半数军队都不听调遣。

斯坦利告诉理查三世，军队中正流行出汗发烧的怪病，无力进攻。

理查三世纵然英勇顽强，奋力杀敌，但终是寡不敌众，多处受伤后，被亨利与斯坦利的联军击杀。

在500多年后的2012年9月12日，理查三世的遗骸被发现。他的遗体上有11处伤口，其中9处伤势在头部。这些留在骨头上的伤痕是当时惨烈战斗的佐证。

亨利率领得胜之师于8月28日以王者的姿态进入伦敦即位，称为亨利七世。他志得意满，进入伦敦后就全力清理政敌，巩固权力，筹备自己的加冕仪式。他丝毫也没有留意跟随他的大军一起进入伦敦的汉塔病毒。

由于政权更迭，英国各地的贵族官员纷纷进京，向新王表忠心，试图在新王朝中分一杯羹。新王即将加冕，伦敦市到处都是为加冕仪式忙碌的人流：工匠、艺人，以及涌入伦敦观礼的各方人士。大量增加的流动人口，为病毒的传播创造了绝佳的条件。

汉塔病毒悄无声息地在人群中迅速传播，英国出汗病患者不时出现。经过一段时间的暗中酝酿，9月19日，也就是亨利七世进入伦敦的第22天，瘟疫终于在伦敦大暴发。

瘟疫首先在作战部队中暴发，并迅速波及整个伦敦。虽然第一次瘟疫只持续了几个星期，但当瘟疫在10月底趋缓时，它已造成几万人感染，1.5万人死亡，死亡率高达30%—50%。死者中包括2名市长、6名市议员和3名警长。

1485年10月30日，英国为亨利七世举行隆重的加冕仪式。

1486年1月18日，亨利七世在威斯敏斯特大教堂举行盛大婚礼，迎娶伊丽莎白，兑现了他两年前的诺言。这场婚姻将约克和兰开斯特两个家族统一起来，两种玫瑰也合二为一。红白双色玫瑰象征新王朝——都铎王朝。

喜上加喜，同年9月，他们的第一个儿子亚瑟·都铎降生。亚瑟不仅是亨利七世与伊丽莎白婚姻的结晶，也是两大家族结合的最有实质意义的产物。当亚瑟继承王位时，他将是第一位具有两大家族血统的国王。整个英国都对亚瑟充满了期待。亨利七世与伊丽莎白特意为他取名亚瑟，以唤起人们对千年前同名的传奇国王亚瑟王的回忆。

在亚瑟出生不久，亨利七世就为他指定了婚姻，未来的新娘是西班牙公主阿拉贡的凯瑟琳。亨利七世希望通过这一联姻，让英国与强大的西班牙帝国结盟，亚瑟和凯瑟琳可以同时成为两国的国王和王后。

王室悲歌

时光如梭，15 载春秋转眼就过去了。太子亚瑟已长成一位英俊少年，到了迎娶新娘的时刻。

英国太子亚瑟・都铎和西班牙公主凯瑟琳

1501 年 11 月 14 日，都铎王朝的第二场盛大婚礼在伦敦圣保罗大教堂喜庆开场，这又是一场世纪婚礼。

豪华、烦琐的婚礼让新婚夫妇筋疲力尽，但亨利七世希望亚瑟尽早履行王室职责。婚礼一过，就将亚瑟和凯瑟琳派到卢德洛城堡。

卢德洛气候寒冷，凯瑟琳很不适应，与她出生的南欧大相径庭。她先感觉疲倦和虚弱，在 4 个月后染上了出汗病，被病痛折磨得死去活来。当时，虽然大的瘟疫没再出现，但出汗病仍不时零星发生，吞噬生命。

在亚瑟的体贴关心和医生的护理下，凯瑟琳几天后就康复了，逃出死神的魔爪。小夫妻还没来得及高兴，厄运就再次降临。

这天午后，凯瑟琳大病初愈，在亚瑟的陪伴下，来到后花园散步。3月底的威尔士阳光明媚，春意盎然，花园里开满金黄色的水仙花。一对新婚恋人手挽着手，漫步在百花之中，欣赏着满园春色，憧憬着辉煌的明天。善解人意的时光好像也不再流淌，停留在这美好时刻。

一种莫名其妙的忧虑感突然袭上亚瑟心头。亚瑟试图摆脱这种不好的感觉，忧虑感却越来越强烈。察觉到亚瑟的突然变化，凯瑟琳关切地问道："怎么啦？"

"说不清，莫名其妙地觉得浑身不自在，好像要出事。"亚瑟皱着眉头说。

"怕是我的病传给你了。我们赶紧回屋，叫医生。" 凯瑟琳对这种病前的忧虑感觉记忆犹新，焦急地说。

凯瑟琳的担忧不幸成真。回到房间几小时后，亚瑟就开始发冷，身体剧烈地颤抖，接着出现眩晕、头痛，疼痛逐渐蔓延到颈部、肩部和四肢，浑身无力。

闻讯赶来的医生确诊亚瑟染上出汗病，他随凯瑟琳和仆人守候在床边，期待亚瑟能挺过最初的24小时。出汗病患者通常在发病后3至18小时内死亡，如果病人能挺过24小时，康复的可能性很大。

2小时后亚瑟突然由冷转热，开始发热和出汗。只见亚瑟大汗淋漓，浑身湿透，不停地喝水，不停地出汗，身上擦干了又汗湿，汗湿了再擦干，一遍又一遍。他身体滚烫，脉搏急跳，痛苦地全身蜷缩在一起，最后昏睡过去。

刚刚经历过同样痛苦的凯瑟琳满眼含泪，无助地守在床边，祈祷奇迹的出现。

奇迹果然出现！第二天下午，亚瑟从昏睡中醒了过来。凯瑟琳欣喜万分，相信亚瑟也能像自己一样康复，一颗悬着的心终于放了下来，一夜未合眼的疲倦消失得无影无踪。

天有不测风云。第三天清晨，亚瑟的病情突然恶化。1502年4月2日，亚瑟被出汗病夺去了生命。年仅15岁半，王室的一颗希望之星就此陨落。

8年后，凯瑟琳嫁给了亚瑟的弟弟亨利八世，成为英国王后。

悬挂在比利时根特市圣尼古拉教堂的一幅墓志铭

1508 年炎热的夏天，出汗病第二次袭击了伦敦，并蔓延到英国其他城市：格林威治 、埃尔森、切斯特。

又过了 10 年，即 1517 年，出汗病再次在伦敦大规模暴发。染病者会在一天内死亡，尸体遍布全城。除了运送尸体的马车外，街道空无一人。英国国王宣布除医生和护士外，任何人禁止进入发病区。

在比利时根特市的圣尼古拉教堂，保留有这样一个墓志铭："这里埋葬的是奥利维尔范明朱和阿马尔伯格斯兰根，他的妻子，连同他们的 31 个孩子，10 个女儿和 21 个儿子，他们都死于 1526 年 8 月。"在一个月内，一家 33 口都死于出汗病。

1529 年，传染范围最大的一次出汗病瘟疫暴发。瘟疫首先在英国暴发，然后逐渐向欧洲其他地区扩散，于 1529 年 7 月抵达汉堡，在最初几周内有近 2000 名受害者死亡。随后向东传到立陶宛、波兰和俄罗斯。在未来几个月里，它向北传递到斯堪的纳维亚半岛。在普鲁士、瑞士和北欧都造成了严重破坏。荷兰也受到影响。

最后一次出汗病瘟疫于 1551 年在什鲁斯伯里（Shrewsbury）暴发，遍及整个英国。

第七章　圣多明戈黄热病瘟疫

圣多明戈作根基，欲涉重洋斗劲敌。
过海瞒天施妙计，呼风唤雨遣雄师。
义兵袭阵军难撼，黄热侵身士不支。
北美野心遭幻灭，损兵折将返乡疾。

法国远征军镇压黑人奴隶起义

科学家认为黄热病（Yellow Fever Epidemic）已经困扰世界至少3000年了。最初，在西非的热带雨林，黄热病病毒（Yellow Fever Virus）通过蚊子在猴子中传播。

在随后的2000多年里，黄热病病毒仍然通过蚊子感染人类，但那时人口数量少，又都分散住在孤立的小村庄，很少来往。所以，黄热病病毒无法在人类中大面积传播。

到了近代，随着航运业和全球商业的发展，黄热病病毒随着蚊子和人，乘坐驳船和帆船前往世界各地。

17世纪，非洲与新大陆之间奴隶贸易起飞，黄热病病毒被带到新大陆。由于印第安人和欧洲移民对新到来的黄热病病毒缺乏免疫力，黄热病瘟疫开始在美洲大陆频繁暴发，长达200多年。

黄热病怎么进入美洲的呢?

当时非洲与美洲之间的奴隶贸易频繁，其中不乏携带黄热病病毒的奴隶。贩卖奴隶的商船航程远、时间长、人口多，商船不得不携带大量淡水。这些淡水都装在大水桶里，为蚊子的繁殖提供了场所。蚊子叮咬黄热病奴隶后，再叮咬正常人，黄热病就这样由非洲传到美洲。

黄热病怎么从美洲进入欧洲的呢?

来自欧洲的船满载货物前往非洲，在非洲卖了欧洲工业品，比如盐、布匹等，再满载买的奴隶驶往美洲，在美洲卖了奴隶，买上糖或烟草，然后返回欧洲。遵循了这样一条三角路线，黄热病病毒和蚊子经美洲带到欧洲。

从18世纪末到20世纪初，黄热病瘟疫在美洲频繁暴发，有的瘟疫与战争同时发生。比如：圣多明戈黄热病瘟疫。

1790年，派到圣多明戈的英国士兵大多数死于黄热病。

1802—1803年，法国远征军被派往圣多明戈镇压奴隶发动的革命，结果因黄热病损失数万，只有五分之一的士兵幸存下来。

下面让我们来看看，法国远征军是如何在圣多明戈黄热病瘟疫面前铩羽而归的。

法国远征军

1802年2月，加勒比海北部，阳光灿烂，海水蔚蓝，微波起伏的海面上，一支庞大的法国远征舰队正从东方缓缓驶来。

它拥有21艘护卫舰和35艘战列舰，包括1艘拥有120门舰炮的战列舰，跟随舰队的还有400艘运输船，装载有3万名士兵。这是法国有史以来派出的最大舰队和远征军。

查尔斯·勒克莱克将军

旗舰的指挥舱里，远征军统帅查尔斯·勒克莱克将军正在用单筒望远镜瞭望远处隐约可见的圣多明戈，勒克莱克是法兰西共和国首席执政官拿破仑·波拿巴的妹夫。

勒克莱克深知此次任务的重大。表面上，远征军的目的是镇压圣多明戈的独立运动，但真正目的是什么只有他和拿破仑知道。临行前拿破仑的话又在耳边响起："平定叛乱后，我们将迅速挥师登陆路易斯安那，在北美站稳脚跟，同新独立的美国平分北美。"

这次军事行动，法国人拥有绝对的军事优势。同时，勒克莱克又对叛军的中下级军官威逼利诱，策动他们倒戈。

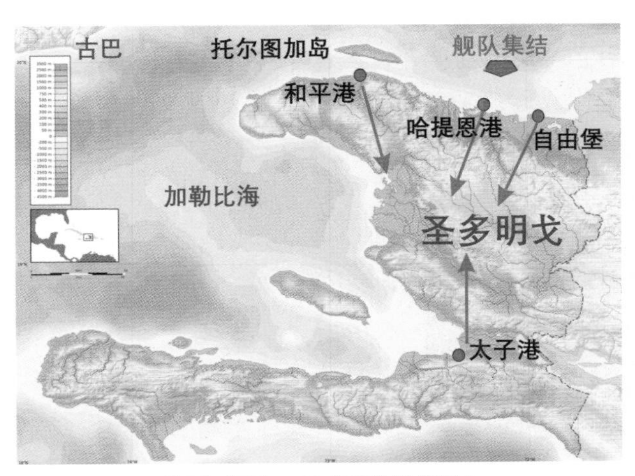

法国远征军1802年登陆圣多明戈

经过3个月的激烈战斗，法国人重新控制了圣多明戈，奴隶起义领袖杜桑·卢维杜尔被迫与法军谈判，接受有尊严的投降，在软禁中照顾他的种植园。

不久，拿破仑秘密

指示逮捕了卢维杜尔，将他遣送到法国。1803 年，卢维杜尔死在法国监狱里。

就在一切都很顺利的时候，法国远征军突然遭到双重打击。

1802 年 5 月 20 日，法国重新立法决定在圣多明戈恢复奴隶制。这一法律遭到当地黑人居民的强烈反对，武装叛乱死灰复燃。早期倒戈的黑人军官和士兵又重新加入起义，他们在和平港杀死了几百名法军士兵。勒克莱克草木皆兵，不再信任黑人官兵。他下令逮捕了军队中所有的黑人官兵，共 1000 多名。法军在他们的脖子上绑上重物，推入海中溺死。

更严重的打击是黄热病瘟疫。黄热病在法国远征军中暴发，一传十，十传百，百传千，很快一多半的官兵都感染了黄热病，尸体成堆。

勒克莱克焦头烂额。对圣多明戈的黑人抵抗运动，他还能积极应对，但对于黄热病的袭击，却束手无策。疫情的严重性从他写给法国海外部长的信中可见一斑。

1802 年 5 月，勒克莱克在信中写道："最早登陆的 2.6 万人的军队，此刻减少到 1.2 万人。此刻，我的医院里有 3600 人。过去两周，我在殖民地每天失去三五十个军人，每一天都有超过 250 人住院，而出院的人不到 50 人。"勒克莱克继续写道："我不可能在这里待上 6 个月以上……我的健康状况太糟了， 如果我能活下来，我会认为自己很幸运！死亡还在继续……"

法国远征军屠杀黑人官兵

法军的疫情在勒克莱克信发出后更加恶化。令勒克莱克不解的是，黄热病对初来乍到的法国远征军情有独钟，法军的感染率和死亡率都远远高于当地居民。

勒克莱克情绪低落，他似乎已经看到法国远征军和自己黯淡的未来。

黄热病疫情愈演愈烈，不断收割法国军人的生命。到 1802 年 10 月，法国军队只有 8000 至 1 万名官兵能够参与行动。

面对愈加严峻的局面，勒克莱克也乱了方寸。他写信给拿破仑，主张发动一场灭绝战争，宣称“我们必须消灭山区的所有黑人，不分男女，只放过 12 岁以下的儿童。我们必须摧毁平原上一半的人，绝不能把一个有色人种留在殖民地”。

在信中，勒克莱克还对自己的任务表示哀叹，宣称“我的灵魂已经失去，永远都无法忘记这些可怕的场景”。

为了躲避黄热病，勒克莱克来到和平港以北约 10 公里的托尔图加岛。然而托尔图加岛并没有给勒克莱克提供他想要的保护，来到岛上没几天，勒克莱克就开始出现黄热病的初期症状：发热、肌肉疼痛、头痛、寒战、食欲不振、恶心和呕吐。

三四天之后，他的病情似乎好转，发热部分或完全消退，症状缓解。但仅仅一天之后，病情急转直下，重新开始发热，出现黄疸并大量呕血。

1802 年 11 月 1 日，勒克莱克在托尔图加死于黄热病。他的妻子宝琳·波拿巴陷入绝望。她剪掉头发，放在丈夫的棺材里，护送遗体回了法国。

随着勒克莱克的病亡，拿破仑主导的这场海外远征也在一年之后彻底失败。

1803 年 11 月 18 日，在哈提恩港附近，法国远征军输掉了最后一仗。12 月底，所有残存的法国士兵离开该岛，踏上返回法国的航程。

在派到圣多明戈的近 6 万名士兵中，只有七八千人幸存下来。包括 20 多名将军在内的 5 万多名法国军人死亡，死亡率高达 80%。死亡的主要原因是黄热病，只有少数死亡与战斗有关。

在此之前，从 1793 年到 1798 年，驻圣多明戈的英军因感染黄热病造成的死亡率也高达 70%，最后英军不得不撤出圣多明戈。1804 年 1 月 1 日，圣多明戈宣布独立，成为美洲第二个独立国家——海地。

一场黄热病瘟疫，不仅夺走了近 10 万军人和平民的生命，也彻底改变了圣多明戈乃至整个北美洲的历史进程。

如果没有黄热病这个天然盟友，圣多明戈黑人的抵抗力量是不可能战胜强大的法国远征军，赢得国家独立的。

如果没有黄热病这个天敌，拿破仑很有可能实现自己的宏伟计划：以圣多明戈为基地，登陆路易斯安那，北上密西西比河，征服密西西比山谷，在北美洲占据一席之地。在黄热病瘟疫吞噬掉他的远征大军之后，拿破仑也不得不放弃其野心。最后，他卖掉路易斯安那，退出了北美洲的角逐。

讽刺的是，拿破仑部队千里迢迢去侵略圣多明戈，反被圣多明戈黄热病瘟疫歼灭。

这场大瘟疫对法国远征军造成重创，却对当地黑人影响不大。其原因是多方面的：

第一，法国远征军对黄热病的免疫力远低于当地人。黄热病传入欧洲的时间晚于加勒比群岛，而黄热病在加勒比地区已存在并反复流行超过100多年。

第二，法国远征军的生活方式为黄热病在军队中流行提供了便利。法军或者生活在军舰上，或者生活在军营里，人口密度极高，卫生条件差，有利于黄热病的传播。

第三，当时人们还不知道黄热病病毒通过蚊子传播，而误以为黄热病是人与人传播，从而采取隔离措施。但将感染者与非感染者隔开并不能防止黄热病的传播。

第四，错误的治疗方式增加了法军的死亡率。当时最有影响力的医学人物是一个名叫布劳塞的人。他相信轻度流血可以治愈每一种疾病。于是，对于黄热病患者，他提倡频繁放血，通常病人要放出30到2000毫升的血液，但是，放血疗法对于极度虚弱的黄热病患者是致命的。

北美黄热病瘟疫

北美主要的黄热病瘟疫有：

1648年，黄热病瘟疫在南美洲的尤卡坦半岛上暴发。

1668—1699 年，美国的纽约、波士顿和查尔斯顿轮流暴发黄热病瘟疫，都发生在夏季。后来，科学家发现，蚊子是黄热病传播的媒介，热带蚊子在美国严寒的冬季不出来活动。

费城黄热病瘟疫（1793—1805 年）。黄热病可能是由来自圣多明戈的难民和蚊子带来的。它迅速蔓延到港口城市，在特拉华河沿岸拥挤的街区，大约 5000 人死亡，占 5 万人口的 10%。当时，费城是美国首都，黄热病瘟疫迫使乔治·华盛顿总统及国家政要逃离这座城市。

美洲黄热病瘟疫

新奥尔良黄热病瘟疫（1853 年）。该疫情导致新奥尔良近 8000 居民死亡。每年，黄热病在路易斯安那州南部都是一个威胁，特别是夏天。

百慕大黄热病瘟疫。百慕大在 19 世纪遭受了 4 次黄热病，分别发生在 1843、1853、1856 和 1864 年，总共夺去了 13356 人的生命。

下密西西比河谷黄热病瘟疫（1878 年）。大约有 12 万例黄热病病例，约 2 万人死亡。

17—19 世纪，美洲 200 多年的黄热病流行造成了大量死亡和巨大的经济损失。

第八章　西非埃博拉瘟疫

热带丛林树渐稀，蝙蝠无奈共人栖。
人间幽境哀绝迹，极欲文明享剩席。
黑暗恶魔滋病疫，白衣天使写传奇。
全球携手文明续，爱地尊天共旦夕。

西非埃博拉瘟疫

1976 年秋天，在刚果民主共和国［原名扎伊尔，简称刚果（金）］，一个坐落在埃博拉河边（Ebola River）、名叫扬布库（Yambuku）的小村庄突然暴发传染病，两个月内，318 名村民死亡，占村民总数 90%。

由于此传染病起源于埃博拉河畔，世界卫生组织按地理位置将此病毒命名为扎伊尔埃博拉病毒（Zaire Ebolavirus）。

在此说明一下，自2012年起，为了尽量减少疾病名称对贸易、旅行、旅游或动物保护的不必要负面影响，并避免对任何文化、社会、国家、地区、专业或种族群体造成侵害，世界卫生组织取消了地理位置命名病毒的方式。

祸不单行，与此同时，在南苏丹的一个城镇恩扎拉镇（Nzara），284人感染了类似的病毒，其中151人死亡。南苏丹的病毒称为苏丹埃博拉病毒（Sudan Ebolavirus）。

在之后的36年里，只有零星病例出现。

2013年12月，埃博拉病毒悄然卷土重来，瘟疫大规模暴发。两年内，有28646例病例，11323人死亡，死亡率达40%。

零号病人

在几内亚盖克杜地区，有个名为梅连杜的小村庄，住着31户人家。这里原本是遮天蔽日的茂密森林，出没着各种稀有的野生动物。然而，随着大型铝土、钻石和黄金矿藏的开发，以及旷日持久的采木作业，周围的森林被严重破坏。现在，村周围都是残缺的森林、开垦的田地和泥沙铺成的道路。

2013年12月下旬，刚刚进入旱季，梅连杜村天高气爽，风和日丽，一群孩子正在村头一棵大树旁嬉戏。孩子们的打闹声惊动了树洞中的果蝙蝠群，一大群果蝙蝠从树洞中飞出，与孩子们撞在一起，绕树盘旋一阵之后，飞向远处。

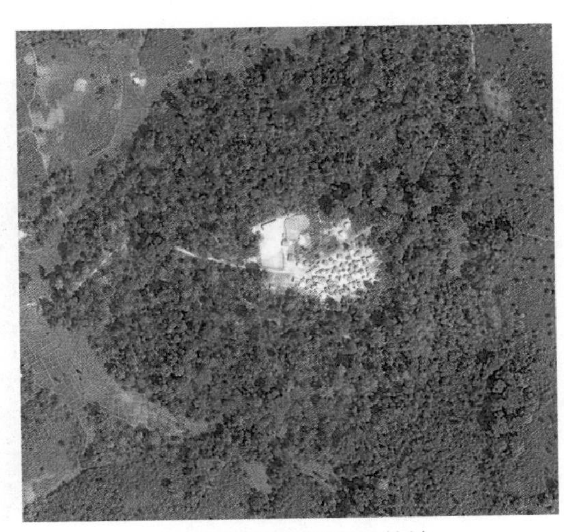

几内亚盖克杜地区梅连杜村

两岁的埃米尔·瓦穆诺（Emile Ouamouno）正在和三岁的姐姐一起玩耍，看见蝙蝠从树洞中飞走，

梅连杜村头蝙蝠栖息的大树

他丢下姐姐，好奇地钻进树洞。不一会儿，又有几只蝙蝠从洞中飞出，埃米尔追着蝙蝠跑出树洞，重新和其他孩子们打闹、欢笑。

谁能想到，看似平淡无奇的一场玩耍却给孩子们、给梅连杜村、给盖克杜地区、给几内亚以及整个西非带来了深重的灾难。

几天以后，埃米尔开始发烧、呕吐和腹泻，焦急的妈妈守候在他身边，细心照料。不幸的是，埃米尔还是在两天后夭折。埃米尔刚刚离世，他的妈妈也开始生病，几天后同样的疾病夺去了她的生命。紧接着，埃米尔三岁的姐姐和祖母也开始发烧、呕吐和腹泻，并于一周内相继死亡。

一个幸福美满的家庭，就剩下埃米尔的父亲艾蒂安・瓦穆诺一个人孤零零地存活下来，但没有人知道是什么使他家人生病。

埃米尔・瓦穆诺和他的父母

出于对长者的尊敬，村子里的人给埃米尔的祖母举行了隆重的葬礼，住在其他地方的亲朋好友也赶来参加葬礼，其中有来自首都科纳克里和邻国利比里亚的客人。没有人想到，参加葬礼的客人将传染病悄无声息地带到其他社区、首都以及邻国。

一个出于良好祝福的葬礼

开启了瘟疫之门。

大事不好，村子里也有第二家人死亡！梅连杜保健所所长感到事态严重，他向上级卫生主管汇报了这一神秘病情。上级卫生主管对这一报告极为重视，反应迅速，第二天就派人前往梅连杜展开调查。

检测失误

患者腹泻、呕吐并严重脱水，其症状与霍乱（Cholera）相似。而霍乱又是该地区常发的传染病之一，调查人员认为此病很可能是霍乱。

第二个高一级的调查小组（无国界医生组织）的工作人员，也前往梅连杜展开调查。调查组对患者样本进行微观检查，发现有细菌存在。这次调查再次支持了该疾病可能是霍乱的结论。在这次调查后，虽然梅连杜的死亡继续发生，但保健所长不再上报，也不再有进一步的调查，权当霍乱处理。

谁也没想到，两名参加埃米尔祖母葬礼的人把传染病带到了他们的村庄，此病立即在他们的村庄流行。

一名医务人员将此病带到另一个社区，他和他的医生都相继死亡，并将该病传染给来自其他城镇的亲戚。

首都也出现疫情！一位参加葬礼的亲属回到首都科纳克里后发病，4 天后在医院死亡。由于按霍乱处理，医护人员没有采取任何防护措施，导致医院的工作人员和其他病人都被感染。

仅仅两个月，疫情迅速扩散，蔓延到马森塔、巴拉杜、恩泽雷科雷和法拉科等县，以及通往这些县城交通沿线的村庄。

这时，卫生部门开始怀疑该疾病是否是霍乱。世界卫生组织非洲区域办事处（AFRO）认为可能是拉沙热病毒（Lassa Fever Virus）引起的拉沙热疾病（Lassa Fever）。

2014 年 3 月 21 日，距第一个病例死亡 3 个月后，法国里昂巴斯德研究所（Institute Pasteur in Lyon France）采用分子生物学基因序列分析（Polymerase Chain Reaction），推翻其他组织的调查结果，确证该病毒为扎伊尔埃博拉病毒。

人们立刻回想起30多年前横扫扬布库村庄的那场可怕的埃博拉瘟疫。世界卫生组织首次宣布为埃博拉瘟疫时，疫情已扩散到8个几内亚社区，并在接邻的利比里亚出现确诊病例。

扩　散

西非三国埃博拉瘟疫热点地区

进入5月以后，疫情不仅在几内亚再趋严重，并同时在利比里亚和塞拉利昂暴发。

2014年5月10日，靠近几内亚边境，一场隆重的传统伊斯兰葬礼在塞拉利昂的凯拉洪举行。死者是一名受人尊敬的传统治疗师。由于她在当地的声望较高，一些几内亚的埃博拉患者也越境来寻求她的治疗。不幸的是，在治疗这些埃博拉患者

西非的传统伊斯兰葬礼

时，她感染了埃博拉病毒，几天后去世。

按照传统大净仪式，家人和送葬者用清洗治疗师的水沐浴或涂在身上，然后围坐或者睡在治疗师的遗体旁。令人唏嘘的是，这一场盛大的葬礼，成为埃博拉瘟疫的超级传染源，引发了连锁反应——更多的感染、更多的死亡、更多的葬礼和更大规模的瘟疫流行。

葬礼最终导致数百人感染埃博拉，其中365人死亡。实际上，埃博拉患者的遗体比活着的埃博拉病人更具传染性，他们的身体被皮疹、血液和其他含有病毒的液体覆盖。

凯内马帐篷：反向自我隔离

世界卫生组织警告："西非国家的葬礼和尸体的清洗在很大程度上导致了这种疾病的传播。"

埃博拉病毒在家里的传播速度尤其快，但检测结果往往要4天以后才能出来。这意味着，在获得阳性检测结果之前，疑似埃博拉患者还和家人住在一起。西非家庭通常孩子多且房屋小，五六个孩子可能共用同一张床垫，村民们迫切需要能有一个生活空间给未受感染的家庭成员，即"反向自我隔离"。

这个想法一诞生，立即得到鼎力支持。世界卫生组织提供了帐篷，红十字会与红新月会国际联合会提供其他服务，而儿童基金会则负责提供睡垫、床网和烹饪设备。事实证明，这项由社区发起的创新是有效的，在许多村庄，反向自我隔离的家庭没有出现新的病例。

愚　昧

在疫情初期，社区不合作一直是控制埃博拉瘟疫的主要障碍。由于缺乏

几内亚埃博拉感染区消毒行动

教育、不懂科学，面对突如其来的瘟疫，许多居民觉得瘟疫自天而降，人力无法抗衡，所以，对科学的防疫措施通常采取不合作的态度，而把希望寄托在传统宗教仪式和传统医药上。

更有甚者，一些居民认为，瘟疫是外国人（世界卫生组织，无国界医生组织）带来的，喷洒氯水实际上是在传播疾病，因而对防疫人员采取敌视态度，甚至暴力相向。

谣言传播比病毒还快，听信谣言的居民闯进医疗中心肆意破坏医疗设施、设备和运输车辆，医护人员被迫躲在灌木丛中以保全生命。

在几内亚，一个防疫小组在一个偏远的村庄被攻击，小组的 8 名成员全部遇难。

在几内亚西部矿业城镇弗雷卡里亚，一天，红十字会志愿人员刚刚按照防疫程序安全掩埋了一具埃博拉患者的尸体，准备离开墓地，一群武装暴徒突然包围上来，将两名志愿者打成重伤。

弗雷卡里亚的暴民组成一个有 3000 多名全副武装年轻人的团伙，他们将矛头直接对准专家小组，扬言要对专家小组采取行动。专家们的生命安全受到严重威胁，无奈，只好停止工作撤离。

为了保护援助医务人员的安全，国际组织不得不暂时中断救援活动，刚刚得到控制的疫情又趋严重，三国的病例都再次激增。不尊重科学，何谈瘟疫防治？

援　助

2014 年 6 月，利比里亚首都蒙罗维亚成为埃博拉瘟疫的焦点。虽然蒙罗维亚拥有该国唯一的大型转诊医院约翰·肯尼迪医疗中心，但该医院在内战期间遭到严重破坏，从未完全修复。破旧的医疗设施导致在那里工作的几位著名医生都因感染埃博拉病毒而死亡。

床位数量跟不上患者人数的增长，即使无国界医生组织开设了新的治疗中心，也很快爆满，一床难求。

每辆出租车上都坐满了一家人，他们带着感染了埃博拉的患者，不停地纵横交错，在城市中盘旋，寻找治疗床位，最终还是徒劳一场。

与此同时，利比里亚的卫生保健工作者感染人数已达 200 人。缺乏床位！缺乏医护人员！面对这一严峻局面，世界卫生组织应利比里亚卫生部的要求迅速建设完成拥有 30 个床位的新的治疗设施，但刚一开放，就来了 70 名患者。

随后，世界卫生组织开始在蒙罗维亚紧急建造一个新的治疗中心，建筑工人 24 小时轮班工作，建成一个有 150 张埃博拉治疗床位的医院。开放 24 小时之内，病床已经告罄。

9 月份联合国安理会就埃博拉问题召开紧急会议，10 月初，两个美国海军机动实验室抵达蒙罗维亚，开始处理样品。他们将“热区”和“安全区”严格分开，不允许受污染的废物离开病房，既为患者也为医生提供安全的诊断治疗场所。

中国作为非洲最大的贸易伙伴，向非洲派遣了数百名医务人员，为控制埃博拉疫情提供了 1.2 亿多美元的援助。11 月 14 日晚，一支由 163 名医护人员组成的中国人

中国人民解放军在蒙罗维亚援建的埃博拉治疗中心

民解放军医疗队，由北京出发奔赴万里之遥的利比里亚。

医疗队一抵达首都蒙罗维亚，就进驻由我国援建的 SKD 体育馆。医疗队随即在毗邻体育场的空地上快速修建埃博拉诊疗中心。

这个诊疗中心包括主病房区和门诊、培训中心、库房、医护人员休息区等辅助建筑，共 19 栋板房，配备 100 张床位，建筑面积 5800 平方米，占地面积 2 万多平方米。该中心的设计和建设以世界卫生组织规定的标准为基础，增加了电子监控、对讲、电子病历等信息系统。在非感染区与感染区之间增加了缓冲区，防护更加严密。

它是利比里亚当时所有治疗中心中条件最好的一个。

10 天后，治疗中心在蒙罗维亚正式落成，并开始接收埃博拉患者。

白衣天使

目睹埃博拉瘟疫在几内亚、利比里亚和塞拉利昂肆虐，收割生命并造成重大社会和经济破坏时，其他西非国家都处于高度戒备状态，防范埃博拉病毒传入。

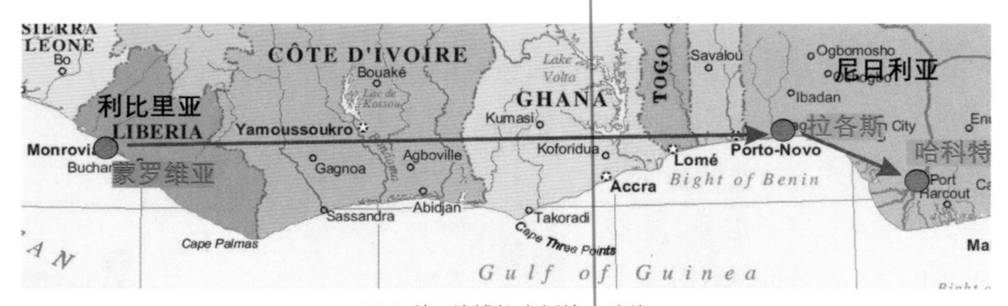

尼日利亚埃博拉病例输入路线

2014 年 7 月底，在蒙罗维亚的詹姆斯·斯普里格斯·佩恩机场，一架波音 737 客机正在起飞，前往尼日利亚最大城市拉各斯。

坐在商务舱里的一位中年男子，皮肤黝黑，身体略显臃肿。他名叫特里克·奥利弗·索耶， 是利比里亚财政部的一名律师，以外交官的身份前往尼日利亚参加商务会议。

索耶的姐姐住在蒙罗维亚，那里是埃博拉瘟疫的重灾区。10天前，她感染了埃博拉病毒。索耶与姐姐关系非常亲密，在姐姐染病期间前去探望、照顾。在索耶的精心照顾下，姐姐已基本康复。

姐姐生病前，索耶就计划参加即将在尼日利亚举行的一个商务会议。照顾姐姐期间，他感觉不错，没有任何不适症状。于是，他抱着侥幸之心，决定中断隔离，前往尼日利亚。

利比里亚政府规定，跟埃博拉患者亲密接触后，必须自我隔离21天。但索耶利用自己在政府中的良好人脉，要求以外交官的身份参加这个会议。难以相信的是，他的要求居然获得批准。

现在，他正乘坐ASKY航空公司的班机前往拉各斯。

飞机起飞不久，空姐和其他乘客就都注意到索耶的状况很不好，他脸色苍白，额头上都是虚汗。飞行途中，索耶突然开始呕吐。空姐以为他是晕机，给他递过几个呕吐袋，并关心地询问："您需要我帮您做点什么？"

"不用。"索耶摇了摇头。

"再坚持一会儿，飞机马上就要降落。"空姐鼓励他。

飞机降落在拉各斯时，天已经完全黑了下来。在外交通道的出口处，一位利比里亚的使馆官员迎上前去，作了简短自我介绍后接过索耶的行李箱。

使馆官员似乎也注意到索耶苍白的面色和微微颤抖的身体，小心地问道："还好吗？我们直接去宾馆？"

索耶点点头，刚一迈步，一个踉跄差点摔倒。使馆官员赶紧扶住索耶，建议道："我们先去医院检查一下？"

"好吧。"感觉自己快要虚脱了，索耶接受了建议。

一出机场，使馆官员赶紧叫上一辆出租车陪同索耶前往医院。

拉各斯是尼日利亚旧都和西非最大港口城市，位于尼日利亚西南端，几内亚湾沿岸。拉各斯既是尼日利亚第一大港，又是工业中心，人口密集，超过2000万。不仅人多，汽车也多，私人汽车和出租车计有100多万辆，城市交通极度拥挤。

“大医院都在罢工，”出租车司机说，“我送你们去家私人医院。”

“多远？”使馆官员焦急地问。

“不远，离这里 20 多公里。”出租车司机答道。

由于交通拥挤，出租车走走停停，索耶的身体愈加不适，在车里又呕吐起来。

两个小时后，他们才到达目的地：拉各斯第一顾问医院。这时已是深夜。

值班的是一位年轻的女医生，在检查病情时，索耶自作聪明地坚持说，自己患了疟疾。鉴于索耶的症状——发烧、呕吐和腹泻，女医生最初也相信索耶患的是疟疾，并立即开始给他服用抗疟疾药物。

由于病情严重，女医生让索耶住进观察室并给他输液。然而，整个晚上，索耶的病情持续恶化。感觉情况严重，女医生打电话通知主任医生前来会诊。

电话铃声将阿达德沃医生从睡梦中吵醒。听完值班医生的简短汇报，阿达德沃翻身下床，歉意地跟被吵醒的丈夫打了声招呼，驱车赶往医院。

斯特拉·阿梅约·阿达德沃医生

斯特拉·阿梅约·阿达德沃（Dr. Stella Ameyo Adadevoh）是第一顾问医院的内科主任医生，也是尼日利亚著名内分泌学专家。她 1956 年 10 月出生于尼日利亚拉各斯，大部分时间都在拉各斯度过。1981 年毕业于拉各斯大学医学院，然后前往伦敦，在哈默史密斯医院完成内分泌学研究。她在尼日利亚拉各斯的第一顾问医院工作了 21 年，担任首席内分泌学专家和内科主任。2012 年甲型 H1N1 流感（Influenza）蔓延到尼日利亚时，阿达德沃医生是第一个向尼日利亚卫生部发出警报的人。

到达医院时天已放亮，阿达德沃医生马上给索耶做了详细检查。在对病情及病人的各项指标进行全面分析之后，阿达德沃医生怀疑索耶并非患了疟疾，很可能是埃博拉！

一想到埃博拉这个可怕的字眼，阿达德沃医生心头一紧。到目前为止，虽然埃博拉瘟疫在西非三国肆虐，但尼日利亚尚未有一起埃博拉病例。这一切都归功于尼日利亚政府的有效防范措施。政府在包括机场在内的所有对外口岸都设有医疗检查站，并与西非三国建立通报机制，防止埃博拉患者和密切接触者入境。

如果索耶真是埃博拉患者，那他是怎样避开检查的呢？阿达德沃医生觉得应该直接询问索耶。

阿达德沃医生来到索耶床前，看着病情暂趋稳定的索耶，微笑着问道："感觉好些吗？"

"好多啦，谢谢。"索耶感激地望着阿达德沃医生。

"根据我们的诊断，你患的不是疟疾，而是埃博拉。"阿达德沃医生单刀直入，"我想知道，你在利比里亚的时候是否接触过埃博拉病人？"

索耶先是一怔，随后斩钉截铁地说："不可能是埃博拉，我从未接触过埃博拉病人。"

看见索耶矢口否认，阿达德沃医生依然保持着微笑："我们马上要将你的血样送去检验，在结果出来之前，你必须隔离在这间病房。"

"不行，我今天就要出院去参加商务会议。"索耶抗议道。

"我再重复一遍，在检查结果出来之前，你必须隔离在这间病房。"说完，阿达德沃医生转身离开了病房。

阿达德沃医生立即让人将索耶的血样送到检测中心做埃博拉病毒的检测。

尼日利亚以前从未有感染过埃博拉的病例，因此，阿达德沃和她的同事都没有发现埃博拉病例的经验。然而，凭着几十年的临床经验，阿达德沃相信自己的诊断。

"必须阻止埃博拉的传播。"阿达德沃医生告诫自己。

由于索耶的初诊是疟疾，医院医护人员没有采取保护性预防措施。想到医院的医护人员有可能已经接触到埃博拉病毒，阿达德沃医生心里充满了担忧。她一方面要求所有医护人员立即采取保护措施，一方面在索耶的病房外竖起栏杆防止他人进出。由于没有隔离病房，这是她所能做的一切。

为了尼日利亚政府有时间应对可能的埃博拉输入病例，阿达德沃医生将索耶作为疑似埃博拉病例上报尼日利亚卫生部。

待在病房里的索耶一点儿也不安分，他利用人际关系，将电话打给熟悉的利比里亚财政部、外交部和驻尼日利亚大使馆的高官，要求他们给医院施加压力，让他马上出院。

7 月 22 日，利比里亚驻尼日利亚大使亲自打电话给医院，强烈要求医院院长和阿达德沃医生立即让索耶出院。在遭到拒绝后，利比里亚大使指控医院对索耶的隔离是对索耶的绑架，是对索耶基本人权的剥夺，并威胁说利比里亚大使馆和外交部保留采取法律行动的权利。

在院长的支持下，阿达德沃医生面对威胁毫不退缩，她坚定地说："我们这样做是履行我们对人民、国家和民族的责任。"

是埃博拉！

7 月 23 日，检测结果出来，证实了阿达德沃医生的判断。

虽然在预料之中，阳性检测结果还是让阿达德沃医生心头一紧，因为这意味着医院里的许多医护人员都可能感染了埃博拉，也意味着一路上索耶接触过的人可能感染了埃博拉，而这些可能的感染者又可能感染了其他人。一场可怕的埃博拉瘟疫很可能由此在尼日利亚暴发。

同时，利比里亚卫生部也证实索耶在国内曾与他的姐姐密切接触，并被列入密切接触者名单。

一分钟都不耽搁，阿达德沃医生立即将这一消息上报到尼日利亚卫生部与尼日利亚疾病控制中心。

卫生部与疾病控制中心同样被这一消息震撼，在与政府首脑紧急磋商后，于当天宣布尼日利亚进入埃博拉紧急状态。卫生部在世界卫生组织国家办事处的支持下成立了埃博拉紧急行动中心，并立即在拉各斯展开防疫工作，开始跟踪和隔离所有与索耶接触过的人员。

当天，第一顾问医院的全院职工召开紧急会议。每个与病人有过接触的人都得到一个温度计和一张图表，以便在未来 21 天内跟踪自己的体温。一座废弃的建筑物被重新启用，作为小型隔离设施，将感染者和非感染者安全地分开。

索耶将埃博拉带进尼日利亚的消息也极大地震撼了全世界公共卫生界。如果埃博拉病毒一旦进入这座城市，结果将是灾难性的，没有人相信在像拉各斯这样人口稠密的城市里可以进行有效的接触者追踪。

埃博拉病毒已经传播开。8 月 1 日，一个与索耶密切接触的人出现埃博拉病症，他进入石油枢纽哈科特港后开始发病。治疗他的一名医生也于 8 月 10 日出现症状，8 月 23 日死于埃博拉。

同拉各斯一样，哈科特港也是人口稠密且流动性强，非常适合埃博拉病毒的传播，瘟疫随时会在这两个城市里暴发。

万分不幸，2014 年 8 月 4 日，阿达德沃医生被确诊感染埃博拉。虽然尼日利亚政府和医疗机构为她提供了最好的医疗救护，然而，由于人类当时尚未有治疗病毒感染的有效手段，阿达德沃病情日趋恶化，陷入昏迷。

2014 年 8 月 19 日，阿达德沃死于埃博拉，终年 57 岁。

创造奇迹

面对瘟疫危机，尼日利亚政府和人民众志成城，各级机构高效运转起来。罢工的医护人员全都回到工作岗位。

政府为抗疫调拨了大批资金，并迅速将资金分发给相关机构。两个城市都建立了隔离设施，专用埃博拉治疗设施也已建成。

为了缓解公众的恐惧，政府挨家挨户地开展宣传活动，电台采用方言宣传。此外，对密切接触者的实时追踪在拉各斯达到 100%，在哈科特港达到 99.8%。流行病学调查工作最终将所有病例与来自利比里亚的航空旅客直接或间接联系在一起。

尼日利亚原有一个一流的病毒学实验室，附属于拉各斯大学教学医院。在世界卫生组织的支持下，政府为该实验室配备了充足人员和资金，使该实验室具备及时诊断埃博拉病毒病例的能力。

世界卫生组织于10月20日宣布尼日利亚埃博拉疫情终止。

奇迹之所以能够发生要归功于奋战在第一线上的尼日利亚医务人员。正是他们的牺牲精神、职业道德、丰富经验阻止了埃博拉在尼日利亚的蔓延。阿达德沃医生是他们中的杰出代表。

阿达德沃医生去世了，全世界都在用不同的方式纪念她。

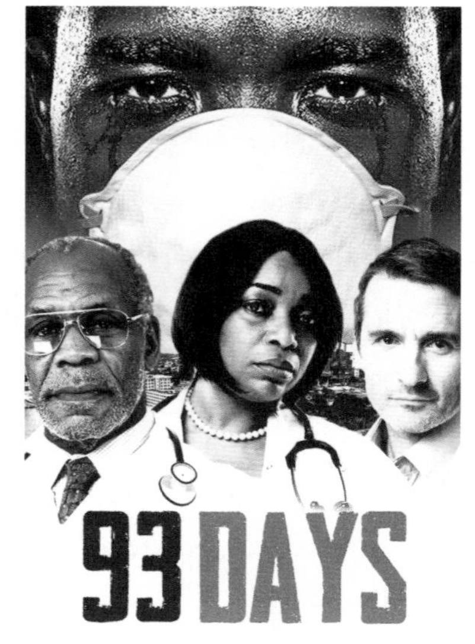

《93天》电影海报

电影《93天》讲述了阿达德沃医生和其他医务人员在第一顾问医院，救治索耶的故事。

2018年10月27日，谷歌在阿达德沃医生62岁生日那天以“谷歌涂鸦”纪念她。

“谷歌涂鸦”纪念阿达德沃医生

2020年2月，尼日利亚首都阿布贾的一条公路以斯特拉·阿达德沃命名。

阿达德沃医生健康信托基金（DRASA）是一个为了纪念阿达德沃医生而创建的非营利性的卫生组织，以继承她未竟的事业。

PART2

第二部分

病毒揭秘

第一章　奇异生物

病毒是生命百花园中的一枝奇葩。它奇在何处呢？

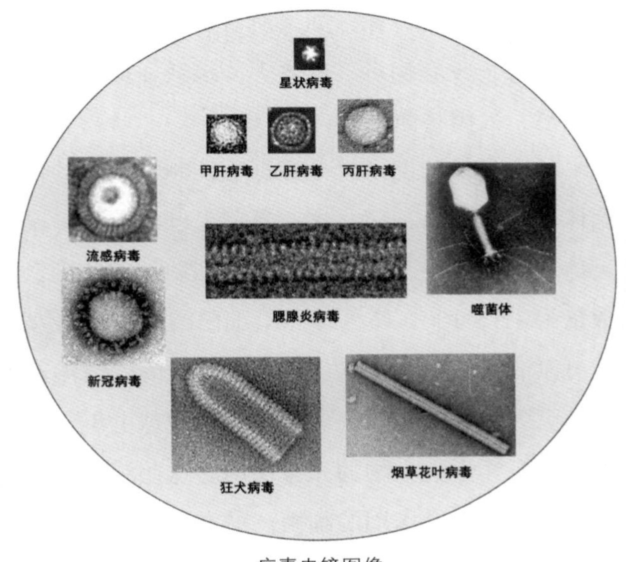

病毒电镜图像

第一奇，病毒是所有生命形式中唯一没有细胞结构的生物。除病毒以外，地球上的生物尽管千差万别，但它们有着一个巨大的共同点：由细胞（生命的基本单位）构成。

第二奇，病毒不能独立生存，它必须借助其他生命体作为宿主，在宿主体内生活和繁殖。病毒的宿主包括所有生物，从高度复杂的多细胞生物（比如人）到最简单的单细胞原核生物（比如细菌）。

第三奇，病毒同时具有生命特征和非生命特征，在宿主体内，它们是生命，在宿主体外，它们没有生命。

病毒的生命特征包括：体内含有生命的基础物质——DNA 或 RNA 和蛋白质；可以在宿主体内繁殖；表现出变异性（Mutability）；可以感染其他生物。

病毒的非生命特征包括：病毒分子可以转化为晶体；病毒缺乏运动的能量；病毒无法对外部刺激作出反应；病毒体本身不能进行任何新陈代谢反应。

功能神妙

提起病毒，人们立即就会想到病毒瘟疫给人类带来的灾难和各种负面影响。 仅在 20 世纪，1918 年的流感大流行让几千万人死亡，历年的天花病毒夺去了 2 亿人的生命。在人们的想象中，没有病毒的世界该有多么美好！

真是这样吗？

科学家会告诉你，如果所有病毒都消失了，世界将大为不同，但绝不是更加美好！没有病毒，世界无法运转，因为用不了多久，地球的生态系统就会崩溃，人类将面临死亡。

一个具体的例子就是病毒在控制细菌上的作用。感染细菌的病毒叫作噬菌体（Bacteriophage），这一名字来自希腊语的 phagein，意思是“吞噬”。噬菌体是细菌杀手，它们可以抑制细菌种群的爆发性增长。在海洋中，细菌的数量为 1.3×10^{28}，噬菌体感染细菌的速率大约为 1×10^{23} 次 / 秒，这些感染每天可以清除 50% 的细菌，保护我们浩瀚的海洋不至于变成一片细菌之水。

更为重要的是，病毒也保证了地球上氧气的供应。地球上大约一半的氧气来自海洋浮游生物的光合作用。这些浮游生物主要是漂流植物、藻类和一些可以进行光合作用的细菌。大量不能进行光合作用的细菌被病毒杀死后，其降解产物正好成为浮游生物的营养来源，从而保证浮游生物的持续生长和高速率的光合作用。没有细菌的死亡，就没有浮游生物的生长，可见，病毒在这个物质的循环利用中起着关键性的作用。

还有一个鲜为人知的病毒故事，在地球的演化史上，病毒曾经亲力亲为，为合成地球上的氧气作出了杰出贡献。

那是在几十亿年前的太古宙（Archean Eon）时期，地球的岩石圈、水圈、大气圈和生命的形成都发生在这一重要而又漫长的时期。当时的大气圈没有氧气，主要由水蒸气、二氧化碳、硫化氢、氨、甲烷、氯化氢、氟化氢等成分组成，这些气体成分来源于频繁的火山活动。当时地球大部分地区为海洋所覆盖，海洋中同样没有氧气。地球上的生物都是厌氧性原核生物（Anaerobic Prokaryotes）。随着时间的推移，大气圈的透光性增强，为生物光合作用提供了有利条件。

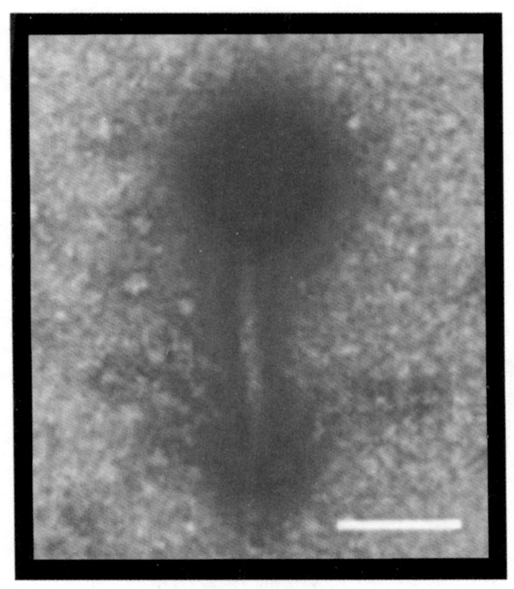
蓝色噬菌体电镜图像

在太古宙晚期（27亿年前），地球的海洋里开始出现能通过光合作用生产氧气的蓝细菌（Cyanobacteria），开启了地球上的大氧化事件（Great Oxygenation Event）。正是蓝细菌几亿年孜孜不倦的劳作，才使得地球上的氧气从无到有，从少到多，为喜氧生物的出现创造了条件。

最新揭秘，蓝细菌的功劳簿上也有病毒的一份贡献。

感染蓝细菌的病毒，即蓝色噬菌体（Cyanophages），可以增强和替补蓝细菌的光合作用。蓝细菌的光合作用依赖两个蛋白质 D1 和 D2 的二聚体，它们很容易被强光损伤，需要蓝细菌快速合成。当白天日照太强时，D1 和 D2 的损伤速度加快，而蓝细菌合成 D1 和 D2 二聚体的速度并不能加快，光合作用只好暂停。机缘巧合，蓝色噬菌体携带有 D1 和 D2 的基因，感染蓝细菌后，可以在蓝细菌体内大量合成 D1 和 D2。即使在日照最强时，也足够弥补受损的 D1 和 D2，保证光合作用继续进行。另一方面，当蓝色噬菌体大量繁殖，蓝细菌濒临死亡并中止合成 D1 和 D2 时，蓝色噬菌体可以用自身的 D1 和 D2 维持光合作用，从而获取自身繁殖所需要的能量。

正是氧气在地球上的出现和累积，才进化出包括人类在内的喜氧生物。即使到了今天，蓝色噬菌体还在为我们合成氧气。当你吸入下一口氧气时，也要记住感谢病毒。

种类繁多

世上病毒知多少？病毒是地球上数量最多的生物，大约有 10^{31} 个，如果将它们全部排列起来，那条线将长达 1 亿光年，而整个银河系的直径只有 10 万光年。其中，10^{30} 个病毒存在于海洋中，也就是说，海洋病毒占地球上病毒总数的十分之一，形象地说，每升海水含有 1000 亿个病毒。地球的大气层中也充斥病毒，它们大多随着海洋的蒸发进入大气层。地球的表面每天每平方米要沉积超过 8 亿个来自大气层的病毒。我们体内也携带大量病毒，人体细胞的数量约 3.7×10^{5} 亿个，病毒的数量是细胞的 10 倍。

病毒不仅数量惊人，而且种类繁多。至 2019 年，已鉴别的病毒物种（Species）达 6589 种，它们被分为 4 域（Realm），9 界（Kingdom），16 门（Phylum），36 纲（Class），55 目（Order），168 科（Family），1421 属（Genus）。这些病毒也可以按照 mRNA 的产生机制分为 7 类（巴尔的摩分类系统）。

第一类：双链 DNA 病毒（dsDNA），如腺病毒（Adenoviruses）、疱疹病毒（Herpesviruses）和痘病毒（Poxviruses）。

第二类：正单链 DNA 病毒（+ssDNA），如小 DNA 病毒（Parvoviruses）。

第三类：双链 RNA 病毒（dsRNA），如呼肠孤病毒（Reoviruses）。

第四类：正单链 RNA 病毒（+ssRNA），如冠状病毒（Coronavirus）和微小核糖核酸病毒（Picornaviruses）。

第五类：负单链 RNA 病毒（–ssRNA），如正黏液病毒（Orthomyxoviruses）和炮弹病毒（Rhabdoviruses）。

第六类：单链 RNA 逆转录病毒（ssRNA–RT Viruses），如逆转录病毒（Retrovirus）。

第七类：双链 DNA 逆转录病毒（dsDNA–RT Viruses），如嗜肝 DNA 病毒（Hepadnaviruses）。

但这些已发现的病毒只是病毒世界的冰山一角。那么，尚未鉴别命名的病毒有多少呢？让我们看看科学家的预测和最新研究。20 年前，斯蒂芬·莫尔斯博士（Stephen Morse）提出，地球上有 5 万个脊椎动物物种，假定每一个物种携带 20 种不同的病毒，那么脊椎动物病毒就有 100 万种。果然，一项新的研究结果表明，哺乳动物每个物种大约携带 58 种病毒，地球上已知哺乳动物约 6000 种，那么仅哺乳动物携带的病毒物种总数就接近 34 万。我们将此分析扩展到其他物种，那么 5 万种已知脊椎动物携带病毒将增加到 350 万种，是莫尔斯博士估计的 3 倍以上。如果我们将分析进一步扩展到 170 多万种已知的真核生物，包括脊椎动物、无脊椎动物、植物、地衣、真菌和褐藻，总的病毒物种数目则增加到 1 亿多种，该数字还不包括细菌和其他单细胞原核生物所携带的病毒。2019 年的一项研究表明，仅海洋中的病毒物种数目就超过 20 万。

最新发现，在人体的肠道里，寄生有 14 万种病毒。那么能感染人类的病毒有多少呢？截至 2012 年，已发现 219 种病毒可以进入人体细胞，造成疾病，这个数字每年都在增长。

形状各异

病毒种类繁多，其形状也是各式各样。大多数病毒颗粒属于如下 4 种不同

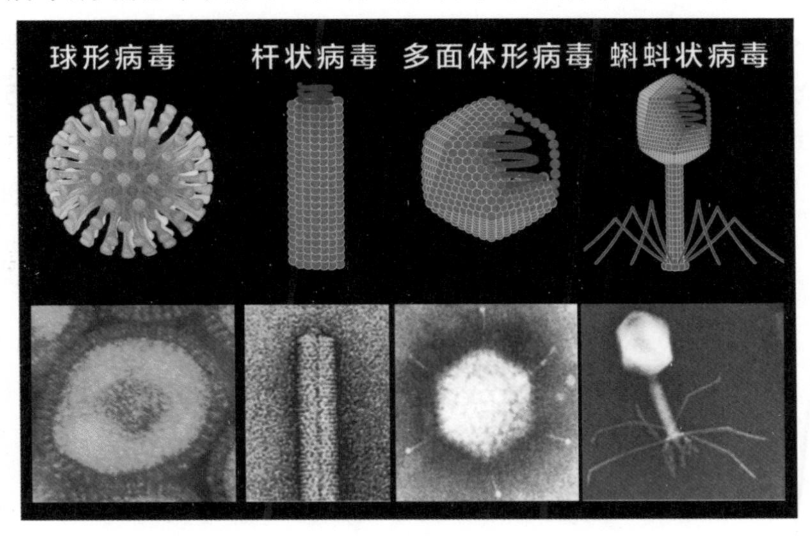

病毒 4 种典型形状（上排：病毒模型；下排：电镜图像）

的形状：球形（Spherical）、杆状/线状（Rod shaped）、多面体形（Polyhedral）和蝌蚪状（Tadpole-like）。

球形病毒。这种类型的病毒或多或少是圆形的，像小高尔夫球，如流感病毒（Influenza Virus）、脊髓灰质炎病毒（Polio Virus）、脑炎病毒（Encephalitis Virus）和肿瘤病毒（Tumor Virus）等。

杆状病毒。也称螺旋体形病毒。这种类型的病毒看起来像小棒，如烟草马赛克病毒（Tobacco Mosaic Virus）、腮腺炎病毒（Mumps Virus）和埃博拉病毒（Ebolavirus）等。它们可以长达 800—1000 nm, 而直径仅 15 nm。

多面体形病毒。如天花病毒（Small Pox Viruses）、金丝雀痘病毒（Canarypox Virus）、疱疹病毒等。

蝌蚪状病毒。这种类型的病毒看起来像精子或二极管，如各类感染细菌的噬菌体。它们的身体有头和尾巴。头部宽约 20—80 nm，全长约 100—250 nm。

个头最小

病毒是最小的生物，平均直径介于 8—280 nm 之间，平均大小只是细菌的十分之一。不同种类的病毒由于携带不同数量的基因，大小可以相差很大。细小病毒（Parovirus）是已知最小的病毒，其直径大约 20 nm，甲/乙/丙型肝炎病毒（Hepatitis A/B/C Virus）的直径也仅有 30 nm/40 nm/50 nm。艾滋病毒，也称人类免疫缺陷病毒（Human Immunodeficiency Virus）和疱疹病毒的直径分别为 120 nm 和 200 nm，属于中等尺寸。而天花病毒的直径可达 360 nm，埃博拉病毒长度可达 1400 nm。

然而，近期发现的巨型病毒（Giant Viruses）完全颠覆了人们对病毒大小的认知。原来，有些病毒不是超微观实体，它们跟细菌一样大小，可以在光学显微镜下观察到。

2003 年，科学家首次发现巨型病毒。他们从英格兰冷却塔的变形虫中分离出拟菌病毒（Mimivirus）。拟菌病毒的衣壳直径为 400 nm，从衣壳表面伸

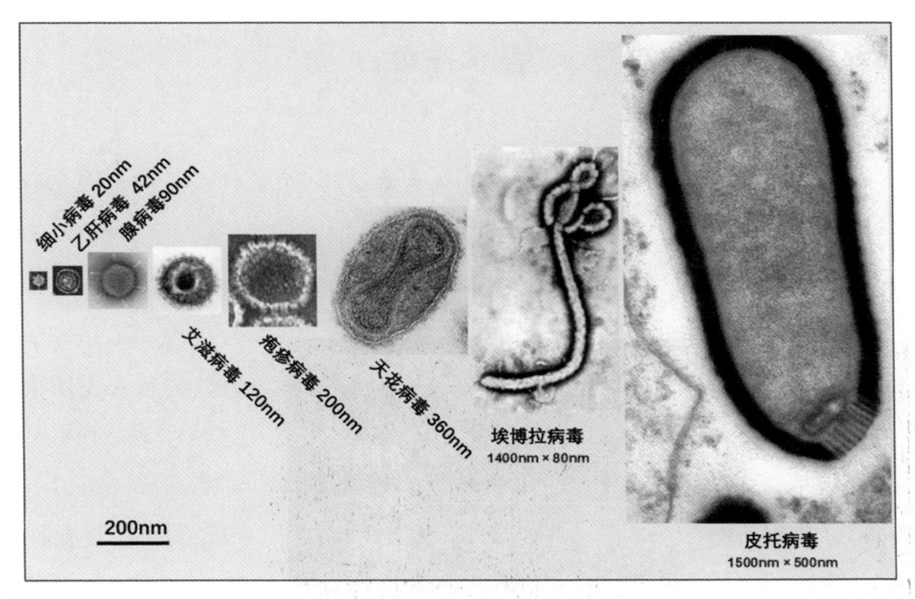

大小不同的病毒

出的蛋白丝长 100 nm，使病毒的总长度达到 600 nm。病毒越大，携带的遗传基因越多。拟菌病毒包含 979 个基因，包括用来复制和修复 DNA 的基因，而细小病毒仅包含 2 个基因，甲型流感病毒仅包含 7 个基因，艾滋病毒仅包含 9 个基因。

2010 年 4 月，科学家从智利沿海的水样中分离出一种更大的病毒，超巨型病毒（Megavirus）。超巨型病毒呈多面体形，它的衣壳直径为 440 nm，包含 1120 个基因。

2013 年，一对法国科学家夫妇发现并成功分离一个更大病毒，潘多拉病毒（Pandoravirus）。它呈椭圆形，长约 1000 nm。潘多拉病毒携带的遗传基因更多，达 2500 个。故事并未到此结束，2014 年，俄国科学家在西伯利亚 3 万年前的冰芯中发现了更大的皮托病毒（Pithovirus）。皮托病毒长度约为 1500 nm，直径约为 500 nm，是迄今为止发现的最大的病毒。它的大小比之前已知的最大病毒潘多拉病毒科大 50%。因此，科学家用古希腊时大型储存容器的名称皮托伊（Pithoi）来描述这个巨大的新病毒物种。

结构简单

病毒由三部分构成。

中心是核酸，脱氧核糖核酸（DNA）或核糖核酸（RNA）。核酸编码是每个病毒独特的遗传信息。任何病毒的真正传染性部分是其核酸。

核酸外面包被着一层有规律地排列的蛋白亚单位壳粒（Capsomere），称为衣壳（Capsid）。由核酸和衣壳所构成的粒子称为核衣壳（Nucleocapsid）。衣壳的一个重要作用是增强病毒的感染力。对于许多病毒来说，在剥去衣壳后，虽然剩下的核酸仍然可以感染人体细胞，但效率大大降低。

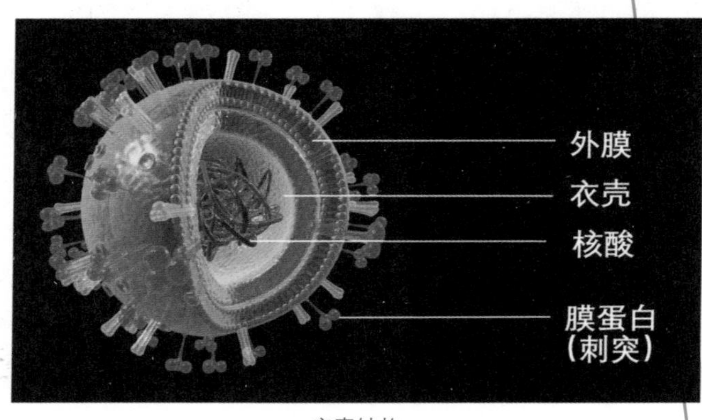

病毒结构

较复杂的病毒在核衣壳外边还有由脂质和糖蛋白构成的外膜（Envelop），膜上的糖蛋白呈刺突状（Spike）。外膜也称包膜，它可以对病毒提供进一步的保护。但是，外膜对干、热，清洁剂和其他脂溶性物质敏感，肥皂可以破坏外膜的脂质，使病毒裂解，所以，用肥皂洗手是对付病毒的一个简单有效的方法。外膜还有另一个最重要的功能，膜蛋白结合人体细胞表面上的受体后，介导病毒进入人体细胞。

研制疫苗的科学家对外膜上的膜蛋白最感兴趣，最新的 mRNA 新冠病毒疫苗就是用外膜上的刺突蛋白作为抗原，诱导人体细胞产生抗体。

第二章 病毒起源

在很久很久以前，地球刚刚形成，地表灼热，太空中大大小小的流星不断撞击地球。地球内部也不安静，灼热的岩浆不时穿过地壳，从火山口喷出。地球上到处都是半熔化的火热岩石，这些岩石中包含各种化学物质，特别是大量的含碳化学物质。

随着时间的推移，撞击地球的流星逐渐减少，地球上的火山也渐渐归于平静。 当时地球的大气层中富含氢气、硫化氢、甲烷，氨和水蒸气，但没有氧气，也没有臭氧层。太阳的紫外线可以轻易地穿过大气层，照射到地球表面。当地球冷却到 100°C 以下，水蒸气凝结成液态水。空气中的水汽碰到剧烈的空气对流，电闪雷鸣，降下第一场大雨。

在这之后，雨越下越多，地球上出现了海洋、湖泊和温泉，这里的水又热，含碳化学物质又丰富。接下来，难以想象的奇迹在这些温暖的水域中出现。

如下图所示，首先，在紫外线的照射下，各种化学物质不断相互碰撞，发生化学反应，形成许多新的化合物。这些新的化合物中就有一些复杂的、生命必需的重要分子：氨基酸、糖和核苷酸，这些是常见的生命代谢物，也是生命的结构积木。

然后，在磷酸盐或氰化物存在的情况下，紫外线照射诱导核苷酸和糖的结合，聚合形成多聚体，也就是核酸 RNA。RNA 的出现具有划时代的意义，因为它们可以自我复制。自我复制是生命延续的必备条件，具有复制能力的核酸被称为最早的复制子（Replicon）。同样，在水域中，氨基酸和糖也分

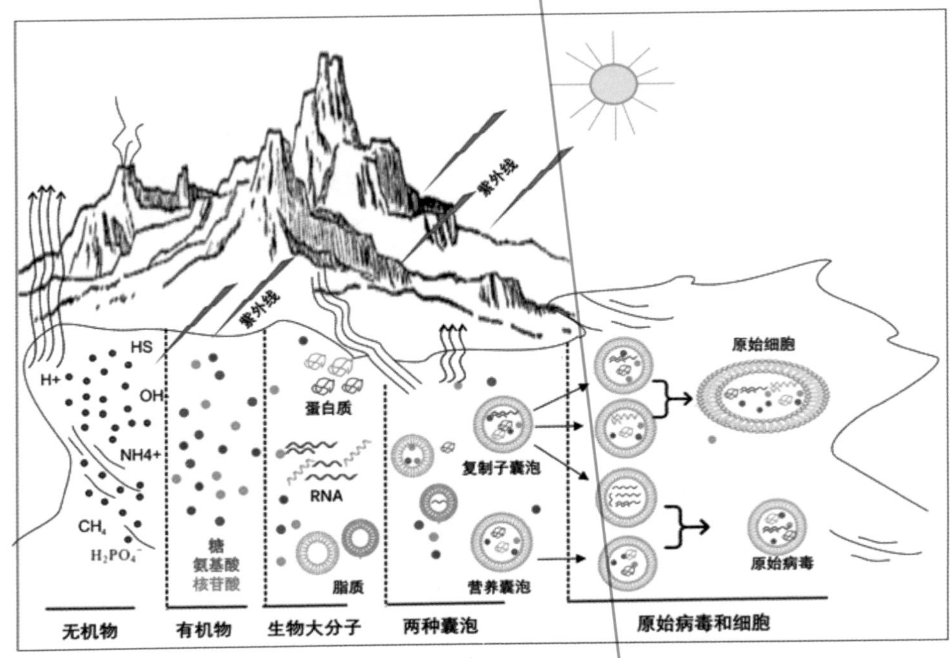

病毒起源

别聚合成各自的多聚体，即蛋白质和碳水化合物。

各种类脂分子也逐渐产生。脂不溶于水，在水中脂分子聚集在一起，它们会形成脂肪小球，直径可达 0.01 厘米，并具有微观结构。如果在显微镜下观看囊泡，它们的行为就像活细胞一样躁动不安。它们生长并改变形状，有时分为两部分，有时聚合。在这样的运动过程中，一些脂肪小球可以将周围水中的复制子、蛋白质、氨基酸、糖、核苷酸和其他的化学物质包裹进去，形成最早的生命雏形——“复制子囊泡”。而另外一些“营养囊泡”只包含有蛋白质、氨基酸、糖、核苷酸等营养物质。

在温泉口和其他地热能量较多的水域，糖、氨基酸和核苷酸浓度较高，“复制子囊泡”中的复制子有足够的营养物质进行复制，繁衍生息。但在离温泉口和地热源越远的地方，供复制子繁衍的营养物质浓度就越低，只有营养囊泡内部还含有高浓度营养物质。在这种情况下，复制子囊泡沿着两条路径发展。

第一条路径：复制子在耗尽复制子囊泡内的营养后，离开复制子囊泡进入一个新的营养囊泡，复制后，再进入下一个营养囊泡，周而复始，营养囊泡成为复制子寄主，原始病毒由此产生。

第二条路径：两个或多个“复制子囊泡”融合，逐渐进化形成原始细胞。

在原始病毒的操纵下，细胞逐渐进化，终于进化成拥有一整套遗传系统和高效率合成代谢的系统供病毒利用，为病毒繁殖提供丰富多彩的宿主。

第三章　动物病毒跨物种传播

在整个人类历史中，新型病毒传染病不断出现，大多数为人兽共患病（Zoonosis），病毒从动物到人的跨物种传播导致了人兽共患病。下面我们来了解一下病毒如何从动物传播到人。

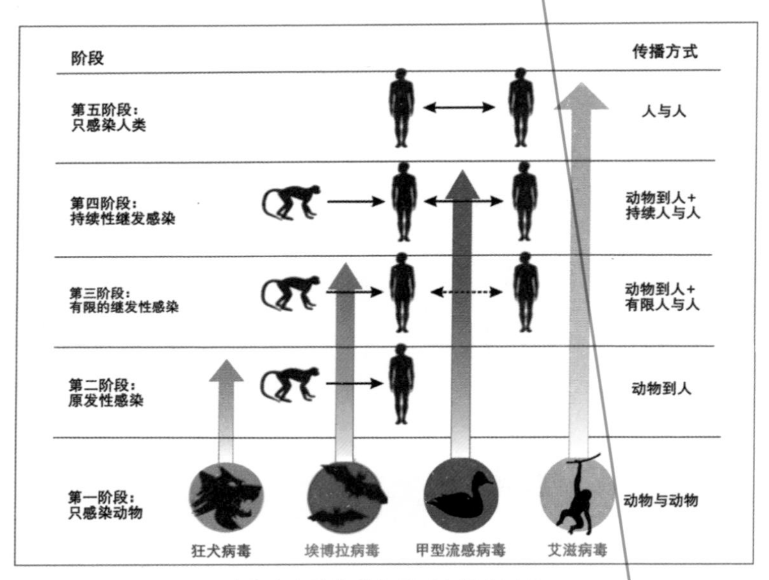

动物病毒跨物种传播到人类的过程

动物病毒跨物种传播到人类的过程涉及5个不同阶段。

第一阶段：动物病毒（狂犬病毒、埃博拉病毒、登革热和艾滋病毒）在自然条件下仅感染同类动物。

第二阶段：病毒在动物细胞内不断突变进化，产生能够感染人体细胞的突变毒株。突变株有能力跨物种感染人类，即原发感染（Primary Infection），例如：狂犬病毒和西尼罗河病毒（West Nile Virus）。

第三阶段：进入人体后，病毒在人体内继续突变进化，初步获得能够在人与人之间传播的能力。当这种新突变毒株出现后，病毒开始在人与人之间传播，即继发性感染（Secondary Infection），但病毒只能进行几次继发性传播，因此由原发性感染引发的人类偶发性疾病也不持久。例如：埃博拉病毒、汉坦病毒、马尔堡病毒（Marburg Virus）和猴痘病毒（Monkeypox Virus）。

第四阶段：在第三阶段的基础上，病毒进一步突变进化，终于可以在人群中进行长时间地继发性传播。例如：甲型流感病毒（Influenza A）、登革热病毒、黄热病病毒。

第五阶段：病毒在人体细胞中稳定存在，并与它们以前的动物宿主分离，演变为仅在人类中传播的病毒。例如艾滋病毒、麻疹病毒（Measles Virus）、风疹病毒（Rubella Virus）和天花病毒。

在这5个阶段中，从第一阶段过渡到第二阶段最困难。

人兽共患病病毒

能够同时感染人类和动物的病毒称为人兽共患病病毒。人兽共患病病毒主要来自下列病毒科。

布尼亚病毒（Bunyavirus）：例如，引起肾综合征出血热的汉坦病毒。

弹状病毒（Rhabdoviruses）：例如，引起狂犬病的狂犬病毒。

黄病毒（Flavivirus）：例如，引起登革热的登革热病毒。

疱疹病毒（Herpesvirous）：例如，引起口腔疱疹的单纯疱疹病毒（Herpes Simplex Virus）。

呼肠孤病毒（Reovirus）：例如，引起急性胃肠炎的轮状病毒（Duovirus）。

披膜病毒（Togavirus）：例如，引起风疹的风疹病毒。

沙粒病毒（Arenavirus）：例如，胡宁病毒（Juninvirus）可导致阿根廷出血热。

逆转录病毒（Retrovirus）：例如，艾滋病毒。

副粘病毒（Paramyxoviruses）：例如，引起麻疹的麻疹病毒。

腺病毒（Adenovirus）：例如，腺病毒 2（ad2），可引起病毒性出血热。

细小核糖核酸病毒（Picornavirus）：例如，引起口蹄疫的口蹄疫病毒（Foot-and-mouth Disease Virus）。

冠状病毒（Coronavirus）：例如，引起新冠肺炎的新冠病毒（SARS-CoV-2）。

人兽共患病病毒的原始宿主

科学家发现不同的人兽共患病病毒偏爱不同的宿主：布尼亚病毒主要寄生在啮齿动物、偶蹄类动物和蝙蝠体内；弹状病毒主要寄生在蝙蝠体内；沙粒病毒主要寄生在啮齿动物体内；黄病毒主要寄生在蝙蝠和啮齿动物体内；疱疹病毒主要寄生在灵长类动物体内。

科学家还发现人兽共患病病毒既可以来自野生动物，也可以来自家畜。

野生动物宿主包括：蝙蝠、猫、水貂、斑马、黑猩猩、大猩猩、猩猩、狒狒、猴子、鼩鼱、森林羚羊、豪猪、刺猬、鼠、松鼠、袋鼠、野兔、飞狐、负鼠和鸟。

家养畜禽包括：牛、山羊、绵羊、兔、马、驴、骆驼、猪、鸡和鸭。

绝大多数人兽共患病病毒来自哺乳动物，少数来自鸟类。

我们先来看看人兽共患病病毒与野生哺乳动物的关系。

科学家对所有野生哺乳动物病毒以及它们的野生哺乳动物宿主进行综合研究，以确定哪些动物病毒最有可能跨物种传播到人类。人兽共患病病毒的跨物种传播首先取决于如下两个条件：1. 哺乳动物种群中潜在的总的病毒种类的多少；2. 这些病毒的生态、分类学和生活史特征。人兽共患病病毒的跨物种传播还取决于一些相关的特定因素，包括宿主与人类的进化距离，接触的生态机会以及物种之间的相互作用。

2017 年，科学杂志《自然》发表了一项大型研究结果。该研究涉及 15

个目的 754 种哺乳动物（占已知哺乳动物总数的 14%）和 28 个科的 586 种病毒（所有已知的哺乳动物病毒）。这一研究发现：

1. 在这 586 种哺乳动物病毒中，人体内检测到 263 种，其中 75 种是人类独有，188 种是人兽共有。可见，30% 哺乳动物病毒可以跨物种传播到人类（188÷586=32%）。人体内 71.5% 的病毒是人兽共患病病毒。

2. 在 586 种病毒物种中，有 382 种是 RNA 病毒，205 种是 DNA 病毒。在人类中的 188 种人兽共患病病毒中有 159 种是 RNA 病毒（382 个中的 159 个为 41.6%），29 种是 DNA 病毒（205 个中的 29 个为 14.1%）。这表明 RNA 病毒比 DNA 病毒更有可能跨物种传播成为人兽共患病病毒。

3. 在 15 个哺乳动物目中，手足目（Chiroptera，蝙蝠）、啮齿目（Rodentia，啮齿动物）、灵长目（Primates, 灵长类动物）和偶蹄目类动物（Cetartiodactyla，偶蹄类动物）携带的人兽共患病病毒远高于其他 11 个哺乳动物目。

蝙蝠是哺乳动物中的特殊宿主，蝙蝠不仅携带的人兽共患病病毒的比例明显高于所有其他哺乳动物目，而且也是最近大量出现、备受关注的人兽共患病病毒，例如 SARS、埃博拉病毒、MERS（中东呼吸综合征冠状病毒）的宿主。

4. 人兽共患病病毒跨物种传播的风险随着其宿主与人的系统进化关系的接近而增加，比如：灵长类动物是人类的近亲，对病毒体的跨物种传播的物种屏障最弱。

5. 随着人与动物之间的接触增多而增加，也随着人类社会城市化进程而增加。

2020 年，科学家对野生哺乳动物引起的病毒跨物种传播做了进一步研究，结果表明：

1. 在 5335 种野生哺乳动物中，只有 609 种携带一种或多种人兽共患病病毒。在这 609 种动物中，354 种（58.1%）只携带一种人兽共有病毒。

2. 在研究的 142 种人兽共患病病毒中，啮齿动物、蝙蝠、灵长类动物和偶蹄类动物拥有最多。啮齿类动物携带有 61% 的已知人兽共患病病毒，蝙蝠携带 30%，灵长类动物携带 23%，偶蹄类动物携带 21%。各种动物所占比例加在一起大于百分之百，说明有些人兽共患病病毒同时出现在不同的动物中。

3. 人兽共患病病毒物种丰富度（Richness）与哺乳动物物种丰富度高度相关。三类哺乳动物包括蝙蝠、啮齿动物和灵长类动物加在一起占所有陆地哺乳动物物种的 72.7%，相对应，它们所携带的人兽共患病病毒总数占已知人兽共患病病毒总数的 75.8%。

值得注意的是，所有研究都将人兽共患病病毒跨物种传播的风险指向三类动物：蝙蝠、啮齿动物和灵长类动物。下面我们逐个介绍。

蝙蝠

蝙蝠是近期发生的一系列新兴病毒传染病的始作俑者，这些传染病包括 SARS、埃博拉、尼帕病毒（Nipah）病和由丝状病毒（Filoviruses）引起的出血热等。蝙蝠成为世人关注的焦点，蝙蝠也是当之无愧的病毒超级携带者。在 586 种哺乳动物病毒中，蝙蝠携带 137 种。在 188 种人兽共患病病毒中，蝙蝠携带 61 种。

蝙蝠

蝙蝠成为病毒超级携带者是由其生物学特性所决定的。

第一，蝙蝠有 1000 多个物种，它们之间共享很多病毒，这表明蝙蝠之间的种间传播比其他动物更为普遍。

第二，蝙蝠喜欢彼此靠近生活，大规模群居，这为病毒在蝙蝠之间传播提供了很多机会。

第三，一部分蝙蝠吸血而不食肉，这样不仅可以将体内病毒传入猎物，还能允许病毒在猎物的种群中传播。

第四，蝙蝠飞行时其内部温度会升高到40摄氏度左右，这对于许多病毒生存来说并不理想，但有些病毒通过进化获得了耐受机制后，就能在蝙蝠中存活。因此，这些蝙蝠病毒一旦进入人体（或动物体），可通过耐受免疫反应引起的高烧，更易生存。那么蝙蝠的免疫系统为何能容忍这么多的病毒呢？科学家发现，在蝙蝠中，刺激先天性免疫反应的一种干扰素（Interferon）被抑制。

啮齿动物

在携带人兽共患病病毒的数量上，能与蝙蝠媲美的只有啮齿动物。在586种病毒物种中，啮齿动物携带179种病毒，其中68种是人兽共患病病毒。考虑到啮齿动物物种总数达2000多种，远高于蝙蝠，所以，它们平均每个物种携带的病毒种类少于蝙蝠。

啮齿动物

啮齿动物数量庞大且出没在人类居住地，与人类接触频繁，其携带的病毒跨物种传播到人类的机会最多。但是，这些病毒大都处在从动物跨物种传播到人的第三阶段，即只发生有限的继发性感染（人传人），不会引发大规模流行，比如，拉萨热病毒（Lassa Fever Virus）和汉坦病毒都是来自啮齿动物。这就是为什么我们经常听到人被感染的报道，但从未见到大流行。

灵长类动物

在586种哺乳动物病毒中，灵长类携带117种，在188种人兽共患病病毒中，灵长类携带36种。人类与灵长类动物的密切进化关系是灵长类动物病毒溢出到人类的决定因素，例如：感染人类的艾滋病毒、乙型肝炎病

灵长类动物

毒（Hepatitis B Virus）、登革热病毒和寨卡病毒（Zita Virus）等都源自灵长类。

2020年的研究也揭示了人兽共患病病毒与家养动物的关系。

众所周知，家养动物频繁将人兽共患病病毒传播给人类。家养动物已有几千年历史，其分布范围远大于任何野生动物，有人居住的地方就有家养动物，人口越稠密的地区家养动物越多。2020年的研究表明，与野生哺乳动物相比，家养动物携带更多的人兽共患病病毒。在调查的142种人兽共患病病毒中，12种家养动物每种平均携带19.3种，而5335种野生哺乳动物平均携带0.23种人兽共患病病毒。

携带人兽共患病病毒数量最多的前10个哺乳动物物种包括8种家养动物和2种野生动物，它们依次是：

第一，猪、牛、马并列，各携带31种；

第四，绵羊，携带30种；

第五，狗，携带27种；

第六，山羊，携带22种；

第七，猫和野生动物家鼠（Mus Musculus），携带16种；

第九，骆驼，携带15种；

第十，野生动物黑鼠（Rattus Rattus），携带14种。

在世界上大多数地区，家鼠和黑鼠都被认为是啮齿类动物的入侵物种，它们通常居住在居民区和住房里，另外，科学家用它们做实验，所以，家鼠和黑鼠可以算是半家养动物。可见，家养动物虽然物种不多，却是人兽共患病病毒的重要来源。

值得关注的是，通过如下途径，有些人兽共患病病毒存在于多种动物之中。

途径一：一些病毒可以同时寄生在家养动物和其野生亲属物种中，这是因为野生种群是病毒的原始宿主，经过驯化后的家养种群仍然保留这些寄生病毒。

途径二：一些病毒可以同时寄生在圈养在一起的几种不同的家养动物中。这是因为长期紧密接触导致病毒的跨物种传播。

途径三：当一种家养动物从另一种家养动物感染新的病毒后，它又将这一新的病毒传染给其野生亲属物种，这是因为家养动物比如牛、马、鹿，通常与它们的野生亲属物种共享栖息地。这种密切的联系大大增加了病毒在家养动物与野生亲属物种中相互传播的机会。

人类活动与人兽共患病

病毒跨物种传播是人类、动物、环境之间相互作用的自然产物，人类的行为极大地增加了病毒跨物种传播的速度与规模。

在人类文明的早期，动物的家养，土地的开垦和耕种，以及在新的栖息地猎捕野生动物，导致历史上的人兽共患病，包括狂犬病、麻疹和天花。

在过去的几十年中，出现了一系列新兴人兽共患病（Emerging Zoonosis），比如：汉坦病毒肺综合征、埃博拉、猴痘、SARS 和艾滋病。正是人类社会的发展加速了动物病毒跨物种传播到人类，导致人兽共患病频发。

下面，我们来看看哪些人类活动加速了病毒跨物种传播。

饲养

首先，人口稠密和大规模的畜禽饲养，显著增加病毒从动物跨物种传播到人类的机会。我们前面讲到在动物病毒跨物种传播到人的 5 个阶段中，从第一阶段到第二阶段的过渡是瓶颈。虽然病毒本身的特性是决定跨物种传播能否成功的关键，但人口的高密度和大规模的畜禽饲养为潜在的跨物种传播提供了无限的机会。大规模的畜禽饲养使得病毒能够在畜禽中大量繁殖，增加产生新突变体的机会。人与畜禽的密切接触为病毒提供大量机会去感染人体，高密度人口更为病毒在人群中传播提供了便利。中东呼吸综合征（Middle East Respiratory Syndrome，MERS）是这方面的典型实例。

2012 年 6 月在沙特阿拉伯王国，一位阿拉伯老人因急性肺炎住进当地医院，病症罕见，老人随后因严重呼吸道疾病和肾衰竭而死亡。这种病被称为中东呼吸综合征，该病的元凶是一种新型冠状病毒，称为 MERS 冠状病毒（Middle East Respiratory Syndrome–Coronavirus，MERS–CoV）。

同所有其他人类冠状病毒一样，MERS 冠状病毒起源于蝙蝠。可是，大多数早期患者都与蝙蝠无直接或间接接触，那么蝙蝠身上的病毒怎么会传到人体呢？答案就在骆驼身上。

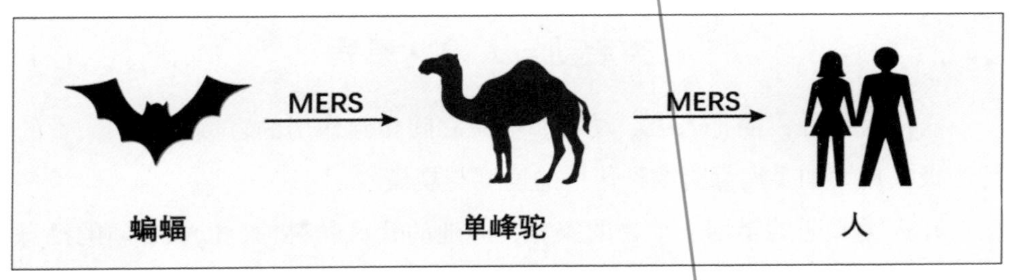

MERS 病毒从蝙蝠经单峰驼跨物种传播到人

单峰驼（Dromedary Camel）是 MERS 冠状病毒的中间宿主。科学家发现，MERS 冠状病毒在 20 世纪 80 年代或更早实现跨物种传播，在北非由蝙蝠跨物种传播到单峰驼，随着北非到中东的贸易，MERS 冠状病毒开始在单峰骆驼种群中流行。不幸的是，MERS 冠状病毒再次实现跨物种传播，2012 年在沙特阿拉伯由单峰驼跨物种传播到人，在人中传播，引发 MERS 大流行。

在中东，单峰驼饲养非常普遍，单峰驼曾经是交通运输的主要工具，现在仍然是中东一些国家和非洲部分地区的重要食用奶来源。人与骆驼的直接接触是被 MERS 冠状病毒感染的一个重要途径，食用未经消毒的骆驼奶，未煮熟的骆驼肉，在没有适当防护设备的情况下处理受感染的生骆驼肉都可能引发感染。另外，在中东地区，骆驼尿是传统医药，被用于多种疾病的自然疗法，这进一步增加了感染的风险。

捕猎

自从有了人类，捕猎就是人类生活的一部分。在非洲，猎人经常捕杀猴子、猩猩等各类动物，吃它们的肉，并将动物幼崽当作宠物饲养。当携带病毒的动物咬了猎人，或者当屠夫处理捕猎到的动物划伤手指时，病毒就随动物血液进入到人体，造成病毒跨物种传播。

艾滋病毒的跨物种传播就是这样的例子。

艾滋病是由艾滋病毒引起的传染病，艾滋病毒有两种：HIV-1 和 HIV-2。HIV-1 包括 4 个亚型（M、N、O 和 P），HIV-2 包括 8 个亚型（A-H），HIV-2 越来越多地被 HIV-1 取代。

那么，HIV-1 是怎么跨物种传播的呢?

艾滋病毒跨物种传播到人类可以追溯到 1910 年。非洲热带雨林的许多种猴子都携带猿猴免疫缺陷病毒（Simian Immunodeficiency Viruses，SIV），SIV 是 HIV 的祖先。迄今已发现 40 多种猴子各自携带不同的 SIV。这些 SIV 对其天然宿主猴子并不造成危害，它们与猴子至少已和平共处了 3 万多年。这些 SIV 偶尔在不同种的猴子之间跨物种传播。

在非洲中部热带雨林中，黑猩猩（Chimpanzee）与莫娜猴（Mona Monkey）和红顶白眉猴（Red-capped Mangabey）共享栖息地。黑猩猩是杂食动物，不仅以植物为食，还捕食猴子和其他动物。黑猩猩生食莫娜猴和红顶白眉猴后，感染上了莫娜猴和红顶白眉猴分别携带的 SIV，即 SIVmon 和 SIVrcm。这两种 SIV 病毒跨物种传播到黑猩猩体内后，经过不断突变和重组，形成适应黑猩猩的新病毒 SIVcpz。

大猩猩（Gorilla）也是这片森林中的一员，毫不意外，大约在 1820 年，黑猩猩的 SIVcpz 跨物种传播到大猩猩体内，在不断进化和适应后，形成大猩猩独特的 SIVgor。那么 HIV 怎么跨物种传播到人类的呢?

捕猎猿类、食用和贩卖猿肉在中部非洲非常普遍。可以想象，这些

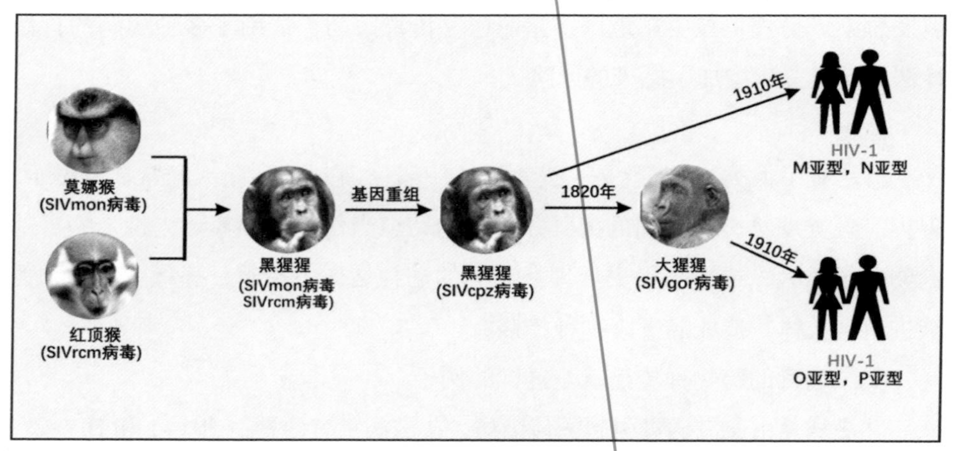

HIV-1 从猿跨物种传播到人

活动导致当地猎人和居民不时会感染 SIVcpz 和 SIVgor。然而，最初的 SIVcpz 和 SIVgor 感染力弱，在感染后数周内就被人体免疫系统抑制。加上当时非洲人口密度小，人类不能为病毒提供快速感染、连续传播和基因复制的渠道，所以，原始的跨物种传播只能维持在第三阶段，即有限的继发性感染。

然而，到了 1910 年，西方国家在非洲推行殖民主义，导致非洲大型殖民城市的发展，特别是带来了性解放。中部非洲最大城市利奥波德维尔市（Leopoldville）多达 45% 的女性居民是妓女。在这种情况下，SIVcpz 一旦进入人体，就能成功在人群中快速传播、突变和适应。事实正是如此，那些在喀麦隆感染上 SIVcpz 的人沿桑伽河和刚果河南下来到利奥波德维尔。SIVcpz 如鱼得水，迅速在密集的人群中传播，并在人体内大量复制进化成为 HIV-1 M 亚型，使得利奥波德维尔成为艾滋病大流行的摇篮。HIV-1 M 亚型已经感染了全世界数千万人，几乎在全球每个国家都有发现。

奇怪的是，除了 HIV-1 M 是艾滋病的流行形式，其他三个亚型都没有走出非洲。O 亚型比 M 亚型少得多，约占全球 HIV-1 感染总数的 1%，主要限于喀麦隆和其邻国。N 亚型是在 1998 年确定的，甚至比 O 亚型更罕见。到目前为止，仅记录了 13 例 N 亚型感染病例，所有病例均来自喀麦隆。最后一个被发现的是P亚型，一共才两例：2009年在一名居住在法国的喀麦隆妇女身上发现，尽管进行了广泛的筛查，但迄今为止仅在另一个喀麦隆人体内发现。

从上图可以看到HIV-1亚型跨物种传播有两个途径：在HIV-1 M和HIV-1 N亚型由黑猩猩跨物种传播到人类的同时，HIV-1 O和HIV-1 P亚型由大猩猩跨物种传播到人类。

HIV-2的传播有什么独特之处呢？

HIV-2病毒起源于西非的一种猴子——白枕白眉猴（Sooty Mangabey），这种猴子携带了一种白眉猴独特的SIVsmm。在许多西非国家白枕白眉猴数量众多而且感染SIV的概率很高（可高达22%）。大约在20世纪中期，SIVsmm跨物种传播到人类，演化成了HIV-2艾滋病毒。

跟4种HIV-1亚型一样，8种HIV-2亚型都是独立的跨物种传播。只有A和B亚型在人类中有一定规模的传播。A亚型在1940年左右在几内亚比绍由白枕白眉猴跨物种传播到人类，随后扩展到整个西非。B亚型跨物种传播也发生在几内亚比绍，时间比A亚型晚几年，大约在1945年，但现在仅在科特迪瓦占主导地位。其他6种HIV-2亚型的跨物种传播发生得更早，但只停留在跨物种传播的第三阶段，即有限的继发性感染。

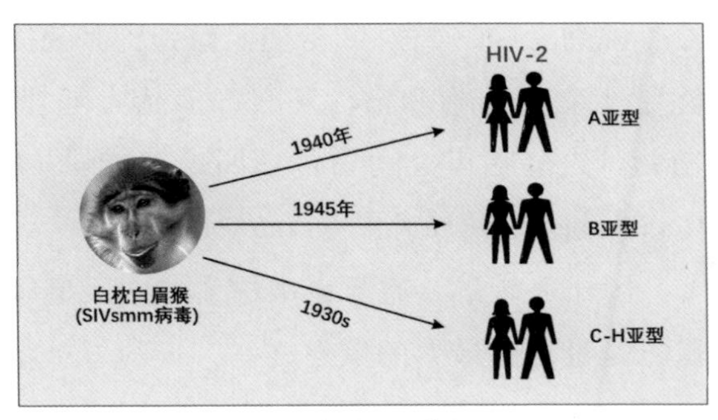

HIV-2从猴跨物种传播到人

宠物

宠物市场的发展使人类与动物之间的联系不断升级。宠物行业是一项庞大的全球业务，家养动物的种类越来越多。2011—2012年的一次调查表明：仅在美国就有7290万个家庭（占全美人口的62%）饲养宠物。在这些宠物中，大多数是狗（7820万）或猫（8640万），还有宠鸟类（1620万）、爬行动物（1300万）和其他小型动物（1600万）。在中国宠物数量也与日俱增。2019年，中国养宠家庭数量为9978万户，5年里增长43.9%。宠物犬、猫数量已达约1亿只。随着全球宠物拥有量的增长，人与动物之间传播疾病的可能性将持续增加。

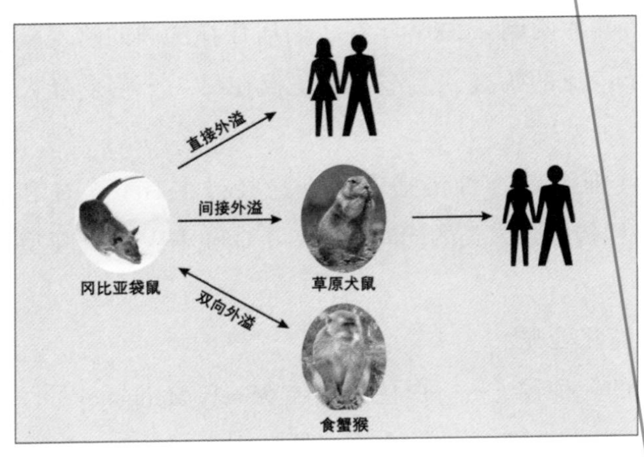

病毒从宠物跨物种传播到人

说到宠物，大家可能马上想到狗和猫。其实，宠物的种类五花八门，除了驯化了的狗和猫，还有许多从野外捕获的野生动物，特别是啮齿类动物。这些啮齿类动物包括冈比亚袋鼠（Gambian Pouched Rat， Cricetomy Gambianu）和草原犬鼠（Prairie Dog）。

冈比亚袋鼠，通常也被称为非洲巨型袋鼠，是巨袋鼠属的一种夜间袋鼠，是世界上最大的鼠类之一，长约0.9米，尾巴占其总长度的一半。冈比亚袋鼠有时被当作宠物饲养，如部分美国居民就从非洲进口冈比亚袋鼠养作宠物。

草原犬鼠是北美草原土生土长的食草啮齿动物，分布在加拿大、美国和墨西哥北部。被当作宠物的草原犬鼠主要是从野外捕获的黑尾草原犬鼠。每年春天，猎人将黑尾草原犬鼠幼崽从洞穴中捕获。它们也是日本和欧洲的家养宠物。黑尾草原犬鼠不易喂养，它们都会进入一个烦躁期（Rut），这个时期可以持续数月。在此期间，它们的个性会发生巨大的变化，经常变得具有攻击性。

2003年4月得克萨斯州外来动物经销商从加纳阿克拉进口了一批未经检疫的冈比亚袋鼠，用于参加在美国威斯康星州麦迪逊地区的宠物交易会。

2003 年 5 月，这批冈比亚袋鼠被运到交易会，与黑尾草原犬鼠一起圈养。附近的一户居民从宠物交易会上买回一只黑尾草原犬鼠。时隔不久，家里一名年幼的孩子被这只草原犬鼠咬伤。几天后，孩子开始发烧并出现皮疹。经当地医院确诊，孩子感染了猴痘病毒。

猴痘是一种由猴痘病毒引起的传染病。1958 年在一只用于实验的食蟹猴（Cynomolgus Monkey）身上发现，猴痘因此得名。非洲灵长类和啮齿类动物携带猴痘病毒，直接或间接跨物种传播到人类。猴痘通过体液传播，比如，当人被受感染动物咬伤或抓伤时，病毒经伤口进入人体。猴痘症状类似水痘和天花。

追踪调查表明，这批进口的冈比亚袋鼠携带猴痘病毒，在同草原犬鼠一起圈养时，将猴痘病毒传给草原犬鼠，携带猴痘病毒的草原犬鼠咬伤孩子，将病毒传给孩子。

受感染的孩子并非唯一病例，截至 2003 年 6 月 20 日，美国总共报告了 71 例猴痘病例。所有病例均追溯到这批进口的冈比亚袋鼠，幸好没有造成人员死亡。这次动物病毒跨物种传播事件导致 CDC（美国疾病控制与预防中心）和 FDA（美国食品药品监督管理局）发布联合命令，禁止在美国境内销售、贸易和运输冈比亚袋鼠和草原犬鼠。

去森林化

由于伐木、采矿、偏远地区的道路建设和快速的城市化等原因，原始森林遭到严重破坏，使人们与以前从未接触过的动物物种更加亲密接触。黄热病在非洲流行和在南美洲重新出现就是一个警示实例。

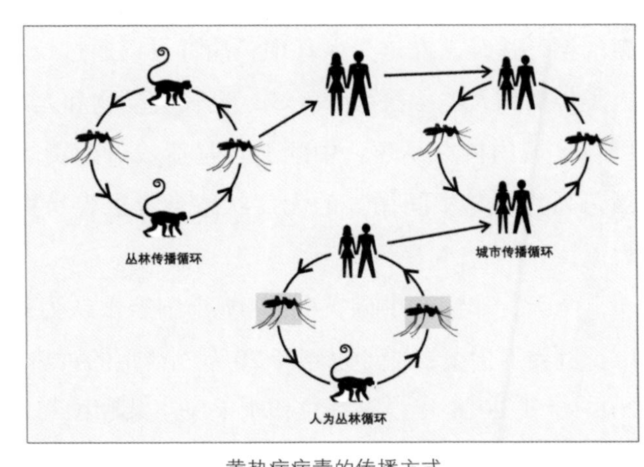

黄热病病毒的传播方式

黄热病病毒在大约 3500 年前起源于非洲东部，经蚊子在灵长类之间传播。大约在 1500 年前由非洲东部传播到非洲西部，并在大约 400 年前经由奴隶贸易从西非传播到美洲。

科学家发现，黄热病病毒通过 3 个传播循环在灵长类动物和人之间传播。这 3 个循环包括：

丛林传播循环（the Sylatic Transmission Cycle）。在丛林传播循环中，病毒经森林树冠中的蚊子在灵长类动物之间传播。丛林传播循环是区域内部的持久循环（Endemic），受感染的灵长类动物通常不会患病。丛林传播循环为黄热病病毒提供了自然储存库，当人类由于各种原因进入丛林时，蚊子叮咬人，将病毒从灵长类动物传播给人类。

城市传播循环（the Urban Transmission Cycle）。在城市传播循环中，病毒经蚊子在人之间传播。城市传播循环的表现形式是短时期的大流行（Epidermic），许多人被感染患病，症状表现为发烧、恶心、呕吐和腹痛，20% 的症状可能会发展为黄疸、肝肾功能衰竭和出血。黄热病的死亡率很高，有症状感染者的病死率可达 50%。

中间循环（Intermediate Cycle）也称“人为丛林循环”（Anthropogenic Sylvatic Cycle）。人类为了扩大农业、开发矿产而不断砍伐森林，导致在丛林内部或边缘出现小的人类社区与丛林交错并存，为黄热病病毒提供了一个新的循环途径。在这个循环中，病毒可以通过蚊子从灵长类传播给人类或从人类传播到人类。在这个区域，灵长类动物和人都对病毒有免疫力，病毒可以在区域内持久循环。中间循环是造成近期黄热病在城市中频繁暴发的主因，因为参与中间循环的无症状感染者很容易将病毒带入城市，造成城市大流行。

今天，非洲和中南美洲的 47 个国家被认为是黄热病的持久局部流行地区，世界卫生组织估计每年有 20 万例严重的黄热病病例和高达 6 万例死亡。2015 年和 2016 年，安哥拉和刚果民主共和国暴发了大规模疫情，紧接着是巴西和尼日利亚在 2017 年和 2018 年的黄热病大暴发，暴发频率与规模都呈上升趋势。这些暴发都与当地森林砍伐所导致的“人为丛林循环”区域扩大密切相关。

全球气候变化

最后，人类活动引发的全球气候变化更为人兽共患病频发推波助澜。

由于使用化石燃料，大量 CO_2 被排放进地球大气层，通过温室效应造成全球气温升高和降雨量过多。过高的温度和降水，一方面促进植物生长，为病毒的宿主（啮齿动物）提供了丰富的食物，大大增加了宿主的存活率和繁殖率；另一方面，扩大了病毒的传播媒介（蚊子）的地理分布。

下面，我们以登革热为例来看看气温升高和降雨量增多如何促进登革热病毒的扩张。

登革热是一种新兴的病毒性疾病，由登革热病毒引起，经由埃及伊蚊（Aedes Aegypti）传播。它是全球增长最快的传染病之一，每年有 1—4 亿新感染病例。过去几十年里，人类活动引发的全球气候变暖和极端降雨的频繁出现，正在导致虫媒病毒（Arboviruses）传染病的分布在全球范围内从热带和亚热带扩展到温带地区。登革热在南美洲的扩展就是一个最好的证明。下面就让我们来看一个具体实例：登革热在阿根廷的温带城市科尔多瓦

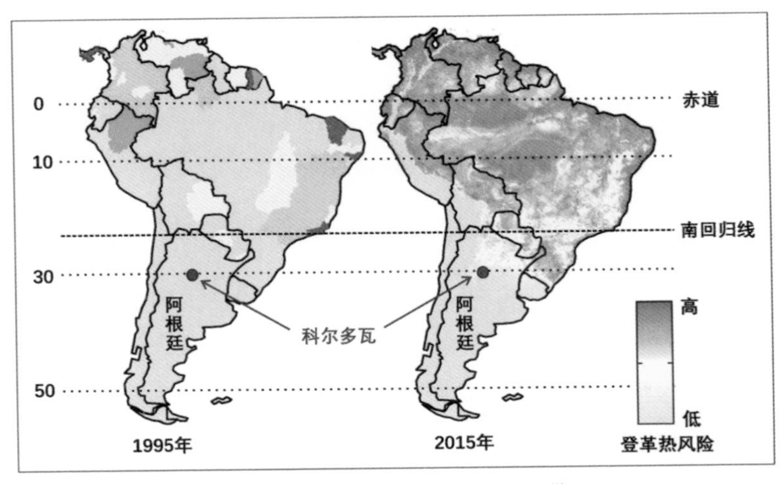

登革热在南美洲从亚热带扩展到温带

（Córdoba）的持续暴发。

阿根廷位于南半球，越往南越冷。在阿根廷，1997 年西北部萨尔塔省（Salta）首次报告登革热病例，此后登革热主要局限于该国北部属亚热带气候的省份。2009 年，阿根廷第二大城市科尔多瓦（人口 130 万）第一次暴发登革热，从那以后，科尔多瓦大部分时间都有登革热发生。在随后的 7 年间科尔多瓦总共经历 5 次登革热暴发，疫情一次比一次严重。2009 年，病例总计 130 例。2016 年，科尔多瓦暴发了第四次更大规模的登革热，总共报告了 822 例登革热病例。7 年里，发病率增加了 6 倍，令人震惊。

科学家发现，每次登革热暴发都与当年气温和降雨量有关。登革热暴发期的特点是气温高于平均气温，每次暴发之前都发生过极端气象事件。2015 年和 2016 年的暴发发生在极端降雨之后，月降水量远高于长期平均值；2013 年和 2016 年暴发之前的冬季都是暖冬，其月平均最低气温比长期月平均气温高 3° C；而 2009 年和 2015 年夏季暴发时，其月平均气温比平时高出 2—3° C。

登革热只是一个例子，其他虫媒病毒病如寨卡（Zaika）和基孔肯雅热（Chikungunya）等都在随着埃及伊蚊由亚热带侵入温带并开始在温带地区流行。科尔多瓦也只是地球温带地区的一个典型城市。由人类活动引起全球气候变暖和极端天气频发正通过虫媒病毒传染病的形式危害人类的健康，威胁人类的生存。

反向人兽共患病

关于人兽共患疾病的研究通常集中在动物向人类的跨物种传播上，但是，越来越多的证据表明，人类正在将病毒传播给动物，造成反向人兽共患病（Reverse Zoonosis），有时会导致动物瘟疫并强化人类疾病。人兽共患病病毒反向跨物种传播的最早报道始于 1998 年，从那以后，已发现多种病毒出现反向跨物种传播。

病毒从人跨物种传播到动物

在坦桑尼亚马哈勒山国家公园（Mahale Mountains National Park），科研人员和游客将麻疹病毒和偏肺病毒（Metapneumovirus）传染给栖息在国家公园中的野生黑猩猩种群，导致黑猩猩种群于2003年、2005年和2006年三次暴发急性和致命的呼吸道疾病，发病率分别为98.3%、52.4%和33.8%，死亡率分别为6.9%、3.2%和4.6%；所有死亡都发生在2个月至2岁9个月的幼年黑猩猩中。

更有甚者，在最近的新冠病毒肺炎大流行中，已发现新冠病毒传给了宠物猫、狗，饲养的水貂，动物园中的老虎和其他猫科动物。

其他反向跨物种传播的人兽共患病病毒包括疱疹病毒、轮状病毒、戊型肝炎病毒、SARS病毒、腺病毒和流感病毒。影响人兽共患病病毒向人类跨物种传播的因素也同样影响其反向跨物种传播。

另外，甲型流感病毒（Influenza A）的反向和双向跨物种传播最为普遍，也被研究得最多，在下一章“流感病毒”里将有详细介绍。

第四章　流感病毒

2009 年，H1N1pdm09 病毒引发了一场席卷全球的 H1N1 流感瘟疫（H1N1 Pandemic），也称 2009 猪流感瘟疫（Swine Flu Pandemic）。什么是 H1N1？怎么还扯上了猪流感瘟疫？

要回答这两个问题，首先要了解流感病毒的基础知识。

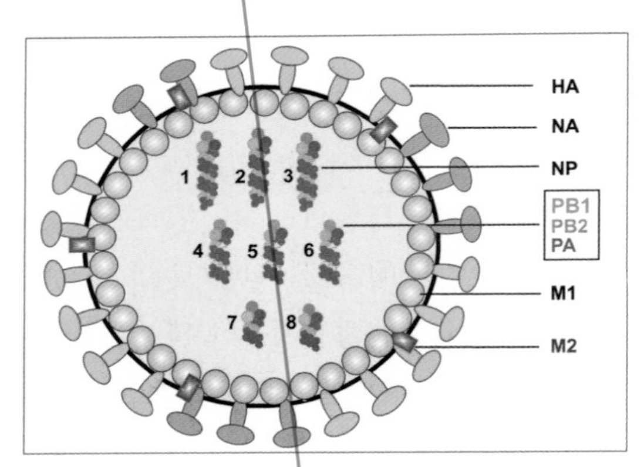

甲型流感病毒的结构

流感病毒有四种类型——甲乙丙丁，因为所有的流感瘟疫都是由甲型流感病毒（Influenza A Virus，IAV）引起的，所以甲型流感病毒成为人类关注的焦点，也是这章要介绍的内容。

甲型流感病毒包膜上有两种蛋白质，它们结构相似，具有“茎”和“头”，插在病毒包膜表面：一个是糖蛋白血凝素（Glycoproteins Haemagglutinin，HA），它可以识别宿主细胞受体，协助病毒进入宿主细胞；另一个是神经氨酸酶（Neuraminidase，NA），它负责新合成的病毒离开宿主细胞，在宿主体内传播。

糖蛋白血凝素和神经氨酸酶决定流感病毒的传染性，也是宿主抗体攻击的抗原。流感病毒逃避宿主免疫系统攻击的策略就是改变糖蛋白血凝素和神经氨酸酶的成分。

甲型流感病毒有 16 种不同的糖蛋白血凝素（HA）和 9 种不同的神经氨酸酶（NA）。16 种 HA 和 9 种 NA 组合后，可以产生 144 种不同的组合，即 144 种病毒亚型。

甲型流感病毒的亚型

（红色：人流感病毒；蓝色：猪流感病毒；绿色：感染人的禽流感病毒）

	H1	H2	H3	H4	H5	H6	H7	H8	H9	H10	H11	H12	H13	H14
N1	H1N1 H1N1	H2N1	H3N1	H4N1	H5N1	H6N1	H7N1	H8N1	H9N1	H10N1	H11N1	H12N1	H13N1	H14N1
N2	H1N2	H2N2	H3N2 H3N2	H4N2	H5N2	H6N2	H7N2	H8N2	H9N2	H10N2	H11N2	H12N2	H13N2	H14N2
N3	H1N3	H2N3	H3N3	H4N3	H5N3	H6N3	H7N3	H8N3	H9N3	H10N3	H11N3	H12N3	H13N3	H14N3
N4	H1N4	H2N4	H3N4	H4N4	H5N4	H6N4	H7N4	H8N4	H9N4	H10N4	H11N4	H12N4	H13N4	H14N4
N5	H1N5	H2N5	H3N5	H4N5	H5N5	H6N5	H7N5	H8N5	H9N5	H10N5	H11N5	H12N5	H13N5	H14N5
N6	H1N6	H2N6	H3N6	H4N6	H5N6	H6N6	H7N6	H8N6	H9N6	H10N6	H11N6	H12N6	H13N6	H14N6
N7	H1N7	H2N7	H3N7	H4N7	H5N7	H6N7	H7N7	H8N7	H9N7	H10N7	H11N7	H12N7	H13N7	H14N7
N8	H1N8	H2N8	H3N8	H4N8	H5N8	H6N8	H7N8	H8N8	H9N8	H10N8	H11N8	H12N8	H13N8	H14N8
N9	H1N9	H2N9	H3N9	H4N9	H5N9	H6N9	H7N9	H8N9	H9N9	H10N9	H11N9	H12N9	H13N9	H14N9

科学家发现：

1. 144 种亚型病毒都在野生鸟类之间传播。

2. 只有 H1–3 和 N1–2 组合的亚型，包括 H1N1、H2N2 和 H3N2 三种亚型病毒在人类中传播。H2N2 引发亚洲流感后，就消失了，所以目前只有两种（H1N1 和 H3N2）及它们的变异株在人类中进行季节性传播。

3. H1 组合的亚型毒性最高。H1N1 引发了 1918 年西班牙流感大流行；1977 年，H1N1 重现，引发了俄罗斯流感大流行；2009 年，变异后的 H1N1 引发了 2009 H1N1 大流行。为了消除人们对瘟疫起源地的歧视，世界卫生组织决定根据病毒名称命名瘟疫，由此，2009 年流感大流行称为 2009 H1N1 瘟疫。

为什么又称为“猪流感瘟疫”呢？

流感病毒跨物种传播

甲型流感病毒源自野生水禽。野生水禽的流感病毒可以跨物种传播到家禽中。在传统的农家后院和农贸集市上，鸡、鸭、鹅、鸽、猪、牛、马、狗等家禽家畜挤在一起，给流感病毒在家禽家畜之间传播和跨物种传播提供了条件。

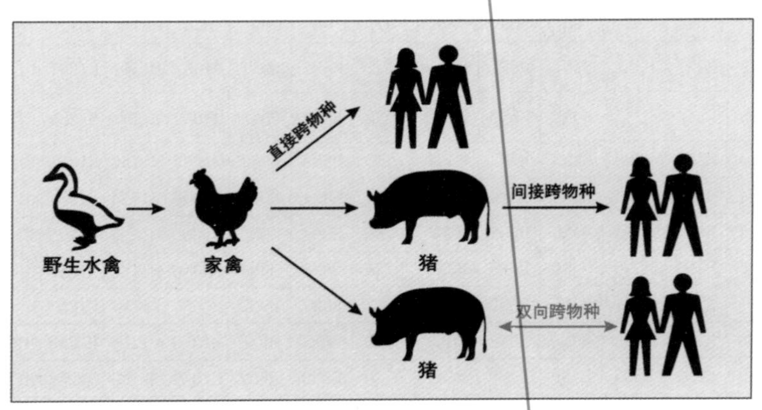

甲型流感病毒的跨物种传播

大约 100 多年前，甲型禽流感病毒越过了物种壁垒，从家禽跨物种传播到哺乳类（主要是猪）。此后，甲型禽流感病毒在猪中变异适应后，借助猪与人的紧密接触以及猪与人之间较近的亲缘进化关系，再次实现跨物种传播，从猪跨物种传播进入人类，引发流感瘟疫。同时，人流感病毒又可反向跨物种传播到猪，构成双向跨物种传播。

猪上皮细胞的受体可以与人、家禽和猪的流感病毒的 HA 结合，也就是说，猪可以同时被人流感病毒、禽流感病毒和猪流感病毒感染，这使得不同来源的流感病毒有机会在猪的细胞内进行基因重组、生产新型流感病毒、最终引发大流行。可见，猪是名副其实的制造新型甲型流感病毒的“混合器”。例如，引发 2009 年 H1N1 流感瘟疫的 H1N1pdm09 病毒基因来自四种不同的宿主（人、禽、美洲猪和欧亚猪），这四种病毒基因在美洲猪中进行重组，形成新的 H1N1pdm09 病毒。因为 H1N1pdm09 病毒从猪跨物种传播到人类，所以 2009 年 H1N1 流感瘟疫也被称为“猪流感瘟疫”。

甲型禽流感病毒也可以从禽类直接跨物种传播进入人类，但很难在人之间长期或大规模传染。

历史上的流感瘟疫

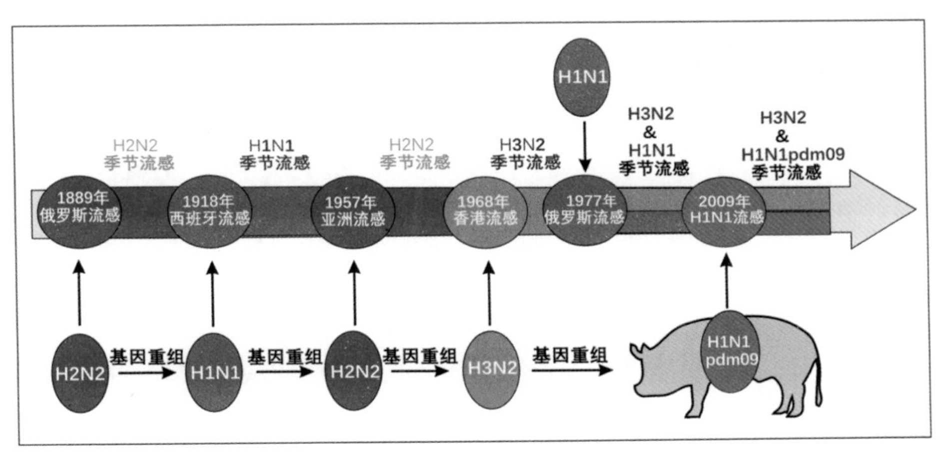

历次流感瘟疫和引发瘟疫的病毒亚型

最早的流感流行

科学家无法确定流感病毒跨物种传播、开始感染人类或引起大流行的时间，但许多历史学家一致认为，第一次流感大流行很可能发生在 1510 年。当时，欧洲正在从黑死病的打击中逐渐恢复。忽然间，在 1510 年 7—8 月，咳嗽、发烧以及心脏和肺部收缩的“喘息压迫”（Gasping Oppression）开始流行起来。据说这种疾病首先在亚洲发生，经中东传到北非，再沿商道到达西西里岛和意大利，并迅速由南到北，传播到整个欧洲。法国国王路易十二计划在 1510 年 9 月召开的国民大会也被迫中止。8 岁的未来教皇格里高利十三世病危，幸亏他身体素质好，最终死里逃生。

1889 年俄罗斯流感

大约 400 年后的 1889 年，H2N2 流感病毒引起了一场规模巨大、死亡惨重的流感大瘟疫。这场流感瘟疫持续了 4 年，蔓延全球。当时，世界人口约 15 亿，有 3 亿—9 亿人被感染，100 万人死亡。

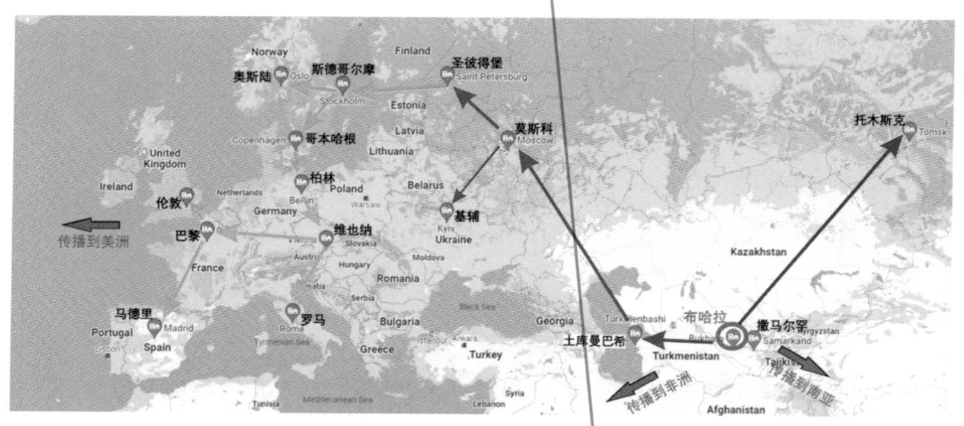

1889 年流感瘟疫沿铁路线在欧亚传播

第二次工业革命之后，现代化的交通工具助长了大流行的蔓延。包括俄罗斯帝国在内的 19 个最大的欧洲国家拥有大约 20 万公里的铁路，欧美之间跨大西洋的海上旅行也十分便利，航渡时间不到 6 天。便利的交通导致了人员频繁流动，也促成了历史上第一个真正的全球性瘟疫。

1889 年 5 月，最早的流感病例出现在俄罗斯的中亚城市布哈拉（Bukhara）。8 月瘟疫开始沿铁路向外扩散，首先向东扩展到撒马尔罕（Samarkand），到 10 月扩展到 3200 公里外的托木斯克（Tomsk）。由于西伯利亚大铁路尚未建成，向东的传播到达托木斯克后，速度明显下降。

然而，向西通往欧洲的铁路四通八达，流感瘟疫向西的传播一路顺风，进展快速。它首先到达里海边上的土库曼巴希（Türkmenbaşy），从那里沿铁路线于 10 月底到达 3000 公里之外的莫斯科。以莫斯科为中心，流感瘟疫一路向西南传播到乌克兰首府基辅，另一路向西北到达圣彼得堡，在圣彼得堡造成人数高达 18 万的严重感染，占该市人口的 20%。

1889 年 11 月初，流感瘟疫冲出俄罗斯国境，从圣彼得堡跨过波罗的海传播到斯德哥尔摩和瑞典其他地区，在 8 周内感染了 60% 的人口。不久之后，

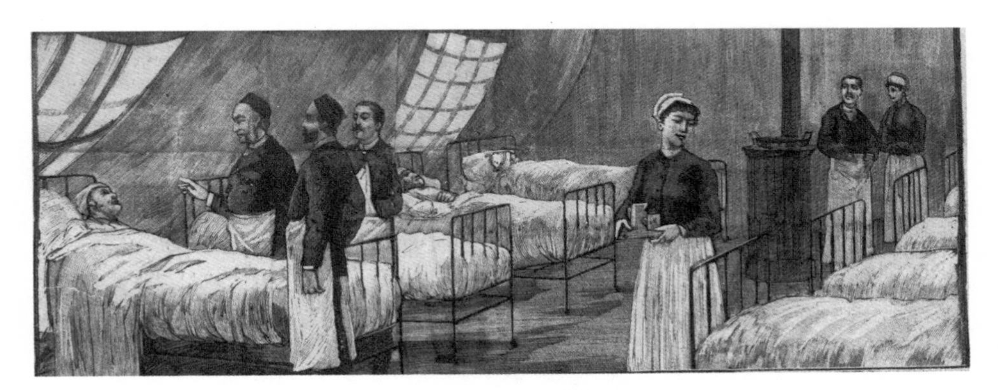

法国的流感专用病房

流感瘟疫再沿铁路线西进到挪威，南下到丹麦。进入 12 月，德国首都柏林的 150 万居民中有一半都被感染。在席卷维也纳之后，流感瘟疫在年底前扩散到罗马、巴黎和马德里，并且跨过英吉利海峡进入英伦三岛。至此，欧洲各国无一幸免。

凭借现代化的航运，流感瘟疫并没有望洋兴叹，而是迅速越过大西洋进入美洲大陆。在 1889 年 12 月 18 日美国出现第一例病例后，在一个多月的时间里，流感瘟疫扩展到整个美洲大陆，并且南下非洲和南亚，又在 1890 年 5 月之前抵达东亚（日本和中国）及大洋洲。

H2N2 病毒引发俄罗斯流感之后的几十年里一直出现季节性流感。

西班牙大流感

近 30 年后，历史上最大规模的流感瘟疫——西班牙大流感于 1918 年在美国暴发，并迅速席卷全球。西班牙大流感持续 2 年，导致全世界大约 5 亿人感染，占当时全球人口的近 30%，死亡人数高达 5000 万，抹去了世界人口的 3%。感染死亡率接近 10%，成为历史上最为恐怖、规模最大、死亡最多的病毒瘟疫。造成如此之高死亡率的原因是多方面的。

首先，该流感是由 H1N1 流感病毒引起的，H1N1 与 20 年前的俄罗斯流感病毒 H2N2 差异巨大。由于第一次面对 H1N1 流感病毒，人类对此流感病毒几乎没有任何免疫力。

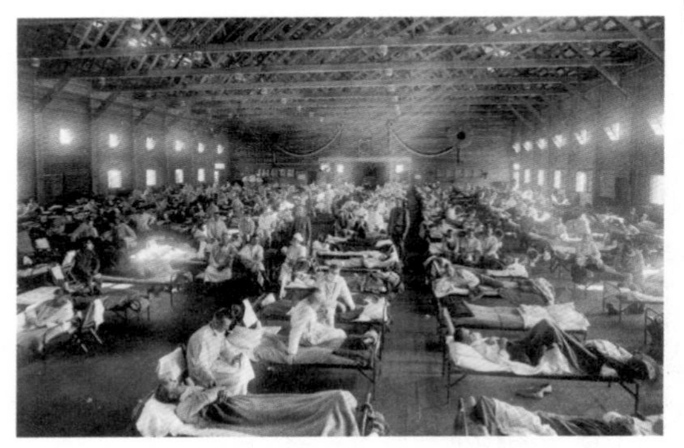
1918 年西班牙大流感

第二，流感暴发时，第一次世界大战正如火如荼，瘟疫与战争总是一对孪生兄弟。首先，战争造成人类的聚集，比如大规模的军队集结和大量因战争而流离失所的人口。其次，战争时每况愈下的医疗和生活条件都显著增加了感染率和死亡率。

同样，H1N1 病毒引发 1918 年西班牙大流感之后的几十年里一直引发季节性流感。

亚洲流感

1957 年，H2N2 流感病毒再次跨物种传播，引起亚洲流感。全球死亡人数估计为 200 万，感染人数超过 3 亿。发病率最高的是学龄儿童，其次是 40 岁以下的年轻人，而在 60 岁以上的老年人中，感染率和死亡率显著偏低。这种不寻常的分布归因于体内的抗体：60 岁以上的老年人都经历过 1889 年俄罗斯流感和随后的季节性流感，体内有 H2N2 的抗体，它对新的 H2N2 也有杀伤力。

遵守一样的规律，大流行过后，H2N2 流感病毒成为季节性流感病毒。

香港流感

1968 年，新的重组亚型 H3N2 病毒引发了 1968—1970 年的香港流感。全球感染人数 2—5 亿，死亡人数估计为 100 万。可见，香港流感在所有国家都比较温和，原因仍然是人体

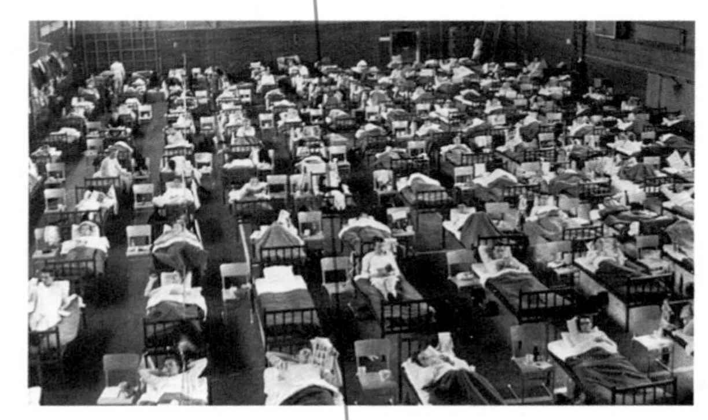
1957 年亚洲流感大流行

内的抗体。于 10 年前亚洲流感 H2N2 相比，只有 H2 被 H3 取代，因此，所有感染过 H2N2 流感的个体都对新的 H3N2 病毒有相当的抵抗力。

大流行过后，H3N2 流感病毒成为季节性流感病毒。

1977 年俄罗斯流感

H1N1 流感病毒卷土重来，造成新的流感大流行。大流行 1977 年 5 月始于中国北方和苏联，持续到 1979 年。导致全世界 1.4 亿人感染，约 70 万人死亡。因为新的 H1N1 与 1918 年大流行、1918—1957 年季节流行的病毒一样，30 岁以上的人群中，许多人体内都已有 H1N1 的抗体，所以，大流行主要影响 30 岁以下的人群。

流感患者挤满了香港一家诊所的候诊大厅

大流行过后，H1N1 成为季节性流感病毒。但是，之前的季节性流感病毒并没有消失。H1N1 和 H3N2 流感病毒并行，引发两种季节性流感。

2009 年 H1N1 流感大流行

又一个新的重组亚型病毒 H1N1pdm09 的诞生，引发了 2009 年 H1N1 流感大流行。

4 种来自人、禽、北美猪和欧亚猪的流感病毒在北美猪中的三重重组（a Triple Reassortant），可以说是人类病毒历史上最复杂的过程。

在这场大瘟疫中，包括无症状和轻度病例在内的实际感染人数可能为 7 亿至 14 亿人，占当时 68 亿全球人口的 11%至 21%。感染的绝对人数超过西班牙流感大流行时的 5 亿人，但比例远低于西班牙大流感。更为重要的是死亡率非常低，低于任何一次流感大流行。向世界卫生组织报告的实验室确诊死亡人数为 18449，据估计实际死亡人数约 28.4 万。作为比较，世界卫生组织估计每年有 25 万至 50 万人死于季节性流感，这说明 2009 年 H1N1 流感导致的死亡风险不高于年度季节性流感。如此低的死亡率并不令人吃惊。尽管H1N1pdm09是新的三重重组甲型病毒亚型，但毕竟仍然属于H1N1，而H1N1病毒已引发过两次流感大流行（1918年和1977年），不同亚型的H1N1病毒从1918—1957年和1977—2009年一直在人群中传染。人类，特别是60岁以上的老人，对其有很强的免疫力。相关调查也证明了这一点，儿童、年轻人和孕妇的死亡率较高，高于典型的季节性流感。死于实验室确诊流感的人的平均年龄为37岁，远低于季节性流感的平均死亡年龄。

禽流感病毒直接跨物种传播的潜在风险

新年的钟声即将敲响！

1997年12月底，香港正迎来回归祖国后的第一个新年，本应欢乐祥和的气氛却被突如其来的禽流感病毒（Avian Influenza Virus）破坏。12月30日，几千名政府工作人员分批进入位于香港各处的养鸡场。他们身穿白大褂，佩戴口罩，携带二氧化碳罐。他们是来杀鸡，要杀光所有的鸡。为什么？故事还要从半年前说起。

1997年5月，一个3岁男孩在香港一家医院死于呼吸衰竭和不明的病毒性肺炎。直到3个月后，病毒才被确认为H5N1禽流感病毒 。实际上，一年前，科学家在中国广东省的鹅体内首次发现该病毒。1997年3—5月，在香港的鸡体内也发现了这种病毒。男孩是H5N1跨物种传播感染人类的第一个牺牲品！据孩子的父母回忆，男孩在发病前曾在一家活鸡市场玩耍，这证实了H5N1直接从鸡跨物种传播到了人类！在随后的几个月，H5N1禽流感继续在香港传播，导致另外5人死亡。

一时间，香港人谈鸡色变，连餐馆的菜单中也不再有鸡、鸭、鹅等任何禽肉。当时的香港政府缺乏应对禽流感的经验，被批评反应迟缓，未能掌控疫情。面对汹涌澎湃的民意，香港政府痛下决心，展开了这场新年前的杀鸡行动，希望通过消灭香港的鸡群来阻止禽流感病毒的传播。在行动的第一天，就有25万多只鸡被用二氧化碳气体杀死，最终香港130万只活鸡悉数被杀。

然而这场杀鸡运动并未能阻止H5N1禽流感病毒扩散到其他国家。到2020年10月23日，该病毒已在17个国家被发现，总感染人数为861人，造成545人死亡，致死率高达53%。

禽流感病毒感染人类的病例和死亡人数

	H5N1	H5N6	H5N8	H7N3	H7N4	H7N7	H7N9	H9N2	H10N3	H10N8
病例	863	52	7	3	1	89	1568	75	1	1
死亡	456	26	0	0	0	1	616	0	0	0
死亡率	53%	50%	0	0	0	1%	39%	0	0	0

虽然禽流感病毒早就通过间接跨物种传播引发人类流感瘟疫，但直到1997年，该病毒才第一次直接跨物种传播到人类。此风一开，事情就变得一发不可收拾，不同的禽流感病毒跨物种传播接踵而来。如上表显示：迄今为止，已有10种以上禽流感病毒直接感染人类。最严重的一次发生在2013年，当时，在中国出现了另一高致病性禽流感病毒—— H7N9病毒。该病毒在几年里感染了1568人，造成600多人死亡，死亡率为39%。这些跨物种传播事件导致人们对禽流感的极度恐惧，也引起世界卫生组织的高度关注。从此以后，为了防止直接跨物种传播事件，只要有禽流感发生，前面杀鸡一幕随之而来。每年有成百万的鸡被销毁，对各国经济造成重大损失，给居民生活带来诸多不便。

现阶段最有效的预防手段依然是禽疫苗，H5、H7和H9禽流感病毒的疫苗已被广泛使用。

当务之急，人类需要建立一套监测机制来预防禽流感病毒向人类跨物种传播。

第五章　人与病毒的博弈

病毒无处不在，一直虎视眈眈地等待下一个宿主的出现，但人类茫然不知，毫无警觉。

病毒悄然入侵

病毒进入人体的方式多种多样，十分巧妙：

1. 通过人的伤口。狗咬伤人体后，狂犬病毒经伤口直接进入人体。黄热病病毒和西尼罗河病毒则是蚊子叮咬人体后，病毒随之进入人体血液中。

2. 通过人类的呼吸。病毒进入空气后，空气中的病毒以气溶胶的形式感染人体。例如，猪流感病毒随猪的呼吸进入空气，而汉坦病毒随啮齿动物的排泄物散发到空气中，然后人通过呼吸将空气中的病毒吸进人体。

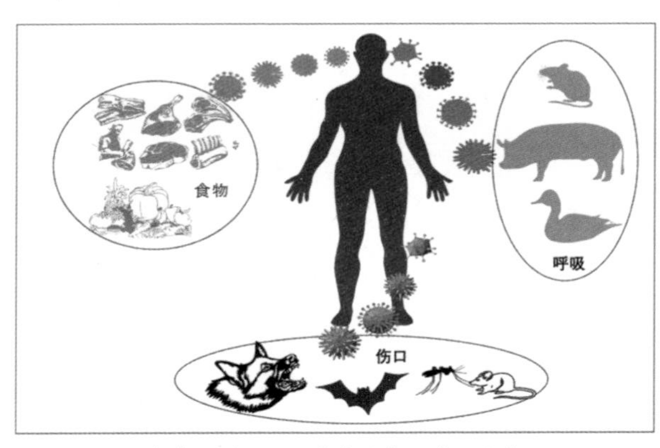

病毒通过呼吸、食物和伤口进入人体

3. 通过人类食用病毒污染的食物。许多源于动物的食物可能被病毒污染，包括鸡蛋、海鲜、肉类、奶制品，甚至还有一些蔬菜。当这些食物未经消毒被食用后，可经消化道进入人体。例如，新冠病毒的感染途径之一就是经消化道。2020 年 6 月，北京新发地海鲜市场由于冷冻海鲜制品被新冠病毒污染而在北京引发小规模新冠病毒传染。

一旦进入人体后，病毒就开始感染相应的人体细胞。新冠病毒和流感病毒会攻击呼吸道的上皮细胞，艾滋病毒则攻击人体免疫细胞。无论被攻击的细胞是何种类型，病毒都遵循相同的基本步骤进行感染，最终杀死被感染的细胞：

1. 病毒贴附到宿主细胞表面。

2. 释放遗传物质到宿主细胞中，控制宿主细胞的制造机器。

3. 利用宿主细胞的制造机器为新病毒制造零件。

4. 组装零件成大量新的病毒。

5. 宿主细胞资源耗尽，濒临死亡。

6. 宿主细胞死亡破裂，大量新病毒粒子扩散，开始攻击其他宿主细胞。

7. 新病毒粒子贴附到新的宿主细胞表面，开始下一轮感染。不同的是，这一次大量的细胞同时被感染。

8. 当大量细胞死亡时，相应人体组织的功能严重受损，并引发各种并发症，最严重时导致死亡。

根据病毒的结构和组成的不同，每一步骤的细节有异。下面我们就以新冠病毒(SARS-Cov-2)为例，具体看看新冠病毒如何通过感染细胞来复制自己。

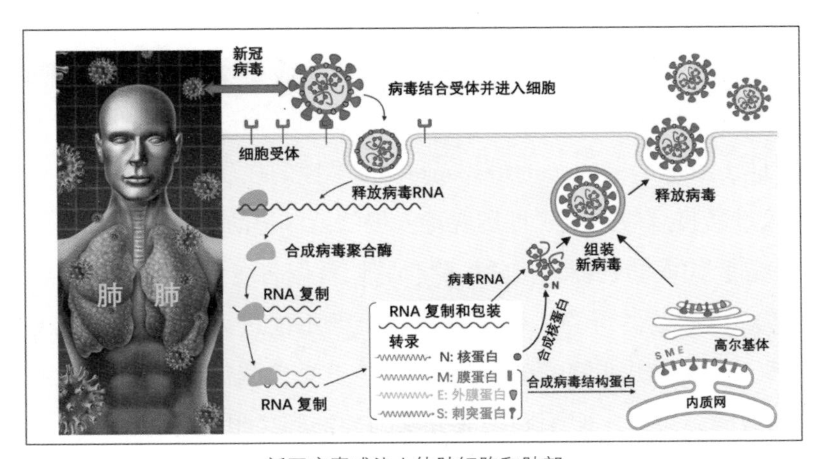

新冠病毒感染人体肺细胞和肺部

新冠病毒是＋单链 RNA 病毒，经过呼吸道进入人的肺部后，利用刺突蛋白与人体肺细胞膜上的受体结合附着在肺细胞的表面膜上，经内吞噬（Endocytosis）进入细胞内部，释放其 RNA。病毒劫持了人类细胞的蛋白质生产线，首先合成病毒聚合酶，用以复制其自身的 RNA，然后以 RNA 为模板，合成各种病毒蛋白质，主要有衣壳蛋白、膜蛋白、包囊蛋白和刺突蛋白。接下来，新复制的病毒 RNA 和新合成的病毒蛋白组装成新的病毒。这些新的病毒一旦形成，便会离开细胞，继续感染其他细胞。

被感染细胞或者因资源耗尽而死亡，或者被人体免疫系统杀死。随着被感染细胞的大量死亡，人体肺部开始出现病变，呼吸系统功能衰弱，人们变得无法正常呼吸。更糟糕的是，人体免疫防御的过度反应引发白细胞的过度激活和过多细胞因子（Cytokinesis）的产生，导致高烧、血管过度渗漏、体内血液凝固、血压极低、缺氧和血液酸度过高，以及肺部积液（“胸腔积液”），最终因呼吸衰竭而死亡。

人类免疫系统

除了红细胞和血小板，血液中含有大量的免疫细胞：单核细胞、淋巴细胞、嗜中性粒细胞。它们有着非常相似的形态，但功能相异，缺一不可。

面对病毒的无情攻击，人类并非只是被动挨打，从病毒入侵的瞬间，人体免疫系统就开启了防御机制。免疫系统为人体设置了两道免疫防线共同防御病毒：先天性免疫反应（Innate Immune Response，非特异性的快速反应）和适应性免疫反应（Adaptive Immune Response，特异性的强烈反应）。

先天性免疫反应形成了抵御病毒入侵的第一道防线。在防线的最前沿是由皮肤和黏膜构成的物理和化学屏障。它们就像防线上的铁丝网和地雷区，形成一道难以逾越的屏障。黏附在皮肤上但不能进入人体的病毒或会因失水而失活，或会被皮肤的酸度杀死。那些不受皮肤保护的身体区域，例如眼睛和黏液膜，会分泌眼泪和黏液分泌物冲洗和拦阻病毒。

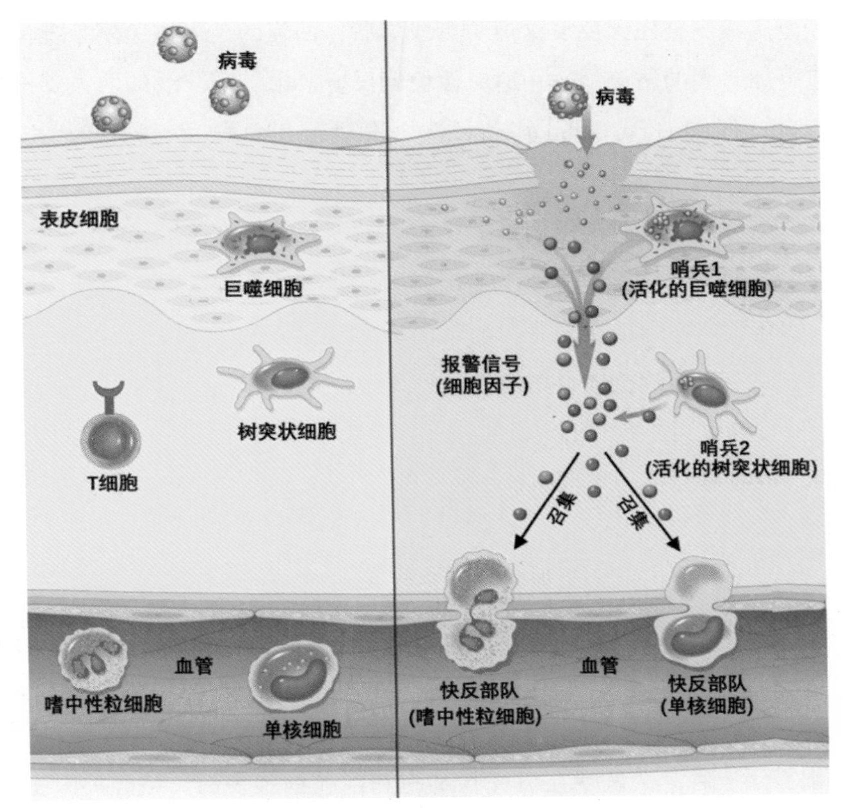

先天性免疫反应（左：激活前；右：激活后）

上图表明，在突破屏障进入人体细胞后，病毒将立即面对严阵以待的先天性免疫系统。哨兵包括两类免疫细胞：树突状细胞（Dendritic Cells）和巨噬细胞（Macrophages）。树突状细胞和巨噬细胞从单核细胞（Monocytes）衍生而来。它们被巧妙安插在皮肤以及鼻子、肺、胃和肠的上皮细胞层中。一旦探测到入侵病毒，树突状细胞和巨噬细胞立即释放细胞因子（Cytokines），警告免疫系统有病毒来犯。作为报警信号的细胞因子随血液迅速传达到身体的每一个部位。接到报警，作为快速反应部队的单核细胞和嗜中性粒细胞大批量赶到感染区域，一起通过吞噬作用将受感染的细胞消灭。

虽然先天免疫反应能够预防或控制某些感染，但受其反应方式的限制，这道防御线并非固若金汤，狡猾的病毒经常会找到防线的薄弱环节一举突破。

一旦入侵病毒突破先天免疫这道防御线之后，面临的是人体免疫系统构造的第二道更加坚固的防御线——适应性免疫反应。第二道防线的两大支柱是基于T细胞的细胞免疫（Cellular Immunity）和基于B细胞的体液免疫（Humoral Immunity）。

适应性免疫系统对入侵病毒的反应更加强烈并具有高度的特异性。适应性免疫在防御入侵病毒的战斗中会记住入侵病毒的特征，产生免疫记忆，这使得人体在该病毒第二次来犯时能作出更加迅速、更加强烈的反应。其中，体液免疫反应产生的抗体是适应性免疫系统的关键部分，是对付病毒的撒手锏。适应性免疫可以提供持久的保护，有时甚至是整个人的一生。比如水痘感染后，可终身免疫。下面我们就来看看适应性免疫反应是如何打赢这场生命保卫战的。

免疫系统的哨兵树突状细胞和巨噬细胞在探测到病毒后，不仅启动先天免疫系统对抗病毒，同时急行军到有病毒侵入的血淋巴系统，启动适应性免疫系统。树突状细胞和巨噬细胞首先吞噬病毒并将病毒消化成许多不同的抗原片段，这些抗原结合MHC Ⅰ or Ⅱ（Major Histocompatibility Complex Class Ⅰ or Ⅱ）分子后，又呈现在树突状细胞和巨噬细胞表面。结合外来抗原的MHC Ⅰ or Ⅱ分子向人体免疫系统发出“敌人在这里”的信号。接到信号后，成千上万的初始T细胞和初始B细胞以排山倒海之势迅速赶到。

人体免疫系统拥有数百万个不同的初始T细胞群，每个初始T细胞群的细胞表面上都有独特的、与其他群相异的T细胞受体（T Cell Receptor, TCR），用以识别不同的入侵之敌。同T细胞一样，初始B细胞的特异性也由其表面上的B细胞受体（B Cell Receptor，BCR）决定。人体免疫系统也拥有数百万个不同的初始B细胞群，每个细胞群都有特定的BCR，用以识别特定的抗原。

在我们的周围充斥着千千万万各式各样的病原体，它们随时可能侵入我们的肌体，防不胜防。幸运的是，我们的免疫系统已经提前为所有这些潜在的入侵者准备好了专门的TCR和BCR。因而，无论入侵之敌千变万化，人体初始 T 细胞和初始 B 细胞都有能力准确识别，精确打击。

初始 T 细胞群根据携带辅助受体（Co-Receptor）的不同而担负不同的抗敌任务。携带 CD 8+ 辅助受体的初始 T 细胞群负责细胞免疫反应，携带 CD 4+ 辅助受体的初始 T 细胞群负责体液免疫反应。初始 B 细胞群则只负责体液免疫反应。

我们先来看看细胞免疫反应（左图）。携带辅助受体 CD 8+（Co-Receptor CD 8+）的初始 T 细胞称为初始 T 细胞 CD 8+，它们与嵌有病毒抗原的 MHC Ⅰ 分子结合后被激活，变为毒性 T 细胞（Cytotoxic T Lymphocytes, CTL），随即毒性 T 细胞进行大量复制。新复制出来的毒性 T 细胞识别并结合感染的细胞后，释放穿孔素（Perforin）、颗粒酶（Granzyme）和降解酶（Degradative Enzymes），一同杀死受感染的细胞及细胞里的大量病毒，这就是细胞免疫。

接下来看看体液免疫（右图），也就是在 T 细胞辅助下，基于 B 细胞的抗体免疫。B 细胞是人体免疫系统拥有的王牌部队，它有如下特点：初始 B 细胞的 BCR 与巨噬细胞表面呈现的 MHC Ⅱ - 病毒抗原嵌合体结合，结合后变成活化的 B 细胞；跟树突状细胞和巨噬细胞一样，活化 B 细胞也是抗原呈现细胞，它们吞噬病毒抗原后，将这些病毒抗原与 MHC Ⅱ 分子结合，呈现

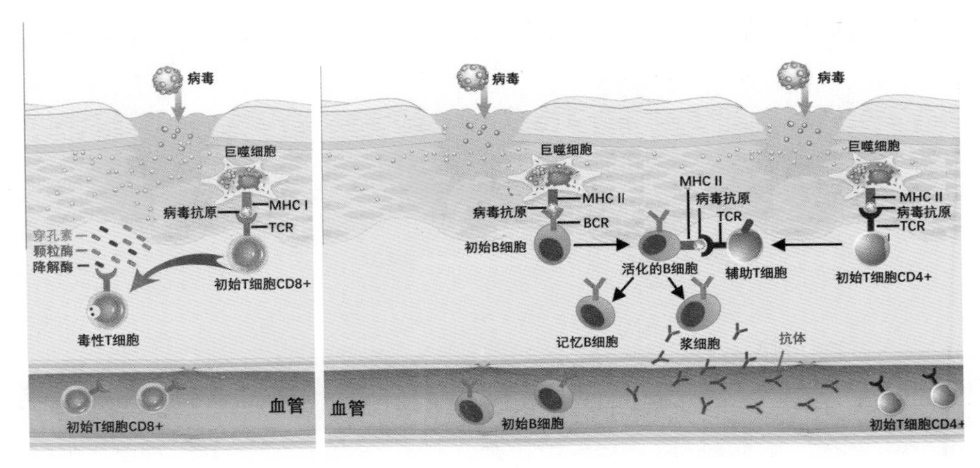

适应性免疫反应（左：细胞免疫反应；右：体液免疫反应）

在活化的 B 细胞表面。

活化的 B 细胞需要 T 细胞的进一步激活。

携带辅助受体 CD 4+（Co-Receptor CD 4+）的初始 T 细胞称为初始 T 细胞 CD 4+，它们与嵌有病毒抗原的 MHC Ⅱ分子结合后被激活，变成辅助 T 细胞（Helper T Cell）。顾名思义，辅助 T 细胞的职责就是辅助作战部队，辅助 T 细胞的最主要任务是激活 B 细胞。那么，辅助 T 细胞是怎么激活 B 细胞的呢？

辅助 T 细胞与活化的 B 细胞表面的 MHC Ⅱ－抗原分子结合引起 B 细胞的分化。活化的 B 细胞开始分化为更专门的浆母细胞（Plasmablast）或记忆 B 细胞（Memory B Cell Plasma Cell）。

浆母细胞成熟为大型浆细胞（Plasma Cell），以每秒约 2000 个分子的惊人速率分泌大量抗体。该抗体与初始 B 细胞表面 BCR 具有相同的抗原结合位点。

浆细胞将其大量的蛋白质合成机制用于制造抗体，以至于它们无法进一步生长和分裂。大多数浆细胞在几天后死亡，但有些浆细胞在骨髓中存活数月或数年，并继续向血液中分泌同样的抗体。这就解释了病毒感染或接种疫苗一段时间后，为什么抗体量会减少。

另一方面，记忆 B 细胞一直在体内循环，一旦人体再次遭遇相同病毒的袭击，记忆 B 细胞将启动更强、更快速的抗体响应，称为记忆二次抗体响应。

第六章　致癌病毒

谈起病毒，人们马上就会联想到凶猛的病毒感染和传染病大流行，很少有人会想到病毒和作为慢性疾病的癌症之间会有什么瓜葛。事实上，迄今为止，科学家已发现了 7 种致癌病毒（Oncogenic Virus），病毒引起的癌症约占全球总癌症的 16%。它们是：

1. 引发伯基特淋巴瘤（Burkitt's Lymphoma）的爱泼斯坦–巴尔病毒（Epstein–Barr Virus，EBV）；

2. 引发成人 T 细胞白血病（Adult T Cell Leukemia, ATL）的人类嗜 T 淋巴球病毒（Human T–cell Lymphotropic Virus, HTLV）；

3. 引发肝细胞癌的乙型肝炎病毒（Hepatitis B Virus, HBV）；

4. 引发宫颈癌（Cervical Cancer）的人乳头瘤病毒（Human Papillomavirus, HPV）；

5. 引发丙型肝炎的丙型肝炎病毒（Hepatitis C Virus, HCV）；

6. 引发卡波西肉瘤（Kaposi's Sarcoma）和淋巴瘤（Lymphoma）的卡波西肉瘤疱疹病毒（Kaposi's Sarcoma Herpesvirus, KSHV），也称为人类疱疹病毒 8 型（HHV8）；

7. 引发默克尔细胞癌（Merkel Cell Carcinoma）的默克尔细胞多瘤病毒（Merkel Cell Polyomavirus, MCV）。

下面，我们就对这 7 个致癌病毒和它们引发的癌症作一个简单介绍。

爱泼斯坦-巴尔病毒

二次世界大战刚刚结束，一位名叫丹尼斯·伯基特（Denis Burkitt）的北爱尔兰外科医生受英国殖民地办事处派遣来到乌干达。当时乌干达是英国的殖民地。伯基特二战期间曾在非洲服役，其间爱上了乌干达维多利亚湖的热带风光，也目睹了生活在这个贫穷落后国家人民的苦难。

丹尼斯·伯基特

回到英国以后，他一直心系乌干达，一心想帮助这个灾难深重的国家。现在，他如愿以偿，再次来到乌干达后，立刻全身心地投入到工作之中。伯基特在乌干达各地的多家医院工作，治病救人，一待就是10年。

1957年的初夏，伯基特医生的同事，穆拉戈医院（Mulago Hospital）的儿科医生休·特劳威尔（Hugh Trowell）突然请他去看一个病例，患者是一个5岁的男孩。尽管行医多年，伯基特还是被孩子的面部畸形深深震撼。肿瘤长在双侧上颌骨和下颌骨，巨大的肿瘤让孩子面目全非，已无法进行手术。这是他看到的第一例多发性颌骨肿瘤，孩子由颌骨肿瘤引起的面部畸形牢牢地印在了他的脑海里。

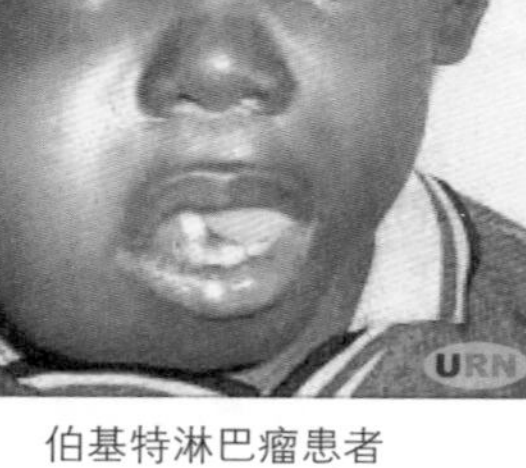

伯基特淋巴瘤患者

此后不久，在定期探访金贾（Jinja）的一家医院期间，伯基特看到了第二个患有同样的颌骨肿瘤的孩子。两个孩子的病理诊断都是小圆形细胞肉瘤。难道仅是巧合吗?

为了解开心中的疑问，伯基特检查了穆拉戈医院其他病人的病历。结果令他非常震惊，共有29名儿童患有颌骨肿瘤，这些面部肿瘤通常会变得很大，足以窒息和杀死患者。

尽管许多年前就有医生观察到了这种病例，但伯基特是第一个描述该临床综合征的人。他提出，所有患有颌骨肿瘤的儿童，不论其肿瘤部位，都可能是一种疾病。他的第一篇论文名为《涉及非洲儿童颌骨的肉瘤》，1958年发表在《英国外科杂志》上。该疾病也被称为伯基特淋巴瘤，是一种恶性肿瘤。

伯基特随后的研究表明伯基特淋巴瘤有很强的地理分布界限，似乎同蚊子的分布吻合，表明可能是由蚊子携带的病毒引起。而且并非只发生在非洲，在世界其他地区的相同地理环境都有发生。这些发现引起了医学界的广泛关注。

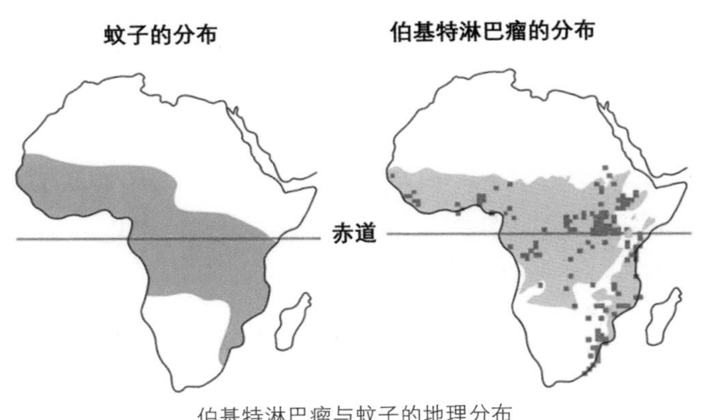

伯基特淋巴瘤与蚊子的地理分布

1961年3月，伯基特应邀在伦敦米德尔塞克斯医院（Middlesex Hospital）做学术报告，听众中坐着病毒学家迈克尔·安东尼·爱泼斯坦（Michael Anthony Epstein）。爱泼斯坦对淋巴瘤可能是由蚊媒病毒引起的推断非常感兴趣，在演讲后与伯基特接触，并要求伯基特将一些伯基特淋巴瘤样本送到伦敦，以便检查伯基特淋巴瘤细胞是否被病毒感染。

爱泼斯坦是著名的病毒和病理学家，当时正致力于研究引起癌症的鸡病

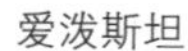

爱泼斯坦　　伊冯·巴尔

毒（Chicken Virus），而且他还拥有一台先进的电子显微镜。伯基特毫不迟疑地答应提供伯基特淋巴瘤样本。样本很快就从乌干达空运到伦敦，爱泼斯坦和他的博士研究生伊冯·巴尔（Yvonne Barr）立即开始在伯基特淋巴瘤样本中寻觅病毒。

他们首先对肿瘤样本直接切片，在电子显微镜下观察，但结果令人失望，没有发现病毒的任何踪迹。

爱泼斯坦并不气馁，他指导巴尔从肿瘤样本中分离肿瘤细胞，进行细胞培养。尽管尝试了几种成功培养过流感和麻疹等其他病毒的方法，但苦苦搜寻了近 3 年，爱泼斯坦没能在实验室成功培养伯基特淋巴瘤细胞，发现病毒的努力因此宣告失败。

但天无绝人之路，最终，恶劣的天气加上延迟了的航班，成就了爱泼斯坦。

1963 年底，爱泼斯坦决定再做最后一次努力，他请求伯基特再次给他提供新的肿瘤样本。这次，伯基特把从一位 9 岁女孩的上颌中采集的新鲜的伯基特淋巴瘤样本送来。样本很快从乌干达启程飞往伦敦。事不凑巧，航班到达的 12 月 3 日伦敦大雾，该航班临时改飞至距伦敦 200 英里的曼彻斯特。样本直到 12 月 5 日下午才到达爱泼斯坦的实验室。

打开样本，爱泼斯坦失望地发现液体浑浊，这表明它在途中被细菌污染了。舍不得将这一珍贵样本就这样扔掉，爱泼斯坦决定先在光学显微镜下对样本进行检查。结果令爱泼斯坦大喜过望，他看到了从肿瘤边缘脱落的大量自由漂浮、外观健康的伯基特淋巴瘤细胞。

传统上，在玻璃器皿中培养的活细胞必须先能成功黏附在玻璃表面，才能生长、繁殖（Adhesion Culture）。爱泼斯坦一直在用传统的方法培养肿瘤细胞 。现在看来，培养伯基特淋巴瘤细胞必须采用悬浮培养（Suspension Culture）。一场糟糕的天气和延误的航班，让爱泼斯坦意外找到了培养伯基特淋巴瘤细胞的正确方法。

当爱泼斯坦和巴尔成功地从肿瘤细胞中培养出持续生长的细胞系后，研究迅速取得突破性进展。在电子显微镜下，爱泼斯坦看到了一个充满疱疹病毒的细胞。

终于找到了，爱泼斯坦兴奋不已，激动万分，以致不知接下来该做什么。

为了平复一下激动的心情，爱泼斯坦离开电镜室，步入漫天飞雪之中，雪花是如此的清凉，雪色是如此的皎洁。爱泼斯坦仿佛第一次体会到伦敦的冬雪这么美好。

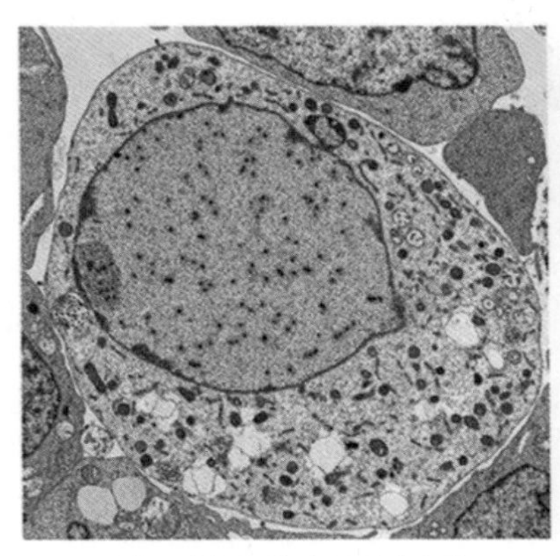

淋巴癌细胞核中的病毒颗粒

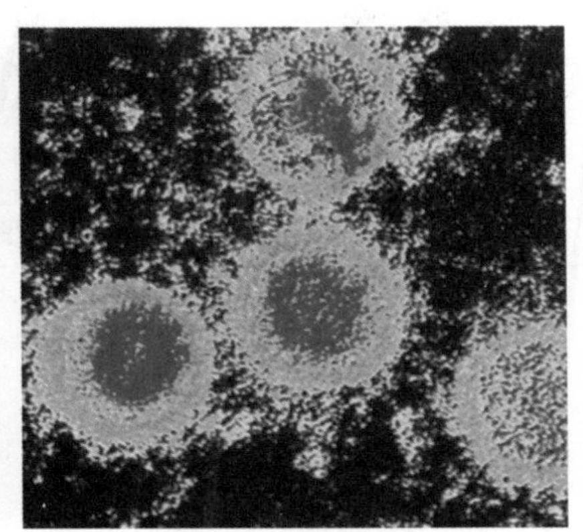

爱泼斯坦–巴尔病毒

镇定下来之后，担心显微镜的电子束烧毁了样品，爱泼斯坦赶快回到电镜室。镜头之下细胞和病毒都在，出乎意料的是疱疹病毒颗粒由离开时的5粒，变成了现在的9粒，病毒正在复制，细胞依旧存活。这很特别，说明病毒并不杀死癌细胞，而是与癌细胞共存。

爱泼斯坦的研究小组随后成功从细胞中分离出疱疹样病毒颗粒。经过仔细观察和反复实验，最后，他们证明这是一种新病毒，与已知的所有疱疹病毒都不同。爱泼斯坦称它为爱泼斯坦-巴尔病毒（Epstein-Barr Virus，EBV），巴尔是他的得意门生。这是最早发现的人类肿瘤病毒（Human Oncogenic Virus）。

爱泼斯坦-巴尔病毒可以传染并致癌。该病毒通过唾液传染，大约一半的儿童和 90% 的成年人都曾被它感染，绝大多数都是无症状感染，并不出现任何疾病。然而，一旦蚊子将疟疾（Malaria）传播到人体，就会协助爱泼斯坦-巴尔病毒引发伯基特淋巴瘤，癌变才会发生。

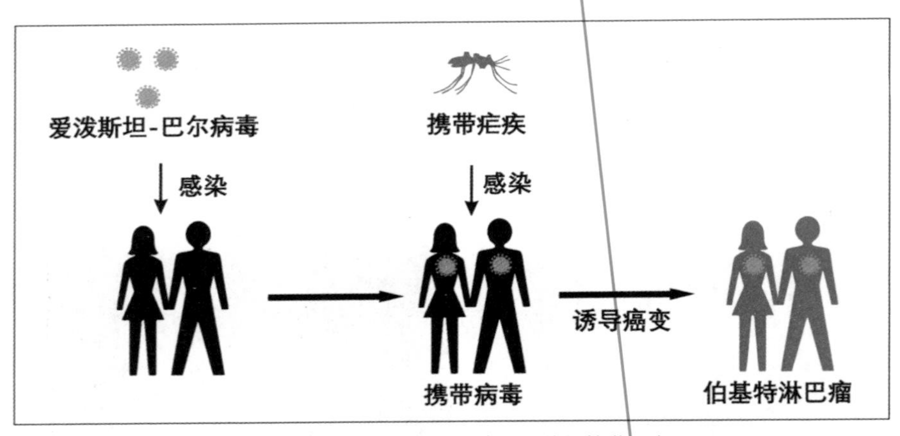

疟疾协助爱泼斯坦-巴尔病毒引发伯基特淋巴瘤

爱泼斯坦-巴尔病毒的作用是感染 B 淋巴细胞，而疟疾的作用表现在 4 个方面：

1. 增加感染者体内的病毒数量；

2. 抑制人体免疫系统，使爱泼斯坦-巴尔病毒逃避免疫攻击；

3. 刺激被爱泼斯坦-巴尔病毒感染的 B 细胞大量繁殖；

4. 协助爱泼斯坦-巴尔病毒诱导癌基因 MYC 在细胞染色体上跳跃和过度活化。

所以，疟疾与爱泼斯坦–巴尔病毒的共同作用最终导致细胞癌变并成长为淋巴瘤。

爱泼斯坦–巴尔病毒也引发其他癌症：鼻咽癌（Nasopharyngeal Carcinoma）、胃癌（Gastric Carcinoma）和各类淋巴癌（Lymphoma）。

各类淋巴癌包括：霍奇金淋巴瘤（Hodgkin's Lymphoma），NK 细胞和 T 细胞淋巴瘤（NK Cell and T Cell Lymphomas），弥漫性大 B 细胞淋巴瘤（Diffuse Large B Cell Lymphoma）和原发性气淋巴瘤（Primary Effusion Lymphoma）。

爱泼斯坦–巴尔病毒也偶尔引发更罕见的癌症类型包括平滑肌肉瘤（Leiomyosarcoma）和原发性渗出性淋巴瘤（Primary Effusion Lymphoma）。每年爱泼斯坦–巴尔病毒导致 20 万例各类癌症，占全世界所有癌症的 1.5%。

伯基特、爱泼斯坦和巴尔的发现对流行病学、病毒学、免疫学和肿瘤学产生了巨大影响，其他致癌病毒在随后的年代里相继被发现。

人类嗜 T 淋巴球病毒 I 型

生活在 20 世纪 80 年代的中国人大都看过日本电视连续剧《血疑》，可怕可憎的白血病（Leukemia），也称血癌，就是跟随这部连续剧走入中国人的视线。这部连续剧拍摄于 1975 年，剧中女主角、天真善良的大岛幸子在父亲的研究室不幸受到生化辐射，患上白血病。这是一个虚构的故事。然而，在这部电视剧制作的同时，日本科学家在日本南部的太平洋岛屿上发现了流行于成人之中的一种新型白血病。

内山隆（左）和淀井（右）

1974 年，日本京都大学淀井（Yodoi）等几位科学家在九州群岛附近的冲永良部岛（Oki-no-Erabu-Shima）上发现了两例成人白血病。病人的症状包括淋巴结肿大，肝脏和脾脏肿胀，高钙血症（Hypercalcemia）及皮疹等。进一步的研究证明，这种白血病是由 T 细胞癌变造成的。

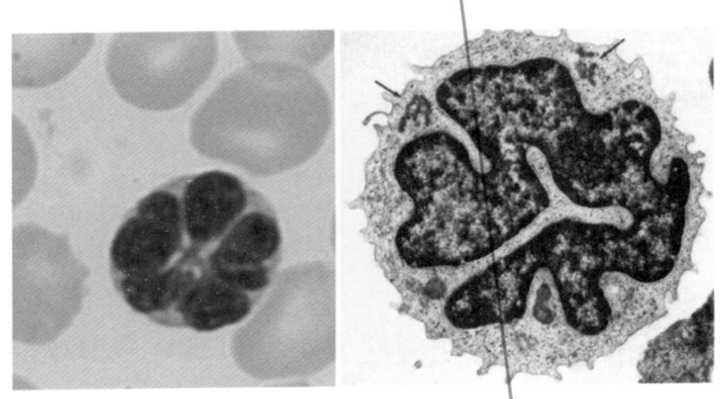

鲜花状癌变 T 细胞（左图：光镜；右图：电镜）

在这之前，因为成人 T 细胞白血病非常罕见，人们以为 T 细胞白血病仅发生在儿童身上，但越来越多的病例在九州的不同地区出现。综合研究发现，这些病例属于一种新型白血病，癌变细胞有一个易于鉴别的特点：具有多叶状的巨大细胞核，看上去就像盛开的鲜花。1977 年，日本内山隆（Uchiyama）和淀井等科学家将这种新型血癌命名为成人 T 细胞白血病。

接下来要回答的问题是：什么引发成人 T 细胞白血病？

日本科学家们全力寻找答案，但一直徒劳无功。1980 年，远在大洋彼岸的美国科学家罗伯特·加洛（Robert Gallo）为他们揭开了谜底。

罗伯特·加洛

加洛是美国著名病毒学家和传染病学家，他童年时目睹自己年幼的姐姐被白血病夺去了生命。这一惨痛的经历促使他决定致力于白血病的研究。20 世纪 70 年代，受诺贝尔奖得主大卫·巴尔的摩（David Baltimore）和霍华德·马丁·特明（Howard Martin Temin）关于逆转录病毒研究的影响，加洛决定将研究重点放在寻找人类逆转录病毒上。这项工作在当时并不被看好，不仅此前所有的努力都以失败而告终，而且盛行的观点还认为不存在人类逆转录病毒。原因很简单，在动物体内发现逆转录病毒并不难，而且发现了许多。那么人类逆转录病毒如果存在，应该早就被发现了。然而，加洛的看法正好相反，既然在灵长类中存在诱发白血病的逆转录病毒，人类为何没有？

加洛决定在人的 T 细胞白血病上寻找逆转录病毒，原因有二：首先，大多数由逆转录病毒引起的动物淋巴细胞性白血病以 T 细胞白血病占主导地位；其次，迄今为止唯一的灵长类 T 细胞白血病是由逆转录病毒引起的，即长臂猿白血病由长臂猿白血病病毒（Gibbon Ape Leukemia Virus, GALV）引起。

1976 年，加洛实验室发现 T 细胞生长因子，随后，在体外成功培养 T 淋巴细胞，这为他在 T 细胞中发现人类逆转录病毒扫清了道路。

1980 年，加洛的实验室从体外培养的 T 细胞系中成功分离人类嗜 T 淋巴球病毒 I 型（HTLV-1），这也是第一个被发现的人类逆转录病毒。

随后，加洛又陆续从其他 T 细胞恶性肿瘤样本中分离出 HTLV-1。加洛注意到所有人类嗜 T 淋巴球病毒 I 型呈阳性的患者都有相似的症状：都患有成人 T 细胞恶性肿瘤，都有高钙血症，并且都出现皮疹。

日本科学家 3 年前报道的成人 T 细胞白血病（ATL）患者正好表现出所有这些症状，由此加洛自信地推断：自己分离的人类嗜 T 淋巴球病毒 I 型能引发成人 T 细胞恶性肿瘤。

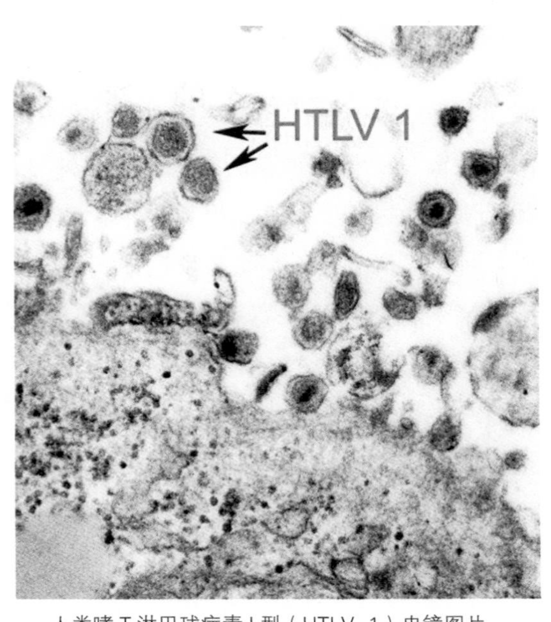

人类嗜 T 淋巴球病毒 I 型（HTLV-1）电镜图片

于是，他立即联系日本科学家。

无巧不成书，自发现 T 细胞白血病后，日本科学家内山隆就来到美国贝塞斯达（Bethesda）国家癌症研究院从事研究工作，离加洛所在的马里兰大学只有 40 分钟的车程。日美两国科学家从此紧密合作，他们的研究证实加洛分离的人类嗜 T 淋巴球病毒 I 型就是日本科学家发现的成人 T 细胞白血病背后的元凶。

那么，人类嗜 T 淋巴球病毒 I 型是怎么传播和感染的？

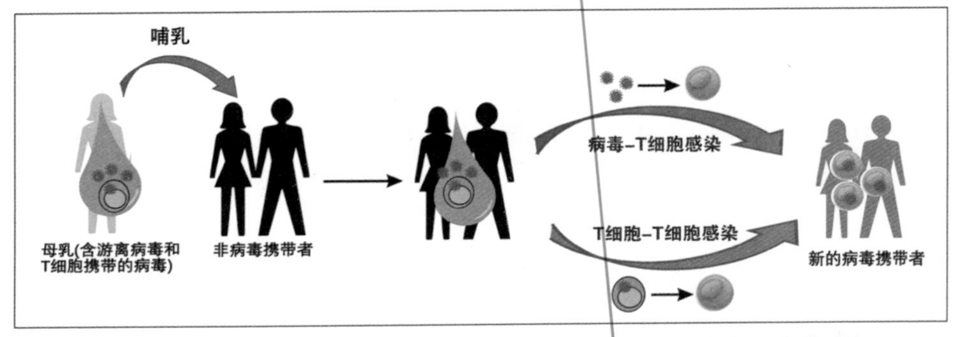

人类嗜 T 淋巴球病毒 I 型的两种感染途径：病毒–T 细胞感染和 T 细胞 –T 细胞感染

人类嗜 T 淋巴球病毒 I 型在宿主体液（母乳和精液）中以两种方式存在：游离病毒和 T 细胞携带的病毒。这两种形式的病毒可以通过体液传播进入人体，例如通过母婴传播（母乳喂养）和通过性传播。

进入人体后，人类嗜 T 淋巴球病毒 I 型可以感染 T 细胞，有两种途径：

第一种途径是病毒直接感染细胞，所有病毒都具有这个感染途径。具体地说，病毒通过与靶细胞（Target Cell）表面上的受体结合而进入靶细胞。与人类嗜 T 淋巴球病毒 I 型结合的受体已被鉴定为 1 型葡萄糖转运蛋白（GLUT1）。出乎意料的是，这个病毒通过这种途径感染的效率很低。

第二种感染途径是细胞感染细胞，即携带病毒的 T 细胞对正常 T 细胞的感染，这是人类嗜 T 淋巴球病毒 I 型特有的高效率感染。具体地说，当携带病毒的 T 细胞附着在正常 T 细胞上时，形成了“病毒突触”（Virological

Synapses），病毒通过病毒突触可以顺利进入正常 T 细胞。这种 T 细胞 – T 细胞的感染途径非常少见，除了人类嗜 T 淋巴球病毒 I 型，其他只有人类免疫缺陷病毒（HIV）和单纯疱疹病毒（HSV）。

最后，人类嗜 T 淋巴球病毒 I 型是如何引发成人 T 细胞白血病的？

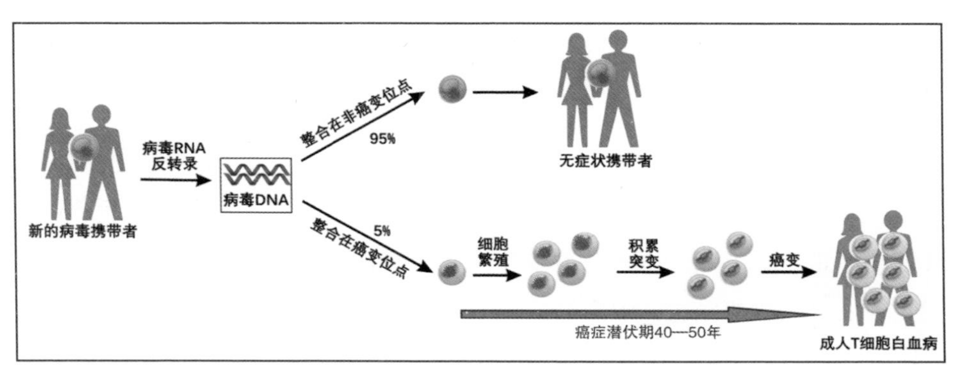

人类嗜 T 淋巴球病毒 I 型感染的细胞的繁殖和癌变

如上图所示，被人类嗜 T 淋巴球病毒 I 型感染后，95% 的感染者都不会得癌，他们属于无症状的病毒携带者。而在 5% 的感染者身上，病毒在经过几十年潜伏期后诱导 T 细胞癌变，导致人体发展成 T 细胞白血病。致癌过程概括如下：

同其他逆转录病毒一样，人类嗜 T 淋巴球病毒 I 型进入人体细胞后，其 RNA 逆转录为双链 DNA，再随机整合到人体基因的不同位点，产生无数不同种类的前病毒。被感染 T 细胞的命运取决于病毒的整合位点。

在 95% 的情况下，病毒整合到与细胞繁殖和癌变无关的人体基因位点，不影响被感染细胞的繁殖，即被感染细胞如同非感染细胞一样正常生长。被感染者成为无症状携带者。

在个别情况下，病毒整合到驱动细胞繁殖和癌变的基因附近，从而增强宿主基因活性，刺激被感染细胞的大量繁殖。被感染细胞的大量繁殖导致细胞突变的几率增加。经过 40—50 年的突变积累，细胞进展为恶性的肿瘤细胞。肿瘤细胞具有疯繁殖、抗死亡、逃避免疫识别的生存优势，最终导致成人 T 细胞白血病。

值得一提的是，成人 T 细胞白血病局限在某些区域，例如在日本，只局限在日本西南部岛屿。这一现象与人类嗜 T 淋巴球病毒 I 型体液传播方式（哺乳传播、性传播）有关。在该病毒携带者普遍生活的地区，人们主要在本地区选择配偶，养育后代（结婚生子）。这必然会强化那个地区的传染率，以及成人 T 细胞白血病的集中发生。

人乳头瘤病毒

2008 年 12 月 10 日，一年一度的诺贝尔奖颁奖典礼在瑞典首都斯德哥尔摩音乐厅举行。这年的诺贝尔生理学或医学奖被授予 3 位病毒学家。第一位获奖者是德国海德堡德国癌症研究中心的哈拉尔德·祖尔·豪森（Harald zur Hausen），“因为他发现了导致宫颈癌的人乳头瘤病毒”。另两位获奖者是法国巴黎巴斯德研究所的弗朗索瓦丝·巴尔－西诺西（Françoise Barré-Sinoussi）和法国世界艾滋病研究与预防基金会的吕克·蒙塔尼耶（Luc Montagnier），“因为他们发现了人类免疫缺陷病毒”。

我们就来看看是什么样的发现将豪森推上诺贝尔奖得主的宝座。

2008 年哈拉尔德·祖尔·豪森（左）接受诺贝尔奖

20 世纪 70 年代，大多数科学家认为宫颈癌是由单纯疱疹病毒引起的。然而，豪森的研究表明宫颈癌中不存在单纯疱疹病毒。

1974 年，豪森来到佛罗里达参加那里举行的国际会议，有些不巧，就在他即将做学术报告前，一位来自芝加哥的研究人员发表了科研结果：他在一个宫颈癌样本中分离出了 40% 的单纯疱疹基因，说明单纯疱疹病毒可能是宫颈癌的诱因。与会的学者对这一发现反应热烈。豪森虽然坚信自己的结果，也意识到自己的发现与会议的气氛严重不合，但他还是硬着头皮报告了自己的研究结果。在座的同行们果然不买账，对豪森的研究结果反应冷淡，大多数学者认为豪森没有在宫颈癌中发现单纯疱疹病毒是因为他的方法灵敏度不够。

这次会议令豪森十分沮丧，但并不影响他在宫颈癌样本中寻找新的病毒。1976 年，根据初步的实验结果，他发表了人乳头瘤病毒在宫颈癌病因中起重要作用的假说。

随后，1977 年，他的团队成功地从生殖器疣（genitor wart）中分离出一种人乳头瘤病毒（HPV6），这令豪森非常兴奋。遗憾的是，在宫颈癌样本中并没有找到这种病毒，但豪森仍然感到，在宫颈癌中找到正确的乳头状瘤病毒只是时间的问题。功夫不负有心人，1983 年豪森团队成功地从宫颈癌活检组织中分离并克隆了一种新型人乳头状瘤病毒 HPV 16。他们随即证明大约一半的宫颈癌是 HPV 16 导致的。第二年，他们又成功分离出了 HPV 18，HPV 18 造成另外 17%—20% 的宫颈癌。

至此，豪森不仅成功地从宫颈癌中分离乳头状瘤病毒 HPV 16 和 HPV 18，还证明这两种病毒引发大约 70% 的宫颈癌。随后，更多的 HPV 被从宫颈癌中分离出来，它们引发少量的宫颈癌。到 1991 年，多项流行病学研

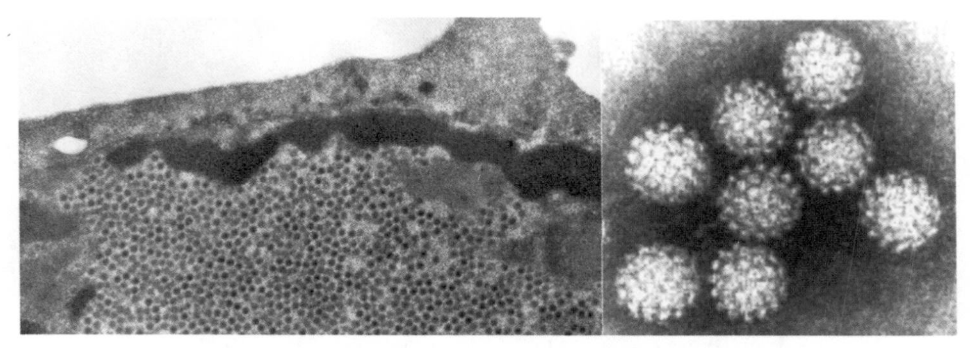

人乳头瘤病毒 HPV 16（左：活体细胞内的大量病毒；右：分离的病毒）

究证实，乳头状瘤病毒确实是宫颈癌的病原体。90% 的宫颈癌都是由乳头状瘤病毒引发的。

诺贝尔奖委员会在颁奖理由中指出，“这一发现使得开发一种针对宫颈癌的疫苗成为可能，宫颈癌是女性中第二大常见的肿瘤疾病”。可见，豪森获奖确实是实至名归。

宫颈癌是怎么发生的呢？

至今已发现人乳头瘤病毒有 150 多种类型，其中 12 种类型（HPV 16、18、31、33、35、39、45、51、52、56、58 和 59）为高风险类型，已被世界卫生组织列为人类致癌物。以宫颈癌为例，我们看看人乳头瘤病毒 16 型的致癌过程。

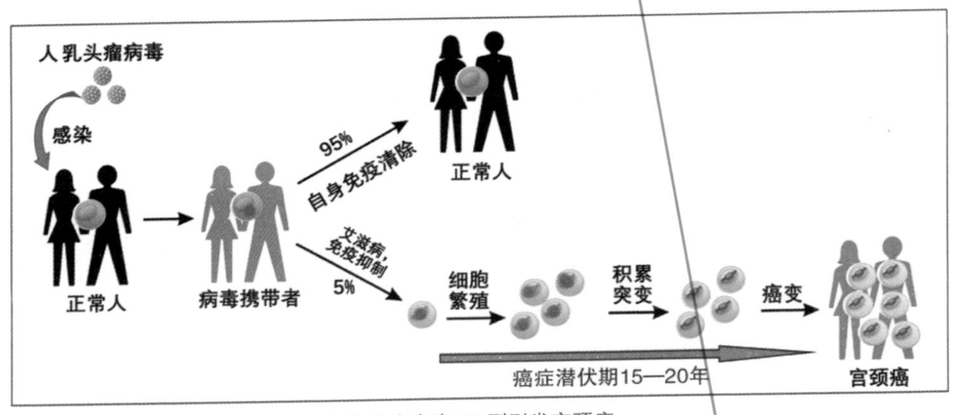

人乳头瘤病毒 16 型引发宫颈癌

人乳头瘤病毒 16 型的致癌特性来源于其自身携带的致癌基因 E6 和 E7，95% 的情况下进入人体的病毒会在感染后 12—24 个月内被人体免疫系统消灭，所以大多数被感染的个体都不表现任何症状。剩下 5% 感染者的宫颈细胞在其他辅助因素［包括吸烟、HIV 和 免疫抑制（Immunosuppression）］的影响下会大量繁殖，导致细胞突变的几率增加。经过 15—20 年的突变积累，病变细胞最终成为癌细胞，导致宫颈癌。

人乳头瘤病毒引发的癌症约占全世界总癌症的 5%。种类有：

1. 所有宫颈癌，2018 年，全世界估计有 56.9 万例宫颈癌新发病例，其中 31.1 万例死亡；

2. 很大比例的肛门、生殖器（外阴、阴道、阴茎）癌；

3. 口咽癌。

宫颈癌可以通过接种人乳头瘤病毒疫苗来预防。世界卫生组织建议为 9—14 岁的女孩接种疫苗，因为这是预防宫颈癌最经济有效的公共卫生措施。目前已有 3 种成功疫苗。

卡波西肉瘤疱疹病毒

1872 年，匈牙利皮肤科医生莫里茨·卡波西（Moritz Kaposi）在他的病人身上观察到一奇特的肿瘤。卡波西连续在 5 个 40—68 岁男性病人的脚上观察到多个紫色斑块或结节性病变。他将这种新疾病称为“皮肤特发性紫色色素肉瘤”（Idiopathic Multiple Pigmented Sarcoma of the Skin）。后来的证据表明，类似的病变存在于气管、食道、胃、肝脏和肠道。这一癌症随后被以他的名字命名为卡波西肉瘤。

莫里茨·卡波西

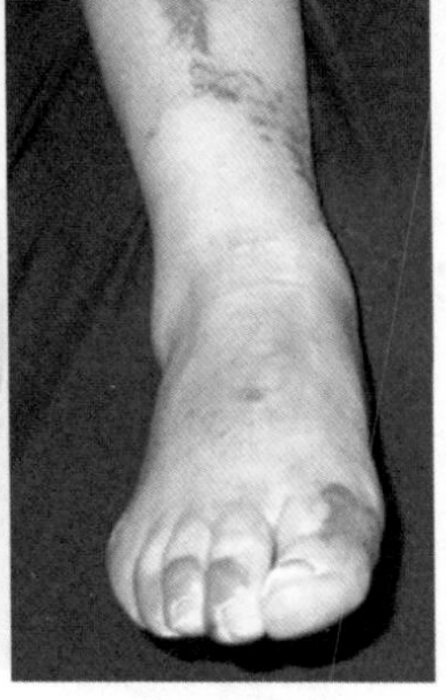
卡波西肉瘤

卡波西肉瘤起初被认为是犹太人和地中海人群的一种罕见肿瘤，后来发现它在整个非洲撒哈拉以南、中欧东部，以及中国新疆都有发生。虽然 20 世纪 50 年代就有人提出这种肿瘤可能是由病毒引起的，但一直没有后续研究。科学家对它缺乏兴趣的原因在于卡波西肉瘤罕有发生，而且癌症进展缓慢。然而，情况在 20 世纪 80 年代急转直下。随着这一时期艾滋病流行的开始，

张远（右）和帕特里克・摩尔

卡波西肉瘤突然卷土重来，主要影响同性恋和双性恋艾滋病患者，多达 50% 的艾滋病患者患有这种肿瘤。

1981 年，阿尔文・弗里德曼－基恩（Alvin Friedman-Kien）首次报道了 41 名年龄在 26—51 岁之间的同性恋男性的卡波西肉瘤综合征。到 1994 年，科学家们已经提出了 20 多种不同的卡波西肉瘤病因，包括各种病毒、细菌和环境因素，但没有一个病因符合卡波西肉瘤的流行模式。

突破发生在 1993—1994 年，美国哥伦比亚大学科学家夫妇张远（Yuan Chang）和帕特里克・摩尔（Patrick Moore），吸取他人失败的教训，决定另辟蹊径。

首先，他们将目光放在寻找病毒基因序列上而不是整个病毒颗粒上。

其次，他们决定采用减法策略。他们认为，如果某病毒是卡波西肉瘤的病因，那么每个肿瘤细胞就都携带该病毒基因，但是，未发生癌变的同样细胞则不带有该病毒的基因。因此，从肿瘤细胞的基因组 DNA 中减去了正常细胞的 DNA 基因组，剩下的就是病毒基因。

最后，他们选择采用当时最新的分子生物学技术，代表性差异分析（Representational Difference Analysis， RDA）作为寻找病毒基因的手段，相信有希望藉此识别病毒 DNA。代表性差异分析是搜索非定向基因组（Non-directed Genomic Searching）的一项分子生物学技术，它利用聚合酶链式反应（Polymerase Chain Reaction, PCR）的方法来放大肿瘤细胞与正常细胞的 DNA 基因组差异。

当时，张远教授刚刚在斯坦福大学做完 5 年的神经病理学住院医生，被哥伦比亚大学病理学系聘为临床科学家。这是张远教授完成漫长学业后的第一份正式工作。自从5岁时随父母从台湾移居美国犹他州盐湖城后，张远教授一直都在拼命学习，成绩一直拔尖。在美国，没有傲人的成绩是进不了医学院的。

一毕业就能在著名的哥伦比亚大学做教授，拥有自己独立的实验室，从事临床医学研究，张远教授颇感满意。她的丈夫摩尔也被纽约市卫生局聘为副局长。结婚5年后，夫妻俩在同一城市都找到自己满意的工作，对新的生活充满渴望。

张远教授的专业是神经病理学，在斯坦福大学时曾从事脑神经研究，并参与了由她的朋友朱莉·帕森内特（Julie Parsonnet）领头的幽门螺杆菌（Helicobacter Pylori）导致胃癌的研究。所以，张远教授最初的想法是研究脑肿瘤的遗传起源，这样可以同时兼顾她对于脑神经和癌症两个方面的兴趣。

此时，有几个事件激发了他们对寻找卡波西肉瘤病原体的兴趣。首先，当时美国人对艾滋病谈虎色变，艾滋病已成为25—44岁美国人的头号杀手，而30%的艾滋病患者都患有卡波西肉瘤。其次，当时基因组扫描技术（Genome Scanning Techniques）有望识别肿瘤中突变的染色体区域，张远对使用这些技术产生了兴趣。

摩尔曾参与控制1991年尼日利亚的出血热大疫情（Hemorrhagic Fever Epidemic），引发出血热的是一种变异的黄热病病毒。他对寻找疾病病原体，如何通过疫苗施以控制感兴趣。

就这样，这一对初出茅庐的年轻科学家，依靠手中微薄的资源，踏上了挑战世界顶尖医学难题之路，真可谓是初生牛犊不怕虎！事情当然不会一帆风顺，第一批利用代表性差异分析分离 λ 噬菌体DNA的实验以失败告终。实验失败本身并不可怕，可怕的是，购买这个实验所需Taq聚合酶的花费，就几乎花光2万美元启动基金。看着账户里所剩不多的资金，张远教授决定孤注一掷，不再循序渐进进行优化实验，而是直奔主题，直接检测卡波西肉瘤患者的样本。

幸运之神终于光顾，1993 年 5 月初，哥伦比亚大学病理学系住院医生安娜·巴蒂斯塔图（Anna Batistatou）向他们提供了最好的样本。她对一名患有艾滋病—卡波西肉瘤（AIDS-KS）的中年男子进行尸检，这是哥伦比亚大学进行的最后一个艾滋病患者尸检。由于担心在尸检过程中从偶然的划伤中感染艾滋病，哥伦比亚大学不再允许此类尸检。事后证明，这位患者的卡波西肉瘤样本的病毒载量远远高于其他样本。拿到样本，张远教授和助手立即马不停蹄地开始了紧张的工作。

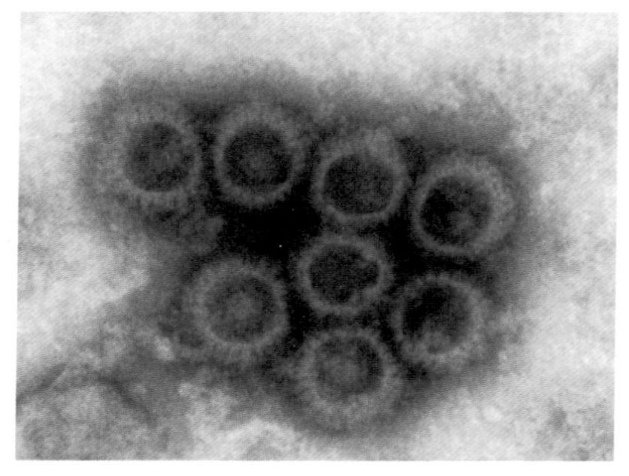
卡波西肉瘤疱疹病毒电镜图片

4 个月之后，到了谜底揭晓的时候，肿瘤样本中有无病毒？张远和摩尔教授屏住呼吸，仔细查看刚刚冲洗出来的 X 光片。太好了！X 光片显示出 4 条 RAD 阳性片段，其中两条明显是非人类外源 DNA。它们很可能就是导致卡波西肉瘤的病原体。张远和摩尔教授异常兴奋，这是上天给予他们的最好回报。

又经过 4 个月的努力，他们最终证明自己在癌症样本中发现的是一种新的人类疱疹病毒，将它命名为卡波西肉瘤疱疹病毒。卡波西肉瘤疱疹病毒同第一个致癌病毒，爱泼斯坦 – 巴尔病毒一样，都属于人类疱疹病毒（Human Herpesvirus，HHV）：爱泼斯坦 – 巴尔病毒被正式命名为人类疱疹病毒 4（HHV–4），卡波西肉瘤疱疹病毒被正式命名为人类疱疹病毒 8（HHV–8）。

卡波西肉瘤疱疹病毒是如何致癌的？

卡波西肉瘤疱疹病毒是大的双链 DNA 病毒，从口腔黏膜分泌，主要通过唾液（亲吻）传播。感染者终身携带这种病毒，但健康的免疫系统可以有效地控制病毒在体内的繁殖和扩散，所以，大多数感染卡波西肉瘤疱疹病毒的人永远不会出现任何症状。但是，由于艾滋病、器官移植、衰老而免疫功能

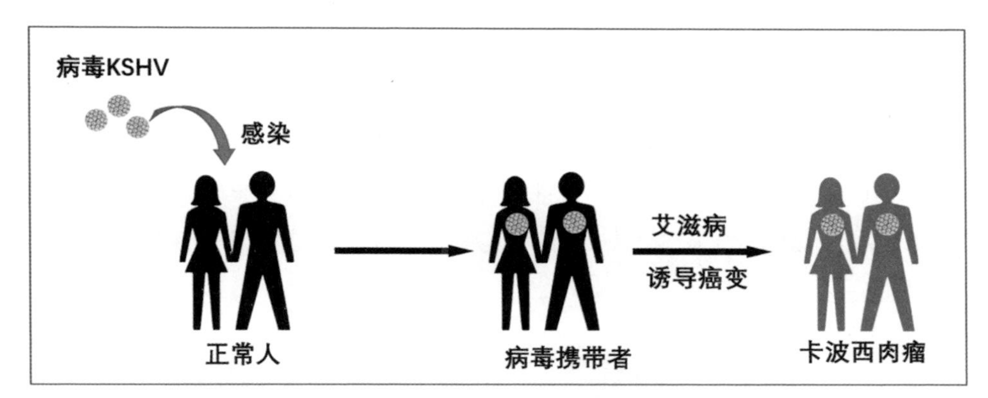

卡波西肉瘤疱疹病毒引发卡波西肉瘤

低下时，人体内卡波西肉瘤疱疹病毒就会导致卡波西肉瘤的产生。

卡波西肉瘤疱疹病毒除了引发卡波西肉瘤，还引发原发性渗出性淋巴瘤（Primary Effusion Lymphoma）。

卡波西肉瘤包括4种类型：经典型（Classic）、非洲流行型（African Endemic）、免疫抑制相关型（Immunosuppression-Related）和艾滋病相关型（AIDS-Related）。

默克尔细胞多瘤病毒

我们刚刚介绍了张远和摩尔教授于1994年运用减法策略成功地发现卡波西肉瘤疱疹病毒，令人惊讶的是，14年之后，他们依照同样的减法策略，发现了默克尔细胞多瘤病毒。但这一次，他们改进了方法。他们的方法不再是从患者肿瘤细胞DNA中减去正常细胞DNA，而是采用了RNA序列的比较，从而大大简化了程序。此外，这些序列不是在实验中检测，而是在计算机上。

他们利用了已发表的人类基因组序列，开发了一种虚拟减法方法，叫作数字转录组减法（Digital Transcriptome Subtraction，DTS），用于搜索默克尔细胞肿瘤中病毒的存在。在这种方法中，来自肿瘤的所有mRNA序列都被转化为cDNA序列，与人类基因组进行比较，“减去”所有人类序列，留下的就有可能是病毒的序列。

对 4 例默克尔细胞癌进行这项研究时，张远和摩尔教授发现有一种新的 cDNA，序列分析表明它是一种新的多瘤病毒。梅开二度，张远和摩尔教授再次成功发现新的致癌病毒，他们将它称为默克尔细胞多瘤病毒（Merkel Cell Polyomavirus, MCV）。随后，他们用实验证明该病毒是默克尔细胞癌（Merkel Cell Carcinoma， MCC）的罪魁祸首。

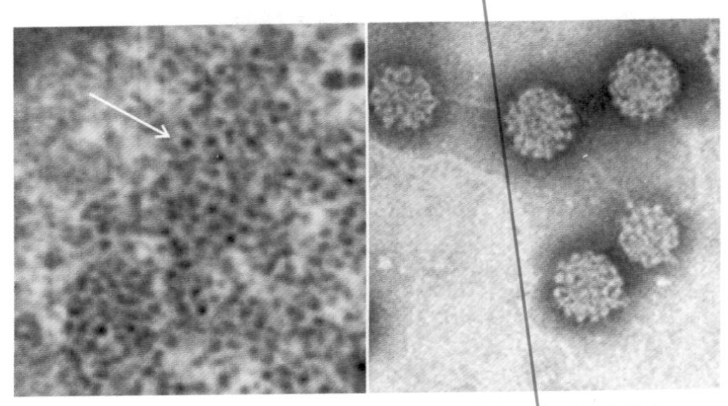

默克尔细胞多瘤病毒电镜图片（左：细胞内；右：细胞外）

虽然默克尔细胞癌是一种罕见的皮肤癌，在 99.9% 的情况下，默克尔细胞多瘤病毒并不引起任何病变，与携带者和平共处。但是，一旦病毒在紫外线（UV）诱导下突变，就会引发皮肤细胞癌变，癌细胞具有高度侵袭性，造成超过三分之一的患者死亡。

高危人群包括老年人、因器官移植而免疫抑制的患者以及艾滋病患者。默克尔细胞癌由默克尔细胞多瘤病毒基因的突变引起，紫外线诱导病毒基因突变。大约 80% 的默克尔细胞癌都是由默克尔细胞多瘤病毒引发。我们一起来看看 70 岁的大卫是如何患上默克尔细胞癌的。

当大卫还是一个天真烂漫的儿童时，就偶然感染了默克尔细胞多瘤病毒，这很正常，因为这种病毒感染非常普遍，而且基本上不造成任何症状。随着大卫的成长，病毒在他的皮肤细胞以及呼吸道和消化道上壁细胞中悄无声息地扩散，但大卫对此浑然不知。在大卫 40 岁时，一场不幸忽然降临，他

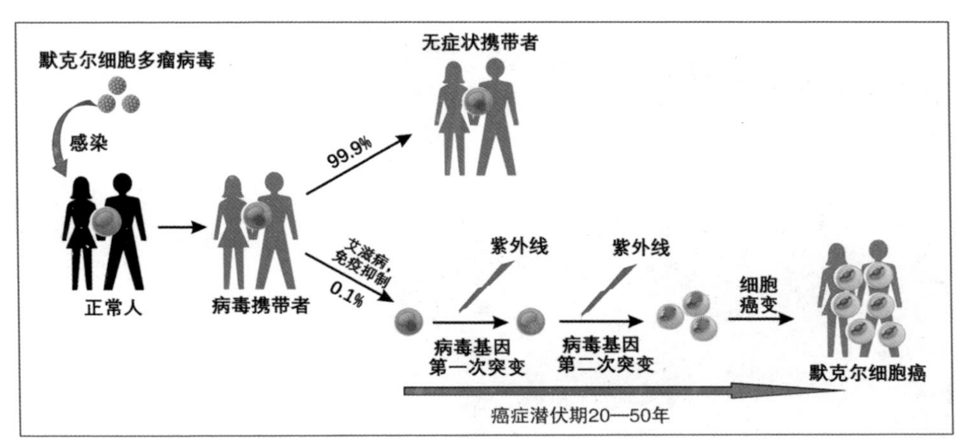

默克尔细胞多瘤病毒引发默克尔细胞癌

因车祸肾脏受损，必须进行肾脏移植。为了避免免疫排斥反应，大卫大量服用免疫抑制药物，他的免疫系统受到抑制，免疫功能弱于大多数人。

手术后，大卫来到海滨疗养。大卫自幼对阳光情有独钟，经常享受日光浴，而且不涂抹防晒霜。这次来到海滨，大卫逮住机会，尽情享受阳光的照射。就在此时，另一个不幸降临在大卫身上，长期的紫外线照射导致其体内的病毒发生第一次突变，使得病毒 DNA 整合到宿主 DNA 链上。然而，仅仅这一次突变的病毒并不会引发癌症。

大卫继续享受日光浴，紫外线引发病毒 DNA 的第二次突变，噩梦这才开始。因为整合到细胞基因上的病毒 DNA 编码的 T 抗原蛋白可以在细胞中大量合成，T 抗原蛋白是典型的致癌蛋白，它在宿主细胞中的表达导致细胞癌变。在数十年的岁月里，含有病毒 DNA 的皮细胞不断繁殖，T 抗原蛋白不断增多，突变在大卫的皮细胞中逐渐积累。终于，在大卫 70 岁时，突变发展成为癌变，大卫不幸患上默克尔细胞癌。

默克尔细胞多瘤病毒存在于呼吸道分泌物中，表明它可能通过呼吸道传播。但也发现它从健康皮肤、胃肠道组织和其他地方脱落，因此传播方式可能多种多样。虽然约 20% 的儿童在 5 岁之前就感染默克尔细胞多瘤病毒，大龄儿童（10—15 岁）的感染率为 50%，而 50 岁以上的成人感染率高达

祖尔·豪森向张远和帕特里克·摩尔颁奖

85%，但只要做好防晒措施，就可以避免紫外线诱导的默克尔细胞多瘤病毒突变，防止默克尔细胞癌。

2017 年 3 月 14 日，在德国法兰克福的圣保罗教堂一场盛大的仪式正在举行。这是一年一度的保罗·埃利希和路德维希·达姆施泰特奖（Paul Ehrlich and Ludwig Darmstaedter Prize）的颁奖典礼。埃利希奖是保罗·埃利希基金会自 1952 年以来为医学研究颁发的年度奖项，奖金为 12 万欧元。颁奖典礼传统上于 3 月 14 日，即诺贝尔奖获得者保罗·埃利希（Paul Ehrlich）的生日举行，它是德国医学界的最高奖项和国际最知名奖项之一。

2017 年的获奖者是美籍病毒学家张远和帕特里克·摩尔教授夫妇，以表彰他们通过巧妙的减法策略发现了两种致癌病毒，卡波西肉瘤疱疹病毒（KSHV）和默克尔细胞多瘤病毒（MCV）。

当 2008 年诺贝尔奖得主德国著名病毒学家哈拉尔德·祖尔·豪森向张远和摩尔教授夫妇颁发保罗·埃利希和路德维希·达姆施泰特奖时，全场爆发热烈的掌声。颁奖者是第 4 个致癌病毒，即引发宫颈癌的人乳头瘤病毒的发现者，获奖者是最新 2 个致癌病毒，即波西肉瘤疱疹病毒和默克尔细胞多瘤病毒的发现者。颁奖的场景再次将人类与致癌病毒的抗争画卷展示在世人面前。

在已知的 7 个致癌病毒中，张远和摩尔教授就发现了 2 个，他们对致癌病毒研究的贡献可见一斑。7 个致癌病毒的发现者中，有 3 个获得诺贝尔奖，他们分别是：发现乙型肝炎病毒的巴里·布伦伯格（Barry Blumberg），发现人乳头瘤病毒的哈拉尔德·祖尔·豪森，发现丙型肝炎病毒的哈维·奥尔特（Harvey Alter）、迈克尔·霍顿（Michael Houghton）

和查尔斯·赖斯（Charles Rice）。

在 2017 年 9 月 20 日，他们又因荣获生理学或医学领域的“科睿唯安引文桂冠奖”（Clarivate Citation Laureates）而成为诺贝尔奖的最热门人选。科睿唯安是使用定量数据来分析和预测年度诺贝尔奖得主的唯一机构。每年，该机构都会根据过去 20 年科学家所发布论文的引用情况来决定桂冠得主。

自2002年以来，每年发布的引文桂冠奖已成功预测了43位诺贝尔奖得主。有的是在获得该奖的几年后摘得诺贝尔奖，有的则在当年“应验”。著名华人科学家钱永健就曾在 2008 年先后获得“引文桂冠奖”和诺贝尔奖。张远和摩尔教授虽然暂时与诺贝尔奖失之交臂，但我们期待他们在不久的将来摘得诺贝尔奖。

肝癌病毒

乙型肝炎病毒和丙型肝炎病毒我们将在科学家的故事中介绍。

7 个致癌病毒大小不一，致癌机制相异，但它们具有如下共同特点：

1. 所有 7 种致癌病毒都在人体之间传播。所有人类癌症病毒均能够长期持续感染，以至于这些病毒是我们身体内“正常”病毒群的一部分。

2. 病毒在癌细胞内不产生新病毒，只是整合在宿主细胞基因上驱动癌细胞繁殖。

3. 致癌病毒对宿主细胞特异性。即致癌病毒对宿主细胞的选择具有高特异性，通常，一种致癌病毒只感染一种人体细胞，例如乙型肝炎病毒，它只会引起原发性肝细胞癌，而不会引起其他癌症。同样，人类嗜 T 淋巴球病毒 I 型只感染 T 细胞引起成人 T 细胞白血病。人乳头瘤病毒只感染鳞状上皮细胞，引发各个身体部位的鳞状上皮细胞癌、包括子宫颈癌、头颈癌和肛门癌。唯一的例外是人类疱疹病毒可引发多种癌症。

4. 病毒性癌症与免疫抑制或免疫缺陷（包括艾滋病、器官移植患者衰老）有关，也与环境因素（例如紫外线）有关。

第七章　溶瘤病毒

科学家在认识病毒的同时，观察到病毒对癌细胞有短暂的抑制作用。

在英国的西南角坐落着一座海滨小城——特鲁罗。特鲁罗最引人注目的是宏伟的特鲁罗大教堂，其 250 英尺高的哥特式尖顶塔楼，鹤立鸡群，独占了特鲁罗的天际线。然而，席卷全球的新冠肺炎疫情，也疯狂地感染了小城的居民。

2020 年 5 月，正是英国第一波新冠肺炎疫情的高峰。这天傍晚，一名体弱多病的 60 多岁男子因新冠肺炎，导致呼吸困难而被送到特鲁罗皇家康沃尔医院紧急救治。祸不单行，10 天前，该男子因恶化的淋巴结肿大和体重减轻被转诊至该医院血液科，锁骨淋巴结的针芯活检显示病人患有爱泼斯坦－巴尔病毒引发的经典霍奇金淋巴癌（Classical Hodgkin Lymphoma）。淋巴液中病毒含量高达 4800 拷贝 / 毫升，癌症也已到晚期。现在，淋巴癌的治疗方案尚未最后敲定，就因新冠肺炎住进了医院，真是雪上加霜啊。

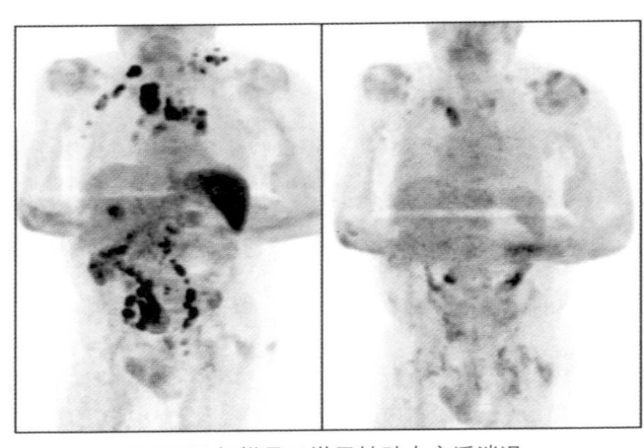

PET/CT 扫描显示淋巴结肿大广泛消退
（左：感染前；右：感染后）

患者福大命大，有惊

无险，新冠肺炎经过十多天的治疗和护理，明显好转，出院回家。鉴于他的身体状况，医院暂时没有对他的淋巴癌采取任何治疗措施，而是让他回家静养。

4 个月后，当患者来到医院准备接受淋巴癌治疗时，奇迹发生了！可触及的淋巴结肿块大大减少， PET/CT 扫描显示淋巴结肿大广泛消退，淋巴液中的病毒含量降到 413 拷贝 / 毫升，癌症病情显著好转。医院认为是新冠病毒感染触发了机体抗肿瘤免疫反应，在杀伤新冠病毒的同时，也大量杀死淋巴癌细胞和细胞中的爱泼斯坦 – 巴尔病毒。患者因祸得福，感染一场新冠病毒，竟奇迹般地缓解了癌症。听起来就像是天方夜谭，但似曾相识的一幕一百多年前就曾在医院里上演。

1896 年 12 月 29 日，刚刚过完圣诞节，乔治 · 多克（George Dock）医生来到密歇根大学医院门诊部的接诊室。多克医生是美国第一位全职医学教授，被公认为最出色的诊断和最好的临床病理学家。他接诊的第一位病人是一位 42 岁的中年妇女，浅表淋巴腺未见肿大，脸色不错，但手却很苍白。检查发现，患者肝脏和脾脏都极度肿大。血液检查表明，白细胞大量增加，一些大的白细胞含有细小或粗大颗粒。血细胞计数显示，白细胞数高达 367070/mm^3，远高于 4500—10000 的正常范围，诊断结果是骨髓性混合细胞白血病。 多克医生向陪同前来的患者丈夫交代了注意事项和病情预期，并让患者服用福勒溶液（Fowler’s Solution）。福勒溶液是含 1% 亚砷酸钾的溶液，在当时是治疗白血病的主要药物。作为专科医生，多克对白血病司空见惯，并没有觉得这个病例有什么特别。

乔治 · 多克

一个月之后的 2 月 1 日，患者再次来到医院，多克医生发现，患者明显比上次更为焦虑。她告诉多克医生，两周前她感染上流感，引发扁桃体炎和鼻炎，一周前开始咳血和流鼻血，几乎都不能行走。然而，多克医生却看到患者肤色红润，比上次更为健康。检查发现，肿大的肝脏和脾脏都恢复到几乎正常大小，这让多克非常吃惊，血液检查显示白细胞数为7500/mm^3，与上次相比，降低了50倍，已恢复到正常范围。这个结果让多克大跌眼镜，简直就是奇迹。当多克医生将检查结果告诉患者时，她也是满脸不可置信的样子，精神一下子就好了起来，白血病病症离奇地消失了。这一切引起了多克医生极大的兴趣，他决定密切跟踪病情的发展。

2月2日、7日、9日、12日，多克都对患者进行血液检查，患者白细胞数在9日降到4775，并在12日继续维持在5000。患者体温正常，肝脏和脾脏正常，心跳和呼吸正常，不再感到头痛和乏力，体重稍有增加。

然而，好景不长。从3月份开始，白细胞数逐渐稳步增长。在流感之后两个月时，增加到40000；三个月时，超过100000；一年后到达460000。一年半之后，患者死于白血病。

一场普普通通的流感，竟然短时期内逆转了白血病的恶化，这只是巧合，还是感染和癌症之间有什么必然的联系？

多克医生开始广泛收集分析相关病例。功夫不负有心人，到1904年，他共收集到65例急性病毒感染改善白血病患者症状的病例，并将它们整理发表。1944年，美国医学会授予多克杰出服务奖章以表彰他的卓越贡献。

在随后的年代里，病毒感染遏制癌症的例子时有报道。

1912年，科学家发现宫颈癌患者在接种狂犬病疫苗后病情显著好转。

1923年，罗马尼亚医生康斯坦丁·莱瓦迪蒂（Constantin Levaditi）和斯特凡·尼科劳（Stefan Nicolau）率先报告了“肿瘤寄生”病毒。他们推测，“肿瘤细胞比正常细胞更容易被某些病毒感染，并且肿瘤就像海绵一样吸引病毒”。

到20世纪中叶，科学家发现越来越多不同种类的病毒能够抑制癌症恶化，短期缓解癌症症状。这些病毒包括水痘病毒（Varicella Virus）、肝炎病毒、腺病毒等。

病毒学研究的快速进展，加上癌症治疗手段的极度贫乏激起了医学科学家用病毒治疗癌症的极大热情，在20世纪中叶掀起了一场声势浩大的临床试验。溶瘤病毒（Oncolytic Virus）的概念被正式提出。特别是在20世纪50年代和60年代期间，多种野生型病毒（例如肝炎病毒、爱泼斯坦–巴尔病毒等）被用于治疗数百个不同癌症的患者，但是病毒抑制癌症恶化和缓解癌症症状的作用通常是短暂的且不完全，患者都没有幸存下来。

以目前的道德标准衡量，当时进行的一些临床研究难以令人接受，高度致病性病毒的使用显然是不合适的。连续的失败，像一盆冷水浇灭了科学界的热情火焰。溶瘤病毒的研究陷入低潮。

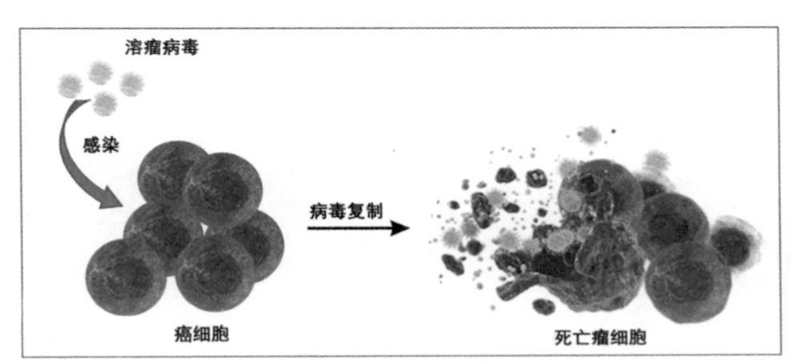

溶瘤病毒通过在癌细胞里复制杀死癌细胞

40年的沉寂并没有埋葬人类寻求溶瘤病毒疗法的梦想。科学家们将精力集中在溶瘤病毒的基础研究上，他们利用遗传的方法改造病毒，将病毒毒力控制到最低，同时保证病毒在癌细胞中保持继续复制的水平，达到杀死癌细胞的目的。

厚积薄发，当溶瘤病毒疗法再次出现在人们面前的时候，已是今非昔比。溶瘤病毒的研究取得突破性进展。

迄今为止，已经批准了两种基因工程溶瘤病毒作为治疗癌症的药物：第一种是由中国研发的重组人5型腺病毒（Recombinant Human Type 5 Adenovirus Injection）注射液，用于治疗晚期鼻咽癌，于2005年被当时的中国国家食品药品监督管理总局批准使用。另一个是由美国研发的T-vec（Talimogene Laherparepvec），治疗黑色素瘤（Melanoma），于2015年10月被美国食品和药物管理局批准使用。

期待溶瘤病毒疗法蓬勃发展，在延长癌症患者的生存中发挥重要作用。

第八章　逆转录病毒与人类基因

如果说病毒很可能是人类的终结者，也绝非危言耸听，然而，要是有人告诉你病毒是人类的造就者，你恐怕会惊掉下巴。

你可能没有想到，人类基因的 8% 来自病毒，更确切地说，来自逆转录病毒（Retroviruses）。从遥远的过去至今，逆转录病毒的基因逐渐插入了人类的基因组中。

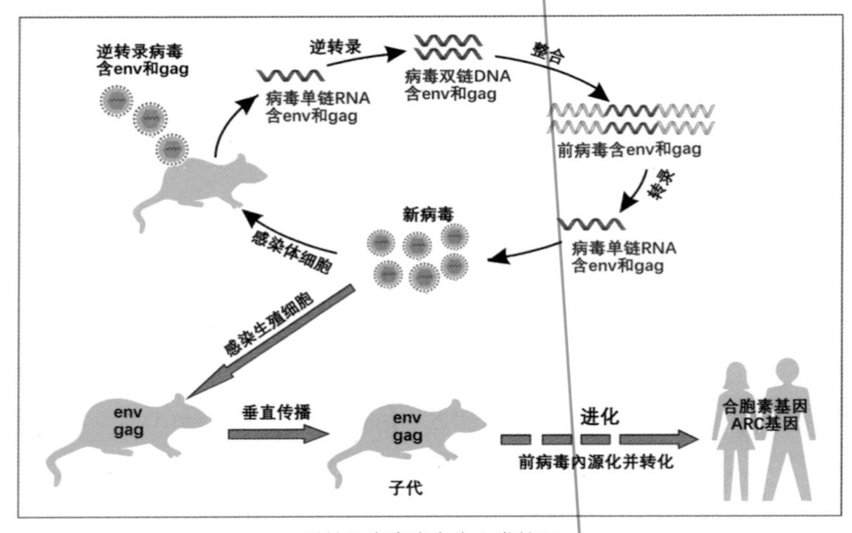

逆转录病毒演变为人类基因

首先，逆转录病毒的逆转录正单链 RNA （ssRNA-RT）进入原始宿主的体细胞后，逆转录成双链 DNA，并整合到细胞的基因组中。整合到宿主的基因组中的病毒 DNA 被称为前病毒（Provirus）。前病毒利用宿主细胞的合成机器生产新病毒所需的所有 RNA 和蛋白质，组装成新的病毒。

然后，新病毒 DNA 被整合进入生殖细胞，传给下一代。病毒基因从宿主母代传播到子代的过程称为垂直传播（Vertical Transmission）。

以这种方式进入宿主基因库后，前病毒逐渐被内源化，丧失自行复制和感染的能力，演变成为内源性逆转录病毒（Endogenous Retrovirus，ERV），人类携带的 ERV 被称为人类内源性逆转录病毒（Human Endogenous Retrovirus，HERV）。

在漫长的进化过程中，有些逆转录病毒基因丢失，有些被永久保存下来。

科学家发现，在人类进化过程中，起码有两个逆转录病毒基因演变为人类基因。下面我们逐一介绍。

1. 逆转录病毒的包膜蛋白基因（env）演变为合胞素基因（ERVW-1 gene）。

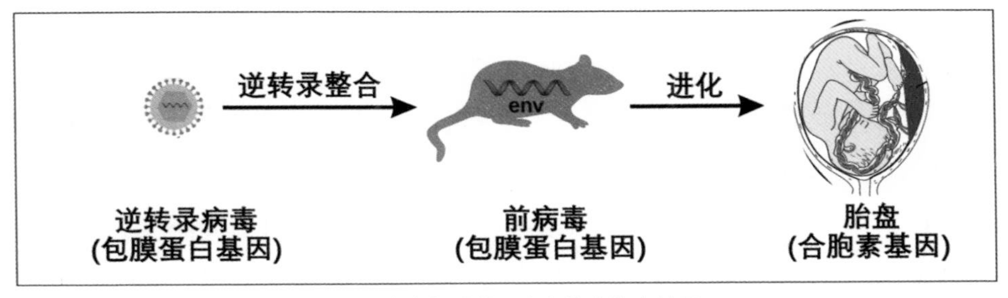

逆转录病毒包膜基因演变为合胞素基因

哺乳动物的崛起可能听起来像是一个平淡无奇的进化故事，但是您可能不知道有一个曲折：如果不是因为病毒，那么它根本就不会发生。

6500 万年前，地球是恐龙的世界，地上爬的、天上飞的、水里游的都是恐龙，其他的动物和恐龙相比都显得微不足道。然而，一瞬间发生的一个意外事件彻底改变了这一切。一颗巨大的小行星撞击在墨西哥湾，随之而来的是火雨和寒冷的严冬。

这次空前的大灾难灭绝了 75% 的全球物种，也终结了恐龙的历史。

胎盘动物的祖先

不幸中的万幸，这场灾难后，病毒不得不重新造就大量宿主，为哺乳动物的崛起提供了难得的机遇。

灾难的幸存者之一是一种矮小的、毛茸茸的、类似地鼠的生物。它生活在地下洞穴中，只在夜幕降临时出来寻找食物，躲过了地上发生的灾难。这个小动物属于早期哺乳动物，看起来和现代的鼠类哺乳动物很相似。但仔细观察就会发现，它体毛比较稀疏，没有乳腺，降生时也没有胎盘。小动物已经在恐龙统治的世界里默默无闻地生活了1亿年。如果不是偶然遇到逆转录病毒，它可能继续这样生活下去，永远不会进化。

机缘巧合，早期无胎盘哺乳动物就在这一时期反复被逆转录病毒感染，病毒的包膜蛋白基因被整合进早期无胎盘哺乳动物的基因库。通过几百万年的驯化，逆转录病毒的包膜蛋白基因成功演变成哺乳动物的合胞素基因。

合胞素继承了包膜蛋白的功能：首先，合胞素介导胎盘与母体之间的细胞融合，促成胎儿与母体之间形成胎盘屏障，实现胎儿与母体之间营养和废物交换。其次，合胞素抑制母体对胎儿的免疫反应，防止其母体免疫系统攻击和排斥婴儿的组织。

恐龙的灭亡为其他动物的发展提供了机遇。合胞素基因的出现对哺乳动物胎盘的进化形成起了决定性作用，而胎盘的出现为怀孕期间的雌性提供了优势。因为带有胎盘的胚胎较小，雌性在怀孕期间，特别是怀孕初期，可以保持瘦弱，运动自如，这对于怀孕雌性寻觅食物、逃避危险至关重要。具有进化优势的胎盘大大提高了哺乳动物的繁殖率和后代的存活率，让哺乳动物如虎添翼，迅速发展壮大，数量不断增长，新的物种不断出现，逐渐补充了恐龙大灭绝时期腾出的位置。在这个基础上，才演化出灵长类动物和今天的人类。

可以说如果没有逆转录病毒感染，就不会产生胎盘哺乳动物，也就不会有今天的人类。

2. 逆转录病毒的衣壳蛋白基因（gag）演变为 ARC 基因（ARC gene）。

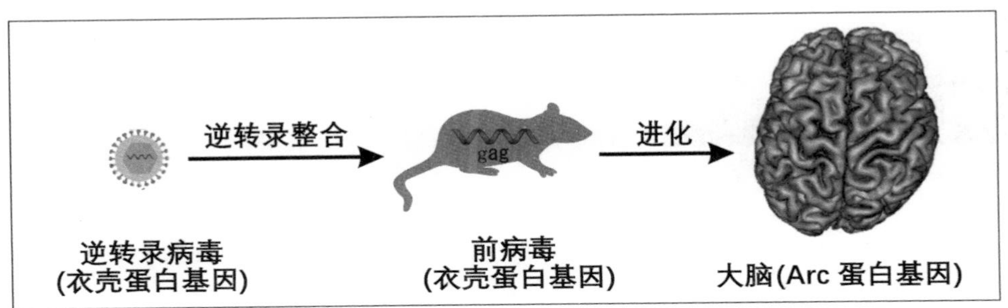

逆转录病毒衣壳蛋白基因演变为 Arc 蛋白基因

逆转录病毒的衣壳蛋白基因逐渐演变，成为调节大脑神经系统的 Arc 蛋白基因（ARC gene），协助人类神经系统包裹传递信息，增强大脑的记忆和认知能力。

跟其他病毒一样，逆转录病毒 gag 编码的蛋白也具有如下功能：结合逆转录病毒 RNA。蛋白聚合形成一层衣壳，将病毒 RNA 紧紧包裹，故而得名衣壳蛋白（Capsid Protein）。核酸和衣壳蛋白构成一个核衣壳（Nucleocapsid），便于病毒在细胞之间运动，递送遗传物质，增强病毒的感染力。

人类 Arc gene 编码的神经元蛋白 Arc，完全继承了病毒衣壳蛋白的这些功能，即 Arc 形成 Arc 衣壳后，将 Arc mRNA 紧紧包裹；然后，Arc 衣壳-Arc mRNA 颗粒像病毒一样穿梭在神经突触之间，定向运送 mRNA。mRNA 一到指定位置便开始大量合成 Arc 蛋白，定向运送 mRNA 的效率远远高于运送蛋白质。

Arc 蛋白帮助大脑短期和长期记忆，一旦 Arc 基因突变造成 Arc 蛋白缺失，就会引发多种神经系统疾病包括神经发育疾病（Neurodevelopmental Diseases）、精神分裂症（Schizophrenia）和老年痴呆（Alzheimer's Disease）等。

科学家还发现一个更神奇的现象。

人与猩猩面部比较

黑猩猩是现存物种中与人类亲缘关系最近的生物。人类和黑猩猩祖先之间的分化可以追溯到大约6500至7500万年前。今天的人类与黑猩猩在体态特征、大脑结构和认知能力上已经有了根本区别。然而，人类基因组序列与黑猩猩基因组序列之间的差异仅1%。显然，这1%的基因差异很难解释人与黑猩猩之间的巨大区别。

那么答案在哪里呢？

在于逆转录病毒。逆转录病毒基因可以在人类基因库中跳跃，调节控制人体基因。

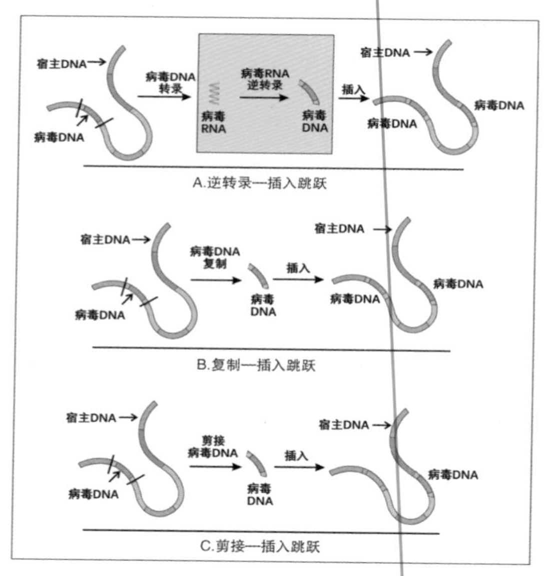

逆转录病毒基因跳跃

上图显示，病毒基因能以三种不同的方式在人类基因库中跳跃。

方式一：逆转录—插入跳跃。具体过程如图A所示：病毒DNA转录合成新的病毒RNA。新合成病毒RNA又一次逆转录成病毒DNA后，再一次插入宿主基因中。当插入在不同的位置时，就实现了基因跳跃。

方式二：复制—插入跳跃。具体过程如图 B 所示：病毒 DNA 通过复制产生新的 DNA 拷贝。新的 DNA 拷贝再一次插入宿主基因中。当插入在不同的位置时，就实现了基因跳跃。同逆转录—插入跳跃一样，复制—黏合跳跃在跳跃的同时也增加病毒的拷贝。

方式三：剪切—插入跳跃。具体过程如图 C 所示：病毒 DNA 被从原来的位置剪切下来，再插入到不同的位置，从而实现基因跳跃。

病毒基因跳跃到不同的点位，以不同形式影响宿主基因的表达。当跳跃到重要细胞基因附近时，病毒基因可利用其固有的转录启动和调节功能，作为增强子（Enhancer）增强该重要基因的表达，从而强化该基因功能。

下面我们一起来看看两个具体的例子：

第一个典型例子是病毒基因对 PRODH 基因的调控。PRODH 基因在脑细胞中表达，编码脯氨酸脱氢酶，参与中枢神经系统中的神经介质合成。PRODH 基因的活性对于大脑的功能和进化非常重要，特别是对人类记忆有增强作用。

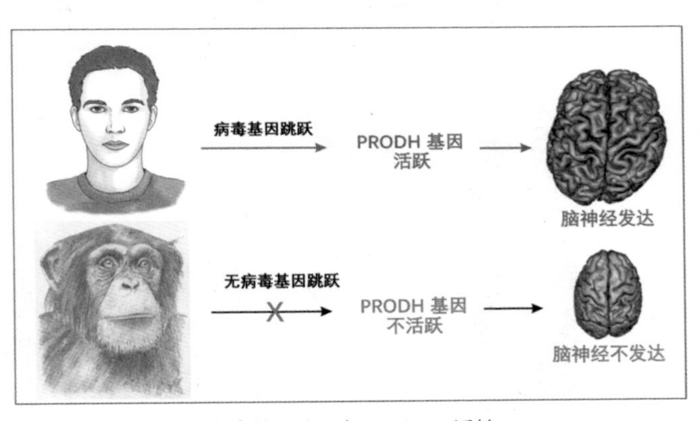

病毒基因跳跃与 PRODH 活性

人类和黑猩猩都有一个 PRODH 基因，但 PRODH 基因在人类的脑细胞中活性很高，在黑猩猩的脑细胞中却不活跃。原因就在于病毒基因是否参与。

几百万年前，人类的祖先被一种逆转录病毒感染，在随后的年代里，病毒基因在无数次随机跳跃，有一次正好落在 PRODH 基因旁边，成为 PRODH 基因的增强子，极大增强了 PRODH 基因的表达，从而增强了人类的记忆力。然而，这种逆转录病毒基因跳跃并未在黑猩猩中发生，所以，黑猩猩的 PRODH 基因很不活跃，黑猩猩的记忆力也远远比不上人类。

另一个例子是人与黑猩猩的面部区别。控制人类和黑猩猩面部特征的基因在基因序列上没有区别，但人类和黑猩猩面部特征大相径庭。我们只需看一眼，就能将人和黑猩猩区分开来，这是因为人类和黑猩猩面部特征的基因表达水平相差甚远。例如，影响口、鼻部长度形状以及皮肤色素沉着的两个基因 PAX3 和 PAX7，在黑猩猩中的表达水平高于人类。但是，影响下颌的基因 BMP4，在人体中表达水平远高于黑猩猩。

这些面部基因的表达水平仍然由病毒基因调控，当病毒基因跳跃到黑猩猩或人的面部基因附近时，它可以增强面部基因的表达。

可见，人与黑猩猩之间的分化并非由于它们基因组序列之间的 1% 差异，而是由于病毒基因的调控。

1983 年芭芭拉・麦克林托克（左）接受诺贝尔奖

1951 年，美国遗传学家芭芭拉・麦克林托克（Barbara McClintock）最先发现基因跳跃。30 年后，因为这一发现，麦克林托克被授予诺贝尔生理学或医学奖。

PART3

第三部分

科学家传奇

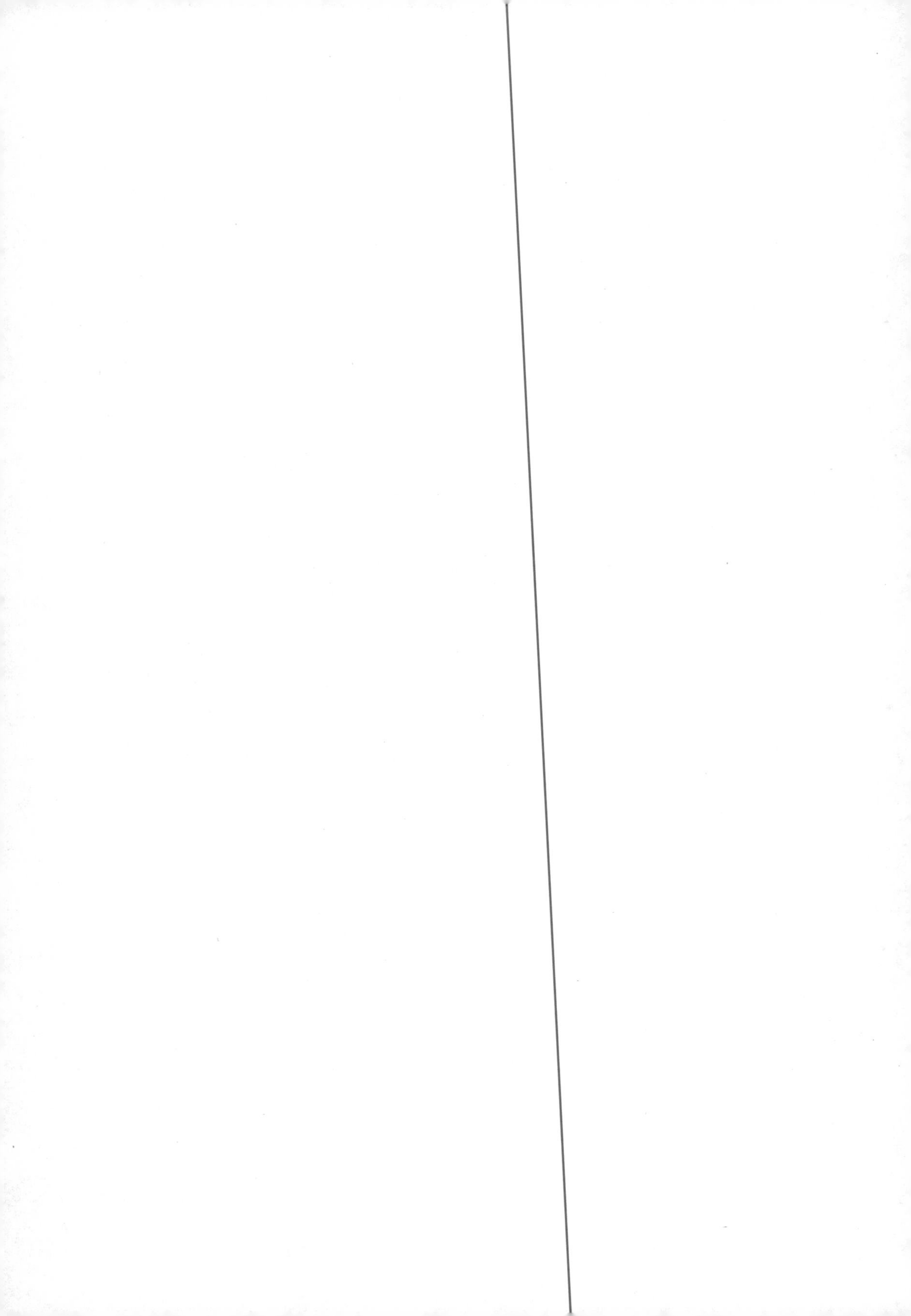

第一章　天花感染第一人

尼罗河水洗封尘，底比山深藏帝坟。
饱受天灾哭损毁，历经掳掠盼门神。
一生考古寻遗迹，两度查陵护异珍。
谁晓昔时尊九五，天花感染第一人。

维克多・劳雷特

确凿证据证明，最早的病毒感染发生在大约3000年前。

在古埃及新王国第二十王朝时期（公元前1189—前1077年），天花病毒感染频繁发生。感染天花病毒的第一人是法老拉美西斯五世（公元前1149—前1145年在位）。

也许早在公元前1.2万年天花病毒就开始感染人类，当时人类逐步进入农业社会并定居在村庄与小镇，人口密度的增加使得病毒能够迅速传播，发展成为地区性的传染病。然而，病毒感染不在骨骼遗骸中留下任何痕迹，病毒也不会留下任何化石，这给研究病毒与瘟疫的起源带来极大的困难。

幸运的是，古埃及保留下来的木乃伊及历史记载让科学家发现了最早的天花病毒感染者和天花病毒疫情。而这一切首先要归功于19世纪末期对地下陵寝的发掘，对古埃及象形文字的解读，以及对木乃伊的充分研究。

地下陵寝

底比斯山——天然金字塔

1898年1月底，法国考古学家维克多·劳雷特（Victor Loret）带着他的考古队从卢克索（Luxor）出发，向西渡过尼罗河，在时隔15年后再次来到底比斯陵园（the Theban Necropolis）。这里埋葬着几乎所有古埃及新王国500年间（公元前1550—前1077年）的法老、王后、嫔妃、王子、公主、祭司和贵族，它是最古老、最庞大、最有价值、最富传奇色彩的陵寝群。

提起古埃及，人们首先想到的是雄伟的金字塔，而金字塔就是古埃及法老的陵寝之地。

鲜为人知的是，从新王国开始，古埃及的法老们就不再建筑金字塔作陵寝，而是将陵寝秘密地建造在不为人知的地下。原因很简单，金字塔太显眼，在和平稳定时期常遭盗墓贼光顾， 在战争动荡时期更被敌人抢掠和破坏。以此为鉴，新王国的法老们将自己的陵寝建在人迹罕至、难以发现、难以接近的悬崖峭壁之下。但新的陵寝还是离不开法老们崇尚的金字塔。

远远望去，底比斯山的主峰俨然是一座金字塔。它巍然耸立，金碧辉煌，俯瞰尼罗河两岸，不言自威，主宰着整个景观。碧蓝的尼罗河静静流淌，肥沃的冲积平原郁郁葱葱，从河边延伸到山脚，更烘托出这座天然金字塔的尊严与神秘。

这座天然金字塔深受法老们的青睐，他们竞相在这里为自己建造陵寝，形成著名的底比斯陵园。底比斯陵园由两部分构成，祭祀寺庙建在山脚下，方便定期举行宗教仪式，陵寝则建在由石灰石和页岩构成的山谷之中，既隐秘又坚固。

公元前27年，一场大地震彻底摧毁了底比斯城，从那以后，这座拥有3000年历史的古都就淡出了人们的视线。底比斯陵园也只有盗墓贼光顾，直到拿破仑率军入侵埃及。

1798年7月1日，拿破仑率领400艘战船和5.4万人在埃及登陆。不同于以往的军事行动，这次除了军队，拿破仑还带来了150名各路天才：科学家、工程师、历史学家和考古学家，共同探索古埃及文明的兴盛和衰亡。虽然军事入侵最终遭到失败，但学术上的成功超出了所有人的预期。

这些天才们在1801年返回法国后，就开始整理和汇总他们在埃及的发现，并在1809年出版了《埃及描述》（*Description de l'Égypte*）的第一卷。在以后的20年间陆续出版了第二卷到第二十三卷。《埃及描述》向世界展现了古埃及文明的辉煌，激起了欧洲人探索古埃及文明的热潮。底比斯陵园也成了考古学家的钟爱之地，而位于底比斯陵园的帝王谷（the Valley of the Kings）更是考古学家的首选。

再次站在底比斯山脚下，劳雷特内心充满感慨和激动。

他出身音乐世家，父亲是著名管风琴家、音乐教育家和作曲家，祖父也是管风琴演奏家和管风琴制作名家，母亲和叔叔也都是天才音乐家。成长在这样的家庭，劳雷特从小就受音乐熏陶，也立志成为一位音乐家。

然而，在11岁时，劳雷特偶然读到让－弗朗索瓦·商博良的作品，从此对灿烂的古埃及文明产生了难以忘怀的激情。

商博良是法国学者、语言学家、东方学家和埃及学创始人，1822年成功破译失传已久的埃及象形文字，使得现代学者可以通过遗留下来的古埃及文档了解古埃及文明，从而被尊为埃及学之父。

随着对古埃及文明的了解，劳雷特对音乐的兴趣也从音乐本身转向音乐的民族性、社会性和文化内涵。他17岁开始修学音乐和古典文学，同时还在普拉蒂克高级学院选修埃及学家马斯佩罗的课，希望将来从事音乐民族学研究。特别是比较西方音乐与古埃及音乐的异同，探讨这些音乐与地理、历史以及其他文化的联系。对知识的渴求和无限的好奇心，使劳雷特对东方、古代和现代的所有科学、历史、地理都产生了浓厚兴趣。他的涉猎范围从埃及学到自然科学（植物学、动物学、矿物学），再到东西方宗教和文学。劳雷特精通近十种语言，包括科普特语、阿拉伯语、法语、德语、意大利语、西班牙语、拉丁语和古希腊语。

凭着优异的成绩，1880 年 21 岁的劳雷特成功入选法国赴开罗的第一批考古代表团，成为考古团里最年轻的成员。他跟随导师埃及学权威加斯顿·卡米尔·查尔斯·马斯佩罗爵士和尤金·莱菲布尔来到埃及，在开罗创办东方考古学研究所。

一踏上埃及的土地，劳雷特就被古埃及文化深深吸引。他对古埃及文化心仪已久，对古埃及文明十分崇敬。在 3 年多的时间里，他访问了埃及的每一个古文明遗址，走遍了埃及的每一个角落，完全沉迷在古埃及文明之中。最使劳雷特难忘并进一步改变他人生轨迹的是最后一站——帝王谷。顾名思义，帝王谷所埋葬的主要是古埃及的法老们。在帝王谷，劳雷特的工作是复制塞蒂一世陵寝（KV17）里的装饰物，并研究陵寝里的铭文。

至 1821 年，帝王谷的 21 座陵寝已经被发现，英国埃及学家约翰·加德纳·威尔金森建立了一套系统来标定帝王谷的陵寝，首字母缩略词 KV（代表帝王谷），数字标定帝王谷的陵寝。威尔金森根据陵寝的位置，将已知的 21 座陵寝从山谷的入口开始向南和向东编号。此后发现的坟墓依然按 KV 系统编号。

KV17 被认为是帝王谷中最美丽的皇家陵寝之一，每一个通道和房间都装饰有壁画、铭文和浮雕。壁画描述了古埃及日常生活和重大事件，色彩鲜艳，栩栩如生，浮雕雕刻精细，有强烈的立体感。

铭文记录了古埃及最重要的宗教、文化和政治著作，如《门之书》（*The Book of Gates*）、《亡灵书》（*The Book of Dead*），以及《艾米·达瓦特书》

《国王死后之旅》等。

当 KV17 首次被发现时，墙上所有的法老图案和铭文都完好无损，仿佛是近期绘制的。但陵寝打开后，湿度显著增加，随着时间的流逝，壁画、铭文和浮雕开始褪色并出现破损。劳雷特要在这些文物损坏之前尽可能将它们复制下来。他临摹壁画，拓印浮雕，拓印并翻译铭文，充分展示了他的多才多艺。因为壁画、铭文和浮雕数量浩大，劳雷特每天忙得不可开交。工作虽然艰苦，但他心情愉快，收获颇丰。

回到法国后，根据在埃及的研究发现，劳雷特撰写并发表了十多篇学术论文，涉及古埃及文明的许多方面包括考古学、语言学、植物学、动物学、医学、流行音乐和乐器。这些丰硕的成果奠定了劳雷特在埃及学领域的权威地位，他在里昂大学创办埃及学学院并出任院长。

当劳雷特再度来到埃及并出任埃及文物局局长时，可以说是今非昔比，但他仍然一心放在学术研究上，对坐在办公室处理琐碎公务没有丝毫兴趣。

上任不久，他就利用担任局长职位之便组建了一支考古队，重返底比斯陵园， 开始他的第二次考古探险。这次进山，劳雷特雄心勃勃，志在必得。他根本就没有考虑埋葬后妃的皇后谷（the Valley of the Queens），而是直奔位于北面深山中的帝王谷。

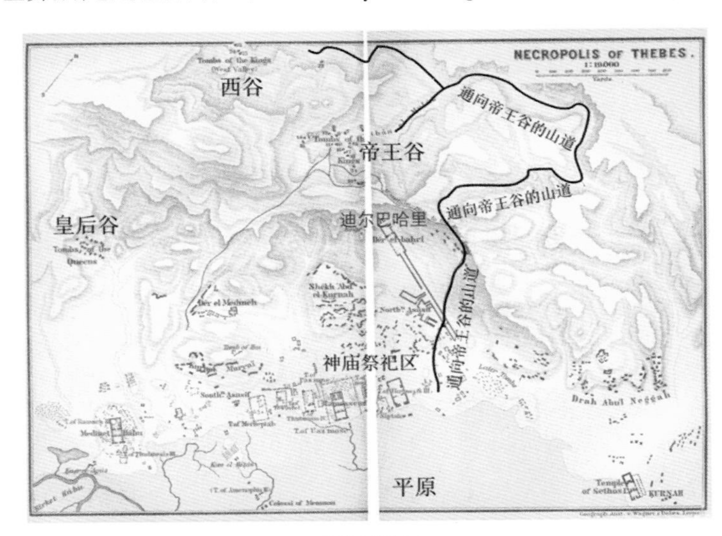

底比斯陵园

劳雷特率领考古队沿着一条崎岖的羊肠小道向帝王谷行进。七八人的考古队中夹杂着十来头毛驴，宛如一条长蛇在山谷中缓缓蠕动。毛驴驮着扎营的帐篷、生活用品和考古所需的各种器具。卢克索地区的年降雨量不足3毫米，帝王谷除了黄褐色的岩石，就是黄褐色的沙土，没有一丝绿色，死一般的山，死一般的谷，完全没有生命。考古队员们感到异常干燥，好像全身没有了水分。但正是这种极干的环境为保存木乃伊提供了绝佳条件，使得历经了3000多年的皇家木乃伊仍保存完好。

劳雷特带领考古队直接走到帝王谷深处，他命令考古队就地扎营，与向导和队员敲定了探查计划。

连续几天没有新的发现。

2月8日，劳雷特因其他公务赶回阿斯旺（Aswan），临行前让助手古尔纳带领考古队继续探查。

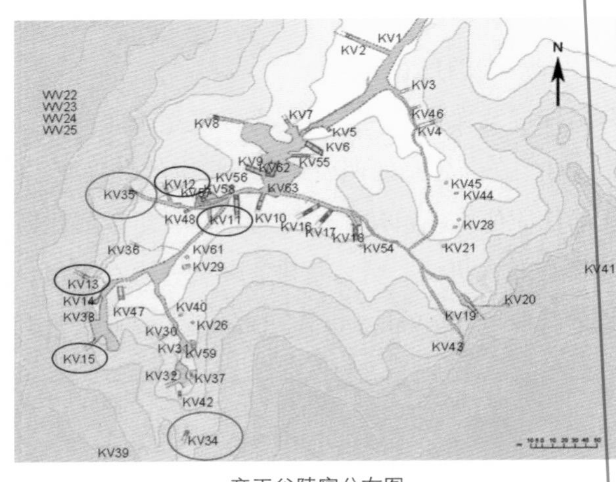

帝王谷陵寝分布图

2月12日，劳雷特收到古尔纳的加急电报：找到了十八王朝的第六位法老图特摩斯三世（公元前1479—前1425年在位）陵寝。劳雷特极度兴奋，“真是无巧不成书哇”。

1881年劳雷特随导师马斯佩罗爵士第一次来埃及考古时，在迪尔巴哈里附近的DB320陵寝发现图特摩斯三世木乃伊，但DB320陵寝并非图特摩斯三世的陵寝，而是一个皇家木乃伊藏匿地。

原来，为了防止皇室陵寝被盗和皇家木乃伊被毁，古埃及二十一王朝将皇家木乃伊全部转移到几个隐秘的藏匿地。果不其然，陵寝里面藏匿着50多位法老、皇后和其他新王国皇室成员的木乃伊和丧葬设备。由于这个藏匿地既不在帝王谷，也不在皇后谷，马斯佩罗爵士将它编号为DB320。图特摩斯三世的木乃伊就藏匿在这里。

图特摩斯三世统治埃及近 54 年，以武功著称。为开疆扩土，他发动了 17 次对外战争，缔造了古埃及最大的帝国，被认为是古埃及最伟大的法老之一。然而，图特摩斯三世的陵寝一直未能找到。关于这位古埃及最伟大法老的历史文物及资料非常有限。现在终于发现了图特摩斯三世的陵寝，劳雷特感叹万分，“全面揭开他英雄人生的时刻到了”。

劳雷特立即电告古尔纳马上关闭寝陵，等待他回来后再继续发掘。

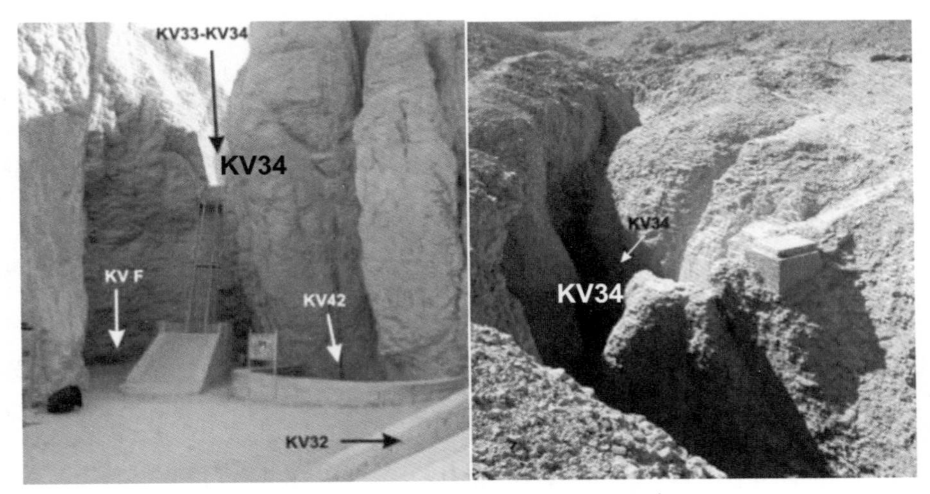

藏匿于悬崖裂缝中的 KV34（左：仰视；右：俯视）

2 月 21 日，劳雷特一回到帝王谷就马不停蹄地直奔图特摩斯三世陵寝。陵寝入口位于悬崖深沟中，深沟只有 1 米宽，距地面高度约 10 米。在同一深沟里考古队还发现了另一座只有两个墓室的小陵寝，劳雷特给这个不知主人的小陵寝编号为 KV33，给图特摩斯三世陵寝编号为 KV34。

劳雷特决定乘胜追击，搜寻另一个预先锁定的区域。他注意到在帝王谷西侧 KV12 和 KV13 之间也有一个大的空白区，这一区域虽然已被多次探查，但都没有重大发现。劳雷特让他的考古队加倍仔细，挖得更深。

在清理完厚厚的碎沙石后，劳雷特眼睛一亮，发现下面的岩石有被工具凿过的痕迹，“陵寝就在附近。”他坚定地告诉队员们。

不出所料，第二天也就是 3 月 8 日，队员们果然找到了一座新的陵寝

KV35 寝陵入口外观

入口。他们马上开始清理入口。当入口刚刚勉强让人通过时，劳雷特和古尔纳就急不可耐地进入陵寝。

借助蜡烛的微光，他们越过长长的斜井阶梯，再通过一段走廊，才看见第一个房间。只见房屋中心有两个石柱，两个石柱之间有条船，一具木乃伊化的尸体躺在船上，他的胸部和头部各有一个洞，显然是一个被同伙杀死的盗墓贼。由于这里的气候极为干燥，未经处理的盗墓贼尸体并没有腐烂，而是风化成一具天然木乃伊。

劳雷特和古尔纳继续前行，下了第二道阶梯，再穿过两个房间，进入第二条走廊。劳雷特发现在走廊的尽头有一个黑门，他用力推开黑门，一个宏伟的大厅展现在眼前。大厅的每个角落都装饰完美并基本保持完好，人物图画显示这是图特摩斯三世的儿子阿蒙霍特普二世的陵寝。一次考古同时发现父子两代法老的陵寝，可以说是前所未有的辉煌成就。劳雷特心中满是激动、兴奋和自豪。他和古尔纳拥抱，相互道贺，将这座陵寝编号为 KV35。

穿过大厅，他俩来到陵寝最后部的寝宫，一个雄伟的石棺赫然在目，石棺是开着的。

“阿蒙霍特普二世的木乃伊会在里面吗？”

劳雷特不敢奢望，因为没有一位考古学家在帝王谷发现皇家木乃伊。他们都已在古埃及二十一王朝时被移动到安全的地方，DB320 就是其中之一。

劳雷特小心挪动脚步，慢慢来到石棺前，他举起蜡烛让光能照见底部，只见黑色棺木静静躺在石棺底部。

“太好了！” 劳雷特不由自主地叫道。

他屏住呼吸，在古尔纳的帮助下，慢慢掀开棺盖。奇迹在这一刻发生：阿蒙霍特普二世的木乃伊完好地躺在棺中。木乃伊头上有一束鲜花，脚下有一束树叶。

“我的上帝呀！”劳雷特惊喜万分，收获真是太大了！

意想不到的还在后面。

当他走进与寝宫相连的一个侧室时，劳雷特惊讶地发现，9具棺木躺在地上，3具在前面，6具在后面。5个棺木有盖子，其他4个没有。棺木和木乃伊看上去都是灰色。

“这里怎么会有其他棺木呢？”劳雷特心里充满疑问。

他走近离门最近的一口棺木，仔细检查，轻轻吹开棺木上的灰尘，发现棺木其实是黑色的，拉美西斯四世的名字赫然在目。再环视放在地上的其他棺木，劳雷特不禁激动地推测阿蒙霍特普二世的陵寝可能就是另一个古埃及皇家木乃伊的藏匿地。

劳雷特逐个检查每一口棺木，读出一个个高贵的称号：拉美西斯四世、图特摩斯四世、阿蒙霍特普三世、提耶皇后（阿蒙霍特普三世的皇后）、麦伦普塔、塞提二世、西普塔和拉美西斯六世。最后一口棺木装殓的是拉美西斯五世，也就是我们接下来要讲述的故事的主人公。

劳雷特异常高兴自己发现了一个新的古埃及皇家木乃伊的藏匿地，但他并不知道当时的发现在病毒医学研究中的重大意义。

在此后的近百年里，科学家对拉美西斯五世的木乃伊进行了多次彻底、全方位的检查和研究，其中最重大的发现就是拉美西斯五世是世界上第一位被证明感染天花之人，劳雷特因找到了第一位天花病人而被载入医学史册。

拉美西斯五世的天花感染

1905年6月25日，艾略特·史密斯医生（Dr. G. Elliot Smith）在开罗博物馆对拉美西斯五世的木乃伊进行了第一次彻底的、全方位的检查和研究。史密斯注意到，与其他同时期的木乃伊相比，拉美西斯五世的木乃伊有许多不同寻常之处，木乃伊化时祭司的处理非常草率：

第一，其他法老的木乃伊都被涂有树脂的绷带包裹，但拉美西斯五世的

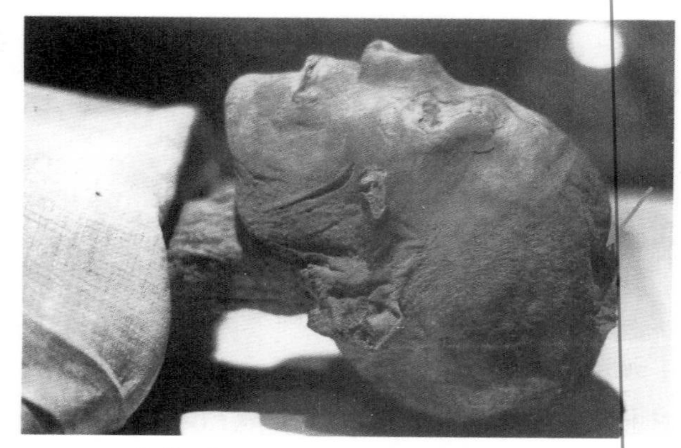
拉美西斯五世头顶部的穿孔及卷起的头皮

则没有。

第二，拉美西斯五世的腹部切口（用来清除内脏）异常大，呈椭圆形（直径 169 mm），边缘宽阔。而且清除内脏后，切口既没有涂蜡也没有被缝上。腹腔内充满木屑，内脏杂乱地分散着，而不是包裹在四个规格的内脏小包中。

第三，脑腔未填充树脂，而是塞的亚麻布（长 9 m，宽 31 mm）。

第四，人造眼睛是油漆的亚麻制成，很粗糙，而法老的假眼通常是由雕刻精细的骨头、玻璃或石头制成。史密斯还惊讶地发现拉美西斯五世左顶骨有一个大的椭圆穿孔（19 mm × 34 mm）。他注意到，穿孔后边缘的头皮向后卷起 2 mm 长，这种翻卷现象只能在身体尚有韧性时发生。而且，穿孔周围有出血的残余物，这表明穿孔发生在拉美西斯五世临死前。

20 世纪 60 年代后期，哈里斯博士（Dr. Harris）对拉美西斯五世的木乃伊进行了 X 射线检查，证实了史密斯所描述的颅骨穿孔。

医学史上最有意义的发现是拉美西斯五世身上的天花感染证据。

史密斯注意到，在木乃伊的耻骨区、下腹部和面部有明显的脓疱性皮疹。参与鉴定的病理学家弗格森（A. R. Ferguson）认为，这种形态和分布是典型的天花证据。

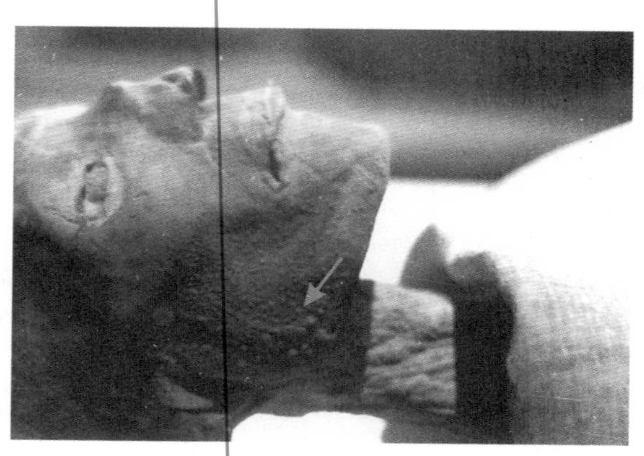
拉美西斯五世面部的天花疱疹

在以后的多次检查中，专家们进一步发现皮疹大多是黄色的水疱和脓疱。脓疱的直径在1—5毫米之间，木乃伊的脖子、肩膀和手臂上都有明显的皮疹。这些都是天花感染后期严重时的症状。这些症状表明，拉美西斯五世不仅感染上天花，而且已到无法救治的病危时刻。然而，要想证明天花感染，就必须对疱疹皮肤做鉴定。为了保护珍贵的木乃伊，埃及博物馆一直不准许任何人从拉美西斯五世的木乃伊取样。

20世纪70年代，加拿大多伦多儿童医院的列温博士（Dr. P.K. Lewin），美国疾病控制和预防中心的霍普金斯博士（Dr. D. Hopkins）、帕尔默博士（Dr. E. Palme）及那坎博士（Dr. J. Nakan）多方奔走，游说埃及政府，希望能得到一小块皮肤样本。

1979年，他们的请求终于得到萨达特总统的批准。他们从木乃伊的脖子侧面剪下一小块带有脓疱的皮肤，皮肤切片在电子显微镜下放大1.2万倍后，专家们看见了病毒颗粒。另外，免疫沉淀试验进一步证实皮肤样本带有天花病毒。

至此，拉美西斯五世感染天花的结论被普遍接受，拉美西斯五世成为世界上已知的第一位感染天花的人。

那么，拉美西斯五世是如何感染天花的呢?

故事还要从他的爷爷拉美西斯三世（公元前1186—前1155年在位）说起。

拉美西斯三世是新王国第二十王朝的第二位法老，他亲政时，埃及帝国已从辉煌走向衰落，内外交困，外族不断入侵，埃及面临被分割的危险。拉美西斯三世以其卓越的军事才能挽狂澜于既倒，多次击退利比亚和海上民族的入侵，维护了埃及的统一。然而，长期的战争大量消耗了帝国业已枯竭的资源，在他统治后期，普通民众与部分上层社会的不满情绪日益增长。

英明一世的拉美西斯三世如今已年迈昏庸，丝毫感觉不到四伏的危机与周边的杀气。他有九个皇子，四个已经过世。从后面的法老称号中，就可以知道皇位争夺在拉美西斯三世的儿孙中是何等激烈。儿子辈拉美西斯四世（公元前1155—前1149年在位）传位给孙子辈的（四世的儿子）拉美西斯五世（公元前1149—前1145年在位）。

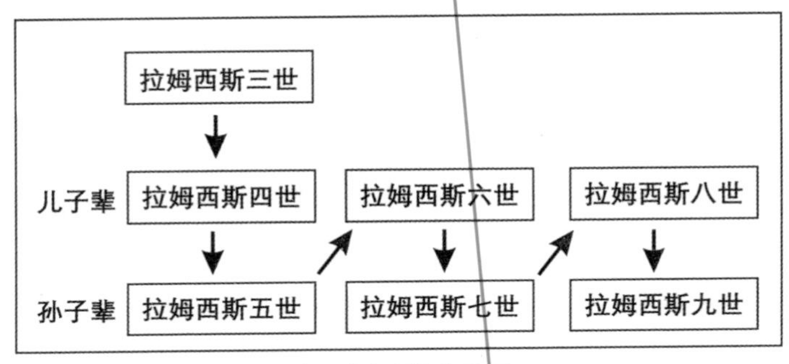

埃及法老皇位传承图

几年之后，皇位又回到儿子辈的拉美西斯六世（公元前 1145—前 1136 年在位）。拉美西斯六世再传位给孙子辈的（六世的儿子）拉美西斯七世（公元前 1136—前 1130 年在位）。

数年之后皇位又回到儿子辈的拉美西斯八世（公元前 1130—前 1129 年在位）。

仅仅一年后，皇位再次回到孙子辈的拉美西斯九世（公元前 1129—前 1111 年在位）。

在短短的 26 年里，皇位在拉美西斯三世的儿孙中换了 6 次。

拉美西斯三世怎么也不会想到一场“后宫阴谋”正在他的身边展开，皇位争夺战中的第一个牺牲品就是他自己。

政变的主谋是拉美西斯三世的皇妃蒂耶和内大臣佩贝卡蒙。皇妃蒂耶不满拉美西斯三世立皇后之子拉美西斯四世为皇储，希望通过政变让自己的儿子彭塔瓦尔登上帝位。蒂耶凭着敏锐的政治嗅觉，意识到经济的不断恶化导致广大民众和部分贵族阶层对拉美西斯三世的统治日益不满，以大祭司为首的神职集团也寻机挑战皇权。通过联络这些不满势力，蒂耶很快组成了一个有各方势力参与的政变集团，他们设计了两个周密的行动方案：

第一方案是宫廷政变，利用拉美西斯三世在底比斯庆祝执政三十周年的机会在哈布宫内刺杀拉美西斯三世及王储。

第二方案是在宫殿之外煽动军队与民众参加的武装起义。

计划只成功了一半，虽然拉美西斯三世惨遭皇妃蒂耶雇用的杀手割喉毙命，但是太子拉美西斯四世听到风声后，机智地避过暗杀。太子迅速召集效忠拉美西斯三世及自己的军队控制住局势，逮捕了所有政变者，成功地粉碎了政变。拉美西斯四世一即位就公开审判政变参与者，并将皇妃蒂耶、内大臣佩贝卡蒙、皇子彭塔瓦尔、多位军队将领及政府官员在内的40多位政变核心人物判处死刑。

在腥风血雨中即位的拉美西斯四世虽雄心勃勃，想重振埃及，但内外交困，已无力回天，第二十王朝自此走向衰落。

执政不到7年，拉美西斯四世就已心力交瘁，一病不起。病重之际，他将年轻的太子拉美西斯五世叫到身旁，交代后事。

“两件事情最为要紧，”拉美西斯四世叮嘱，“第一，一定要留意外族的入侵，特别是海上民族和利比亚人，保持王朝的统一。”

拉美西斯五世的方尖碑

见太子不住点头，拉美西斯四世接着嘱咐：“第二，三个叔叔在爷爷遇害时，都旗帜鲜明地站在父皇这边，协助父皇粉碎政变，继承皇位。他们是你可依赖之人。特别在对付阿蒙神大祭司的时候，一定要依靠皇族的力量。”

“父皇教诲，儿臣谨记。”拉美西斯五世流着泪，虔诚地答道。

令人遗憾的是，拉美西斯四世的这番遗言说明他根本没有从自己父亲之死中吸取教训。以后的事实证明对拉美西斯五世的最大威胁恰恰来自皇室内部。拉美西斯四世的失策导致儿子在4年后重蹈拉美西斯三世的覆辙，而且下场更惨。

公元前1149年，24岁的拉美西斯五世登上皇位，成为第二十王朝的第四位法老。拉美西斯五世为人忠厚，但资质平庸。虽有心做个有为的法老，无奈能力有限，且生不逢时。即位伊始，拉美西斯五世的皇位就处于风雨飘摇之中。

他面临的第一大威胁是以阿蒙神大祭司为首的神职集团。对神的敬畏贯穿古埃及三千年历史，古埃及最多、最宏伟的建筑就是神庙，连皇宫里也有神庙。

在早期，古埃及人供奉诸多神明，著名的有底比斯主神阿蒙、太阳神拉、造物神普塔和冥王奥西里斯。

在新王国时期，随着底比斯的崛起，阿蒙神的地位也持续提高，与太阳神拉融合为新的太阳神，并超越诸神，成为古埃及的国神。伴随地位与财富的增长，阿蒙神大祭司的野心也逐渐膨胀，对法老构成巨大威胁。

在拉美西斯五世即位时，阿蒙神大祭司已控制着埃及国家财政和大部分国有土地。在以底比斯为中心的上埃及，阿蒙神大祭司拉美西斯纳赫的权力已超过法老。拉美西斯五世的实际统治仅局限于以都城培尔—拉美西斯为中心的下埃及。除非万不得已，拉美西斯五世从不光顾底比斯。

拉美西斯五世面临的第二大威胁是外族入侵。从第二十王朝建立的第一天，埃及就不断遭到海上民族和利比亚人的袭扰和入侵。他爷爷拉美西斯三世以其卓越的军事才能，多次击败海上民族和利比亚人，阻止了他们的大规模入侵，然而，小规模袭扰从未停止。年轻的拉美西斯五世即位后，袭扰规模越来越大，频率越来越高，即位不到半年就经历数次大规模袭扰，以都城培尔—拉美西斯为中心的下埃及不仅临海而且靠近利比亚，更是首当其冲，不胜其扰。面对内忧外患，拉美西斯五世寝食难安。

这天，拉美西斯五世又收到军情急报，利比亚人大举入侵，一路上烧杀掳掠，其前锋一度突击到底比斯，迫使工人停止了他的陵寝（KV9）的修建。大祭司拉美西斯纳赫也乘机发难，指责法老无能，导致上埃及遭受重大损失。焦头烂额的拉美西斯五世决定采用先皇遗策，重用皇亲国戚，他紧急召见声望最高的六叔也就是以后的拉美西斯六世。老谋深算的六叔对拉美西斯五世说：“陛下不用担忧，臣已有良策在胸。”

“不知皇叔有何妙计？” 拉美西斯五世焦虑地问道。

“外剿内抚，” 六叔狡黠地说，“拉美西斯纳赫无非是想得点钱财，给他一些，答应补偿他的损失。而利比亚人则是觊觎我们的王国，必须打。臣愿率领王国精锐，赶走利比亚人。陛下可亲往底比斯抚慰臣民。”

“朕不想见那讨厌的拉美西斯纳赫，还请皇叔代为宣抚。”

拉美西斯五世的回答正中六叔的下怀， 他故作为难地说：“那臣就勉为其难吧。”

拉美西斯五世随即任命六叔为全军统帅抵制利比亚人入侵，同时委派他前往底比斯抚慰臣民。拉美西斯五世丝毫没有意识到自己犯下了致命的错误。

六叔率领大军轻松地赶走了底比斯附近的小股利比亚人， 并趁机以钱财拉拢阿蒙神大祭司拉美西斯纳赫，与他结为同盟。他并不急于将利比亚人全部赶出国境，而是拥兵自重，借口敌军强大，不断要求增兵，扩大势力。他还将忠于拉美西斯五世的高级将领逐渐换成自己的亲信， 从而牢牢控制住军队。

公元前 1145 年，海上民族再次从海上侵入埃及三角洲，由于海上民族居无定所，行动时拖家带口，同几十年前相比，他们的军事实力已大为减弱。六叔奉命率军抵御进攻，他在位于尼罗河入海口的重要港口城市希托击败海上民族，俘虏了几个重要首领并缴获大量战利品。六叔注意到，有几艘战船上装满病人，这是一种奇怪的病：病人会发烧、长满疱疹、散发恶心的气味。

“怎么回事？” 六叔将俘虏的首领召进行营询问。

“我们部落最近染上这种病，病人十天左右就死亡，谁与病人接触谁就染上，所以我们将病人放在单独的船上， 死了就扔进海里。” 首领交代。

六叔立即下令将这几艘战船继续隔离，不许任何人接近。不幸的是，一些最早登上这几艘战船的埃及军人，特别是那些抢劫病人珠宝的士兵几天后出现了病症，六叔只好将这些患病的军人隔离在另外的船上，防止疫情大规模蔓延。

傍晚时分，在亲兵的护卫下，六叔和几个幕僚在尼罗河口巡视。夕阳斜挂，余晖撒在河面，正是：“一道残阳铺水中，半江瑟瑟半江红。” 良辰美景，踌躇满志的六叔策马飞奔，春风得意。

到了入海口，一阵海风吹来打断了六叔的自我陶醉，他告诫自己：“还不是高兴的时候，登上法老之位后才算。”

他放松缰绳，让马缓缓而行，只见水边布满了战船，士兵们船上船下地忙碌，远处，几艘隔离的病号船在水面上飘荡。凝视着那几只无助的小船，六叔忽然计上心来。

他调转马头，对跟随在后的几个幕僚道出了心中的惊天之计。幕僚们神情肃穆，听完之后纷纷策马离去。

两天之后，一位心腹幕僚拿着一个高雅精致的皇家礼品盒匆匆来见六叔。六叔问道：“都准备好了吗？”

“准备好了，” 幕僚回答，“各种珍宝已由不同病人佩戴两天，包装布也与病人接触两天，现密封在这个盒子里。”

“很好。你带着我的卫兵立即出发，务必在下午赶到皇宫，将礼品盒亲手交给法老。就说，这是缴获的稀世珍宝，我不敢自留，专程送来让陛下鉴赏。”

在一队卫兵的护卫下，幕僚带着珍宝，快马加鞭赶往都城培尔—拉美西斯。一百多公里的路程，只用了四个多小时。以传递紧急军情之名，幕僚很快就被带到法老的大殿。

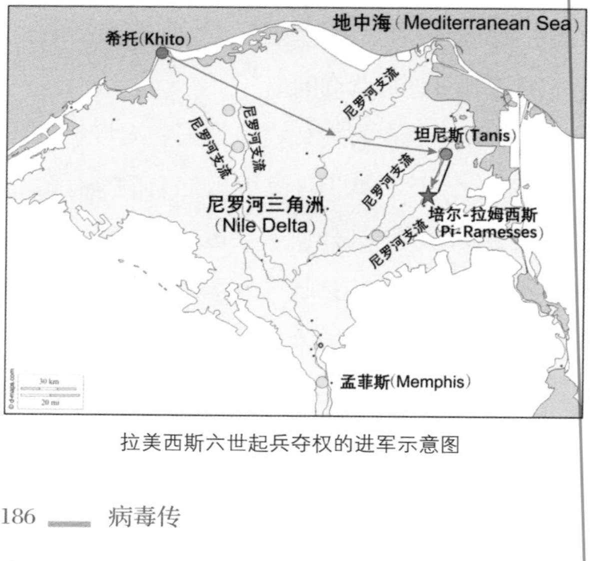

拉美西斯六世起兵夺权的进军示意图

拉美西斯五世心情极佳，他前几天就得到前线捷报，今天皇叔又专程送来缴获的稀世珍宝。从内臣手中接过礼品盒后，拉美西斯五世当即打开，并一件一件把玩，爱不释手，赞不绝口。拉美西斯五世命内臣将珍宝送到后宫，让后妃们欣赏，然后和蔼地对幕僚说："你很会办事，先下去休息，明日再来，朕也有珍宝赐给皇叔。"

一切都按预想的方式发展，幕僚心里的一块巨石落了地。出了皇宫，幕僚让一名卫兵立即回报六叔。

接下来的几天里，六叔寝食不安，坐卧不宁，在行营里焦急地等待皇宫内的消息。

第 8 天，他在宫中的线人终于传来拉美西斯五世开始发烧的消息，同时生病的还有其他后宫成员。六叔闻讯大喜，立即开始调兵遣将。他以防御利比亚人入侵为借口，将军队部署在全国所有战略要地，一旦需要，即可接管当地政权。

同时，派出一支精锐战车分队从希托出发，越过数条尼罗河支流，在离都城培尔—拉美西斯以北 30 公里的坦尼斯驻扎。

坦尼斯是一座位于尼罗河三角洲的交通重镇与军事要冲，它与都城都在河东岸，战车分队既可以在一小时内迅速进入首都应付任何突发事件，也可以扼住尼罗河渡口，保证主力大军日后顺利渡河进入都城。

一切调拨停当后，六叔、幕僚及将军们率主力大军在希托城整装待发。

拉美西斯五世起初对患病并不在意，但病情日益加重，看到宫内多人和自己患同样的病，他开始心怀疑虑。

发烧后的第三天，拉美西斯五世的病情有所缓和，他下令调查原因。

第五天，拉美西斯五世病情恶化，又开始高烧，并出现疱疹，大臣送来的报告让他万分震惊：第一，所有染病者都接触过六叔送来的珍宝。第二，一些俘虏的海上民族和前线的士兵也患有同样的病。第三，六叔已下令所辖军队以防御利比亚人入侵为借口进驻各地重镇。

拉美西斯五世怒火中烧，他万万没想到自己的叔叔竟有如此野心，下这般毒手。面对残酷的现实，拉美西斯五世强忍病痛，紧急下诏，派人去外地召回七叔（美雅图姆二世）和八叔（拉美西斯八世）。同时他下令严密封锁自己病重的消息，并派人传旨六叔自己不日将前往尼罗河口劳军，希望能暂时骗过六叔，为自己赢得时间。不幸的是，六叔多年来在皇庭内苦心经营情报网，宫中的线人已将拉美西斯五世的病情和动向及时向他通了风报了信。

时机已到，拖则生变。六叔获悉宫内情报即刻下令大军开拔，直扑皇都。他命令大军驻扎在城外，自己带着精锐卫队入城。守城的禁卫军一则没有得到阻止六叔进城的明确命令，二则也没有实力阻止他，只好眼睁睁看着六叔带着卫队直奔皇宫。六叔将卫队留在宫外，独自入宫探望拉美西斯五世。

已经生病 7 天的拉美西斯五世面部特别是两颊布满黄色疱疹，咽喉肿胀，已不能说话。见拉美西斯五世行将就木，六叔心中窃喜，他不敢靠近，远远地说了几句宽慰的话便匆匆退出，悄然回到自己在都城的府邸，等候法老的宾天。

第二天，六叔得到急报，七叔和八叔的人马已靠近都城。拉美西斯五世还在苟延残喘。为阻止他们会面，六叔当机立断，安排培植多年的高级杀手刺杀拉美西斯五世。在宫中内线的掩护下，杀手乔装成医官骗过侍卫进入拉美西斯五世的卧室。他借口给法老敷药，让其他人退出。放下帷帐后，只见拉美西斯五世昏迷着躺在床上。杀手从药箱拿出藏匿的铁锤，毫不犹豫地朝拉美西斯五世头顶猛击。一击得手，拉美西斯五世当即毙命。

“法老正在昏睡，暂时不能打搅。”杀手警告道，随即退出卧室，逃之夭夭。

六叔命令自己的大军接管城防及皇宫，然后通告全国：拉美西斯五世死于急病，遵照遗命，自己继任法老，正式成为拉美西斯六世，登上权力巅峰。

拉美西斯六世深知天花瘟疫的严重性，接管皇宫后，他立即隔离所有患者及死者。他下旨：处理拉美西斯五世遗体时要加倍小心，不准扩散感染。同时，为了防止瘟疫被带到帝王谷，拉美西斯六世下令暂时中止拉美西斯五世生前为自己在帝王谷兴建中的寝陵，在底比斯山另一处不为人知的地方重新为拉美西斯五世和其他六位死于天花的皇室成员修建陵寝。他还下令，在葬礼之后，给皇家工匠们一个月的带薪假期，让他们在家隔离。底比斯山地也对所有访客关闭 6 个月。

惊恐的祭司担心感染，在处理拉美西斯五世遗体时非常草率，既没有把内脏清理干净，也没有涂抹全部药物，而且绷带的包裹很不到位。

拉美西斯五世的新陵寝在拉美西斯六世即位 16 个月后才完工，根据埃及皇室的信仰，拉美西斯五世没有按习俗在新王即位的第 70 天下葬，这种延迟将会造成拉美西斯五世无法步入死后的生活。

拉美西斯六世后来鸠占鹊巢，将拉美西斯五世陵寝改为自己的陵寝。

拉美西斯六世依靠阴谋和残忍的手段从侄儿手中夺得帝位， 令人不齿。然而世事轮回，善恶终有报。拉美西斯六世肯定没有料到，他自己儿子拉美西斯七世的帝位也同样被叔叔（拉美西斯八世）夺走，正是以其人之道还治其人之身。

拉美西斯六世对天花病毒的妥善应对有效地防止了病毒的流行， 可圈可点。 他所采取的隔离措施至今仍是防止病毒流行最有效的方法。

第二章 “人痘”接种

游奥土，陶醉在东方。殿寺楼阁争壮丽，红颜姣面竟滑光，种痘护安康。国人惘，怪兽逞疯狂。幼女种苗说大众，挨家逐户荐新方，救世伟名扬。

（《忆江南》）

天花是人类的第一个病毒感染疾病，在弄清楚天花病毒之前，人类就在寻找预防天花感染及天花瘟疫的手段。

玛丽·沃特利·蒙塔古夫人

第一章讲到，公元前429年，希波克拉底曾以火来对抗雅典的天花瘟疫。中国晋代著名医学家葛洪(公元284—364年)《治伤寒时气温病方第十三》推荐下面天花疗方：“取好蜜通身上摩，亦可以蜜煎升麻，并数数食。又方，以水浓煮升麻，绵沾洗之，苦酒渍弥好，但痛难忍。其余治犹根据伤寒法。但每多作毒意防之。用地黄黑膏亦好。治时行病发黄方，茵陈六两，大黄二两，栀子十二枚，以水一斗，先洗茵陈，取五升，去滓，纳二物。又煮取三升，分四服。亦可兼取黄胆中杂治法瘥。”

虽然这些早期的防治方法都没有效用，但人类并未被挫折击倒，依然在不断探索。古代医生在治疗天花的过程中终于发现了天花患者的特点：人感染天花后，一旦幸存便获终身免疫。这个特性给了古代医生“以毒攻毒”的灵感。

他们给尚未感染天花的人接种天花活病毒，即“人痘”，让他们感染犯病，以主动感染获得免疫力，这类早期朴素的免疫学尝试取得了一定的成效。中国是这一医学领域的先驱。

“人痘接种术”

为了降低“人痘”的毒性，中国古代的医者们励志改进“人痘”接种的方法，包括痘衣法、痘浆法、痘痂法（时苗法）。

痘衣法很好理解，顾名思义，就是取天花患儿贴身内衣，给未出痘的小儿穿几天，以达种痘之目的。此法的安全性高，但成功率低。

人们开始使用痘浆法：将天花患者的痘浆放置被接种者的鼻腔。但因为痘浆毒性过大，转而使用痘痂（时苗）。可是，痘痂的毒性仍然非常大，痘痂导致死亡的现象也常常发生。

于是，医者们开始对时苗进行养苗和选炼，将其打造成为熟苗。使用熟苗接种，危险性大大降低。清代的《种痘心法》中说：“其苗传种愈久，则药力之提拔愈清，人工之选炼愈熟，火毒汰尽，精气独存，所以万全而无害也。”

这项技术使 20%—30% 的病死率下降为 1%—2%。在此基础上，一种起源于宋代、成熟于明清时期的“人痘接种术”（Variolation）诞生了。

中国发明“人痘接种术”之后，很快就传播到世界各地。

1688 年，俄罗斯派医生来中国学习“人痘接痘术”。不久，俄罗斯医生将“人痘接种术”传到土耳其。

1744 年，中国医生李仁山将 “人痘接种术”首次带到了日本长崎。

1790 年，朝鲜派出使者朴斋家和朴凌洋到中国北京学习，其中包括对医书《医宗金鉴》的学习，并用书中所介绍的种痘技术防治天花。

到 18 世纪中后期，“人痘接种术”已在欧亚非许多国家实行。不同的是，在亚洲种痘通常采用的是鼻腔吹入法，而在土耳其和欧洲则是采用皮肤植入法。

中国有四位清朝皇帝得过天花恶疾。其中，顺治皇帝和同治皇帝死于天花，康熙皇帝和咸丰皇帝侥幸逃过一劫，但在他们的脸上都留下天花肆虐过后的痕迹——麻子。

康熙皇帝曾在中国亲自大力推广“人痘接种术”。公元 1682 年时，康熙皇帝曾下令各地种痘。据康熙的《庭训格言》写道：“训曰：国初人多畏出痘，至朕得种痘方，诸子女及尔等子女，皆以种痘得无恙。今边外四十九旗及喀尔喀诸藩，俱命种痘；凡所种皆得善愈。尝记初种时，年老人尚以为怪，联坚意为之，遂全此千万人之生者，岂偶然耶？”

在康熙皇帝的推广下，“人痘接种术”在当时被广泛使用，极大减轻了清朝的天花疫情。

在英国，“人痘接种术”的推广则归功于一位贵族作家，玛丽·沃特利·蒙塔古夫人（Lady Mary Wortley Montagu）。

蒙塔古夫人年轻、聪明、高贵、富有，可是，患上天花之后她拥有的只有痛苦。她的皮肤布满了令人恐怖的脓肿，痒得刺心；她发着高烧，喘着粗气，精神错乱，难受地蜷缩在床上。睡床依然如往日一样奢华，床上的她却失去了往日的优雅。

时间定格在 1715 年，躺在床上的蒙塔古夫人正在饱受“斑点怪兽”天花病毒的折磨。

医生告诉她的丈夫做好最坏的打算。

玛丽·沃特利·蒙塔古夫人是一位英国贵族作家，于1689年5月15日出生于诺丁汉郡的霍尔姆·皮埃尔庞特庄园。她是伊夫林·皮埃尔庞特伯爵与第一任妻子的长女。

小玛丽天生丽质，聪明伶俐，深得周围人们的喜爱。父亲虽说每天忙于各种事务，和小玛丽相处的时间不多，但小玛丽始终是他的骄傲。小玛丽7岁时，父亲提名她为时尚奇巧俱乐部的“年度之星”。

8岁那年，父亲给玛丽聘请了一位家庭女教师。每天，在完成老师布置的各科作业后，玛丽就躲在自家的图书馆里看书。这里藏书丰富，成为玛丽获取知识的源泉。

她自学“拉丁词典和语法”，到13岁时，她的拉丁语程度丝毫不输大多数男性。当时，只有男性学习拉丁语。

玛丽也酷爱写作，她把读过的书名和人物在笔记本上列成表，边读书边做读书笔记。15岁的时候，少年玛丽创作并发表了第一部作品《诗歌，歌曲和c》。作品分为两集，里面汇集了她创作的诗歌、散文和小说。

玛丽在学业上的进步给父亲带来了额外的惊喜。

青春的玛丽不仅聪慧过人、知识渊博、多才多艺，而且气质高雅、容貌出众，身边有许许多多的追求者。1710年，两位追求者为得到玛丽的芳心展开了激烈的角逐。

第一位追求者名叫爱德华·沃特利·蒙塔古，是第一代桑德威治伯爵的孙子。从剑桥三一学院毕业后，1699年获得律师资格。爱德华不仅是一位年轻的国会议员，还是一名积极的辉格党活动家。另一位追求者是克洛沃西·斯克芬顿，爱尔兰马塞雷内子爵的继承人。玛丽本人更倾心于爱德华，她与爱德华的姐姐是闺蜜，经常在社交场合与爱德华见面，两人还互访，并通过信件交流。随着恋情不断升温，他们开始谈婚论嫁。

当爱德华信心满怀地向玛丽的父亲提亲的时候，现实给了他当头一棒。由于爱德华不能满足皮埃尔庞特伯爵在财产方面的要求，伯爵拒绝将女儿嫁给他。

更为糟糕的是，为了让女儿与爱德华彻底断绝关系，伯爵向女儿施压，要求她嫁给另一位追求者克洛沃西。克洛沃西趁机向玛丽开出了丰厚的财产保证。

玛丽面临她一生中最重要的人生抉择。何去何从？是接受命运的安排，嫁给父亲为她选择的富有的克洛沃西，还是抛弃一切，选择自己的真爱？

玛丽毅然决定跟随自己内心，和爱德华私奔，去一个可以逃脱克洛沃西的地方。父亲很固执，而世俗也将站在她父亲一边，私奔是唯一的选择。

她给爱德华送去一封加急信，她写道："我只会带着一件睡衣和衬裙来找你，这就是你能得到的一切。我把我的计划告诉了我的一位闺蜜，她答应帮助我们。如果我们第一天晚上到她那里去，她愿意把房子借给我们。……如果你决定去那位女士的家，你最好明天7点坐一辆马车过来。"

爱德华也不计后果，毅然抛弃一切，与玛丽私奔。第二天晚上，玛丽和爱德华在闺蜜家会合，将生米做成熟饭。

皮埃尔庞特伯爵对此十分震怒，但也万般无奈。对女儿的宠爱让他很快改变态度，认同了这门婚事。

1712年10月15日，玛丽和爱德华的婚礼在索尔兹伯里举行。玛丽成为玛丽·沃特利·蒙塔古夫人。

婚后，他们住在爱德华的选区亨廷顿。第二年，玛丽夫人和爱德华喜迎爱情结晶——小爱德华·沃特利·蒙塔古。

1714年，他们一家重回伦敦。玛丽夫人很快以她的才智和美貌成为上流社交圈中的名人，成为英王乔治一世和威尔士亲王举办的各类社交宴会的座上宾。她的朋友遍及艺术界、政界和教会。

天有不测风云，人有旦夕祸福。正当玛丽夫人春风得意之时，天花灾难突然降临，她挣扎在死亡的边缘。终于，幸运之神又向玛丽夫人伸出了双手，将她从天花的魔爪中解救出来。

虽然玛丽夫人幸运地活了下来，但天花使她花容尽毁，眼睛受损，她再也看不清明亮的光了。她引以为傲的长而微卷的眼睫毛也尽数脱离。天花病毒的恐怖在她心中留下了抹不去的阴影。

玛丽夫人生活的时代，正是天花威胁急剧上升的时代。从公元前430年至公元262年，天花病毒在欧洲数次大暴发，包括著名的雅典瘟疫、安东尼瘟疫和塞浦路斯瘟疫。

自塞浦路斯瘟疫之后，天花在欧洲沉寂了1000多年。但在17世纪初，天花感染开始频繁发生。现代科学研究发现，当时，一株感染力更强的天花病毒出现，它在人群拥挤的城市里传播，主要在5岁以下的儿童之间传播。在欧洲，每年约有40万人死于天花，占总死亡人数的13%。

伦敦是当时欧洲最大的城市，从17世纪中叶到18世纪中叶的百年时间里，天花对伦敦居民的生命威胁急剧增长。在17世纪中叶，天花造成的死亡人数占伦敦总死亡人数的4%。一百年后，这一比例增加到10%以上。

对5岁以下的儿童而言，天花更是致命杀手，17世纪中叶，因天花而夭折的儿童占早逝儿童总数的10%。到了18世纪中叶，这一比例为29%，增长了近2倍。同时，天花暴发的频率也从大约每4年1次增加到2年1次。就连皇室也逃脱不了天花的魔掌。

在玛丽5岁时，即1694年，女王玛丽二世（1689—1694年在位）死于天花。

在玛丽夫人的第一个孩子出生的那年，即1713年，她弟弟威廉被天花夺去了生命。玛丽夫人第一次感受到亲人死于天花的痛苦。

1716年，与天花搏斗后不久，爱德华被任命为驻奥斯曼帝国大使，负责谈判结束奥土战争。1716年8月，玛丽夫人陪同他经奥地利首都维也纳来到奥斯曼帝国首都君士坦丁堡。

对英国人来说，东方的奥斯曼帝国完全就是另一个世界，充满了神秘。在奥斯曼帝国，玛丽夫人全身心地了解这个新世界，还自学了土耳其语。

玛丽夫人惊讶地发现，当地人有美丽的皮肤，几乎所有人的脸上都没有天花留下的疤痕。不像欧洲，天花的暴发很频繁，幸存者都留下疤痕。她想知道为什么这个城市的人不感染天花。

她访问了几个奥斯曼妇女。这些妇女告诉她，她们给孩子们接种了“人痘”。她们耐心地跟玛丽夫人解释如何将人痘浆一点点刮到胳膊和腿的皮肤上，孩子们就不再感染天花了。

这一发现让玛丽夫人既震惊又兴奋，对天花有着切肤之痛的她，仿佛看到了战胜天花的曙光。

玛丽在她一系列的信件中记录了这一发现，最著名的是她 1717 年 4 月 1 日写给朋友莎拉·奇斯韦尔小姐的信。在信中，玛丽夫人详细描述了接种过程。她写道：“我要告诉你一件事，在我们英国非常致命非常普遍的天花在这里完全没有造成严重后果，因为有一些老妇人，她们把‘人痘接种’作为自己的职业。每年秋天的 9 月，当酷热消退的时候，她们聚集在一起（通常 15 或 16 个人），带着一个装满‘人痘’的坚果壳。她问你希望接种在什么地方，然后就在你选定的位置轻微切开皮肤，用一个大针将天花苗抹在划开处，几乎没有疼痛。一些信仰宗教的希腊人在前额中间、胳膊上和胸前各划开一个伤口，以象征十字架，但这样并不好，所有这些伤口都会留下小疤痕。不信仰宗教的人则选择在腿上留下疤痕，或者将疤痕隐藏在手臂上部。

“孩子们在接种后的时间里都在一起玩耍，直到第 6 天都非常健康。接着，他们开始发烧，卧床两天，很少超过 3 天。他们脸上永远不会留下印记，8 天之后孩子们痊愈如初，活蹦乱跳。每年，成千上万的人接受这种手术。”

由于政坛变故，1717 年，爱德华上任仅一年就被召回，但玛丽夫人决定推迟一年回家，这样她可以有更多的时间游览奥斯曼帝国的名胜古迹，欣赏奥斯曼帝国的秀丽风光，了解奥斯曼帝国的风土人情。

1718 年 1 月，他们的第二个孩子小玛丽在君士坦丁堡降生。小玛丽将是 1762—1763 年的英国首相夫人。

随着归国日期的临近，玛丽夫人对天花的恐惧日趋严重，她不想孩子们回到英国后蹈其覆辙，成为天花的受害者。然而，英国人又不接受“人痘”接种，甚至自己的丈夫也不支持。经过短暂的犹豫之后，玛丽夫人决心冲破世俗偏见，保护她的孩子。

1718年3月的一天，趁着丈夫外出，玛丽夫人带着5岁的儿子小爱德华去英国驻奥斯曼帝国大使馆，请外科医生查尔斯·梅特兰给他做“人痘” 接种。小爱德华是第一个接种“人痘”的英国人，当时女儿小玛丽尚在襁褓之中，还不适宜接受“人痘” 接种。

同年，玛丽夫人经地中海启航返回伦敦。当时，伦敦的天花疫情正变得越来越严重。在他们回来的一年后，英国又暴发天花瘟疫，玛丽夫人的小女儿也处于天花感染的危险之中。不得已，玛丽夫人提出了在英国推广接种“人痘”的建议，但是，她的积极提议却遭到了英国各界的抵制。

首先，信奉基督教的英国人对于信奉伊斯兰教的奥斯曼人有着根深蒂固的偏见和歧视，他们不屑于向奥斯曼人学习。其次，医生们不愿意看到财路断绝，他们虽然不能医治天花，却漫天要价开处方，从中赚大量钱财。另外，出于对女性的歧视，他们不能容忍让一位女性来改变他们男人的思想与行为。

重重阻力下，“人痘”接种迟迟不能在英国实行和推广。

1721年，一场更为严重的天花瘟疫席卷英国。那一年，1月的英国异常温暖，天花似乎 “像毁灭天使一样出现”。

玛丽夫人为了保护女儿小玛丽免遭感染，把女儿和自己关在家里，她只能从仆人那里了解疫情和外面的消息。

在瘟疫肆虐的头几个月，玛丽夫人就失去了一个年轻的表妹，以及她的好朋友和邻居。她悲痛、恐惧和愤怒。她害怕女儿感染天花，她对英国医疗界的顽固、自私和不作为感到愤怒。

“不能再等了。” 玛丽夫人决定采取行动。

她要让3岁的女儿得到保护，她要让成千上万的英国人得到保护。

为了让英国社会接受天花接种，玛丽夫人选择公开为她的女儿小玛丽进行 “人痘” 接种。

她写信给梅特兰医生，让他尽快赶到伦敦，但刻意把原因说得含糊不清，以防她的信被截获。

梅特兰医生到达后，玛丽夫人才告知真相。梅特兰医生显得很紧张。一方面他担心自己的职业声誉受影响，另一方面他注意到玛丽夫人的丈夫不在场，更担心他不赞成。但玛丽夫人态度坚决，不给梅特兰医生任何退缩的机会。玛丽夫人邀请了政府要员、社会名流、医学界人士以及国王的私人医生前来观摩这次接种。在万众瞩目之下，梅特兰在小玛丽的手臂上划开一条浅浅的伤口，将“人痘”涂抹在伤口上。

梅特兰医生密切观察小玛丽的反应，将小玛丽与自然感染天花的患者进行比较（今天，这个过程被广泛称为临床试验）。接种后的小玛丽状况良好，只是发低烧和在皮肤上出现了一些无害的斑点。10 天之后，小玛丽就完全康复。玛丽夫人再次邀请曾观摩小玛丽“人痘”接种的各界人士核查小玛丽的康复状况。活蹦乱跳的小玛丽完全不知道她是社会关注的中心，更不知道自己是第一个在英国国土上接种“人痘”的人。

小玛丽公开接种“人痘”的成功，打破了英国医疗界抵制“人痘”接种的坚冰，也极大增强了玛丽夫人在英国推广“人痘”接种的信心。

玛丽夫人决定再接再厉。她敏锐地发现走上层路线可以事半功倍。她首先寻求威尔士王妃安斯巴赫的卡罗琳的支持。卡罗琳王妃清楚知道女王玛丽二世 20 多年前年纪轻轻（32 岁）就死于天花，她衷心希望皇室成员，特别是自己的两个孩子能够免受天花之灾。于是，她与玛丽夫人结成同盟，共同

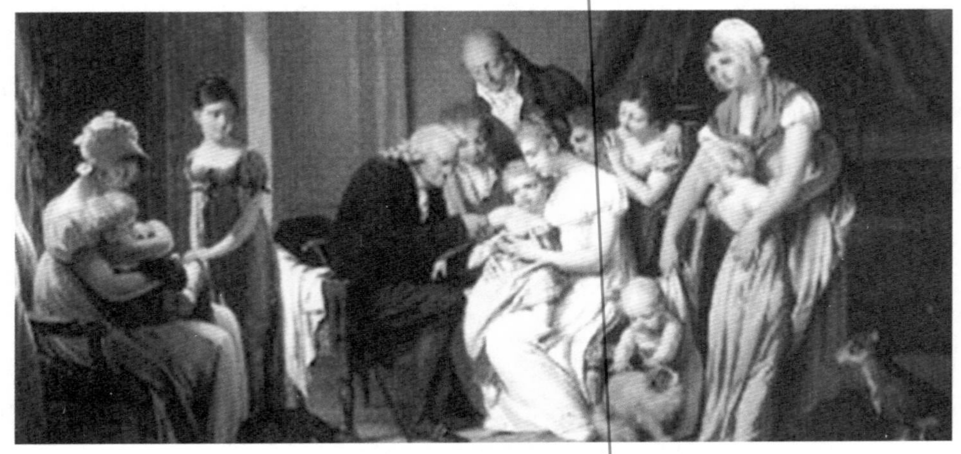

医生公开为小玛丽接种“人痘”

推动“人痘”接种。

1721年8月9日，卡罗琳王妃授予梅特兰医生皇家许可证。在纽盖特，梅特兰医生对6名死囚进行“人痘”接种实验。如果这些囚犯同意这一皇家试验，他们将得到完全赦免。皇室的医生以及皇家学会和医师学院的25名成员观察了这次实验。6名囚犯都活了下来，获得释放。其中一名囚犯被特意安排与两名天花儿童接触，结果他未被重新感染。这充分证明他接种“人痘”后产生了抗天花的免疫力。

后来，梅特兰医生在伦敦为6名孤儿院儿童做了“人痘”接种，也都获得成功。

这些成功使得卡罗琳王妃深信“人痘”接种的安全性和有效性。在王妃的首肯下，1722年4月17日，梅特兰医生成功地为她的两个女儿做了“人痘”接种。毫不奇怪，在这次成功之后，“人痘”接种得到了社会普遍认可。

然而，新生事物不会一帆风顺。英国医学界在无法阻止“人痘”接种后，千方百计将“人痘”接种复杂化，规定只有医生才能操作“人痘”接种这种“大手术”。

伦敦有一位著名的医生名叫詹姆斯·基思，在1717年的天花疫情中，他失去了两个儿子。现在，他唯一幸存的小儿子彼得也面对天花的威胁。为了保护彼得，基思医生请梅特兰医生为彼得接种“人痘”，但基思医生坚持在接种前先要给彼得放血，美其名曰排除体毒。尽管玛丽夫人和梅特兰医生知道这没有必要，但是出于对基思医生的尊重，接受了他的要求。彼得在放血后，“人痘”接种也获得成功。

在这之后，英国医学界坚持接种“人痘”前必须先给患者放血，同时要求增大和加深切口，增大接种量。医生希望将“人痘”接种变为他们的专利，收取高额费用。

讽刺得很，“人痘”接种简便易行，在奥斯曼帝国，一些老年妇女都能做，并不需要由医生操作。再者，放血之后，受种者身体极为虚弱，对天花病毒的抵抗力明显下降。过量的接种也增加患者感染天花的机会，最终造成接种失败。当时，英国人因接种“人痘”后感染天花甚至死亡的真正原因是放血而非“人痘”接种本身。

不巧的是，梅特兰医生给一个孩子接种“人痘”后，孩子家的6个仆人在女孩生病和康复期间感染了天花。反对派人士借机发难，一些牧师声称“人痘”接种违背了上帝的意愿，会遭到上帝的惩罚。一些医生则片面夸大“人痘”接种的危险性，试图将这项有益于人类的创新疗法扼杀在摇篮中。

面对英国医疗界的守旧、自私和贪婪，玛丽夫人十分痛心。其实，早在君士坦丁堡的时候，玛丽夫人就已经预料到来自医疗界的阻力。她在给朋友的信中写道：“我是一个爱国者，将不遗余力地把这项有用的发明（‘人痘’接种）在英国推广。如果我能够在英国找到一些品德高尚的医生，他们愿意为了人类的利益而损失自己的部分收入，我一定会写信给他们，让他们在英国推广这项发明。但我知道，大多数医生不会放弃他们的经济利益，他们会敌对‘人痘’接种。如果我能活着从奥斯曼回来，我不会屈服于他们的淫威，我会鼓足勇气向他们开战。我一定会让你在心中敬佩你朋友的英雄主义精神。”

玛丽夫人决心实践自己的诺言，向医生开战。玛丽夫人化名向报社投稿抨击英国医疗界。

在一篇题名为《一个奥斯曼商人接种“人痘”的简单报道》的文章中，玛丽夫人为“人痘”接种辩护，她列举大量的事实证明“人痘”接种的必要性、可行性和重要性。她无情地抨击了在英国医疗界强行推行的错误接种方式。玛丽夫人的文章言辞犀利，证据充分，逻辑性强且充满激情，深受广大读者的喜爱。她的文章表明她充分了解当代医学的进展，了解英国医疗界现状，并有完整的推广“人痘”接种的策略。

接下来的几年里，玛丽夫人身体力行，带着医生走家串户，登门提供“人痘”接种。年幼的小玛丽通常跟随着妈妈穿梭于各个家庭之间。她后来在回忆录中写道，“我们一路上遭遇了许多白眼，那些持怀疑态度的旁观者对我们表现出厌恶和不屑一顾的态度”。

玛丽夫人对自己的这段经历感慨万分，她告诉她的家人，她完全没有想到这项任务是如此艰巨，如此遭人嫉恨。

玛丽夫人为推广“人痘”接种、挽救生命作出了不朽的贡献，同时，为后来的“牛痘”接种奠定了基础。很难想象，在英国若没有推行“人痘”接种，爱德华·詹纳（Edward Jenner）医生能够凭空发明出“牛痘”接种。

玛丽夫人纪念碑（温特沃斯城堡花园）

玛丽夫人纪念碑（利奇菲尔德大教堂）

在英格兰南约克郡的温特沃斯城堡花园（Wentworth Castle Gardens）里耸立着一座方尖形纪念碑，以纪念玛丽夫人为促进“人痘”接种所做的努力。该碑建于1747年，是英国最古老的非皇室女性纪念碑。

1789年，玛丽夫人的侄女亨利埃塔·英格夫人，在利奇菲尔德大教堂（Litchfield Cathedral）也为她竖立了一座纪念碑。碑文如下：

“（她）很高兴地将‘人痘’接种术从奥斯曼引入英国。为了确认它的功效，她首先在自己的孩子身上接种并取得成功。然后，她将‘人痘’接种术推荐给她的同胞。因此，通过她的榜样和建议，我们减弱了天花的毒力，逃脱了这种恶性疾病带来的危险。”

玛丽夫人的业绩同纪念碑一样长存人间。

第三章　天花疫苗

自幼走田原，鸟语虫喧。鹊鸠迷案化佳谈。长恨天花难驾驭，欲闯雄关。
挤奶女儿娟，牛痘因缘。疫苗首创敢为先。广散新疗何记利，功盖人间。

（《浪淘沙》）

英国西南部流淌着英国最长的河流塞文河。

塞文河自北向南经格洛斯特郡注入布里斯托尔海峡，在接近入海口格洛斯特处，河面逐渐变得宽阔。

河东岸的一个小山地上坐落着一个古老的小镇伯克利（Berkeley），该镇以伯克利城堡而著名。雄伟的城堡被美丽的田园风光环绕着，淡紫色的石墙在阳光下格外华丽。

爱德华·詹纳

英王爱德华二世（1307—1327 年在位）曾被监禁在伯克利城堡并惨遭杀害。

1796 年 5 月 14 日那天，詹纳将要做一件亘古未有之事。他要证明，接种"牛痘"，可以预防天花感染。镇里的许多人都抱着好奇之心，早早赶到詹纳家门前，等着观看詹纳的实验。

伯克利城堡

詹纳故居

历史表明，这个实验造福人类，并将永垂史册。

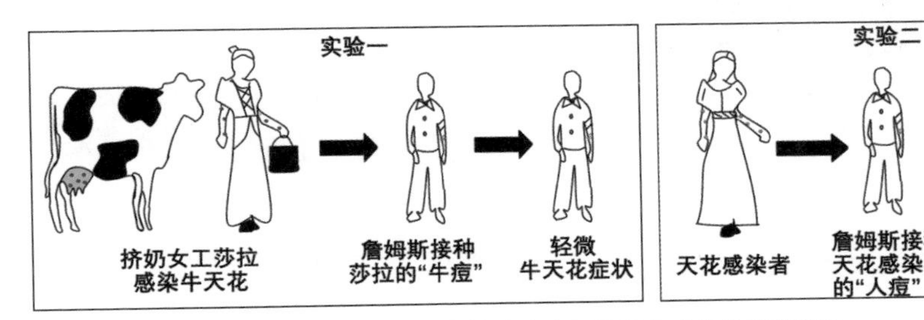

詹纳为詹姆斯接种牛痘预防天花感染的经典实验

当时，一位年轻的挤奶女工莎拉·内尔姆斯（Sarah Nelmes）刚刚感染牛天花，即牛痘（Cow Pox），胳膊上有牛天花感染引起的脓疱，可以提供牛痘的脓液。詹纳选中了活泼爱动的8岁男孩詹姆斯·菲普斯（James Phips），他是詹纳家的花匠的儿子。詹纳跟花匠详细解释了他的思路和方法。他告诉花匠:“我可以肯定，接种‘牛痘’比接种‘人痘’要安全得多。原因有两个:第一，人感染了牛天花后不死亡；第二，所有感染过牛天花的人都没有再感染天花。”

出于对詹纳的一贯信任，花匠欣然同意让自己的儿子成为“牛痘”接种第一人。詹纳对花匠一家的支持深为感激，在实验成功后，詹纳出资为花匠一家购买了一套农房。

只见詹纳小心地在詹姆斯的双臂上划开小口，然后从莎拉的脓疱里取出

詹纳为詹姆斯·菲普斯接种牛痘

一些脓液，涂抹在詹姆斯的伤口上。接种很简单，一会儿就结束了。

在随后的几天里詹姆斯开始发烧，感觉不适。詹纳对此并不特别担心，因为这是预料之中的反应。詹姆斯并没有发生严重感染，这让詹纳十分欣慰和深受鼓舞。

10 天以后，所有的症状都消失，詹姆斯身体恢复正常。初战告捷，但詹纳知道现在还不是庆功的时刻，因为到目前为止，这一实验只是证实了接种“牛痘”的安全性。

接下来的实验二才是关键所在，詹纳必须证明接种“牛痘”后可以防止天花感染。7 月 1 日，詹纳开始了他的决定性实验，他再次为詹姆斯接种，但这次接种的是来自天花病人的剧毒脓疱，即“人痘”。

接种之后，詹纳有些忐忑不安，每天仔细检查詹姆斯的身体状况，确定他是否感染天花。一天过去了，两天过去了，一周过去了，詹姆斯安然无恙，未出现任何天花感染，也没有任何不适，这让詹纳信心倍增，感到胜利已经触手可及。8 天过去了，9 天过去了，詹姆斯依然活蹦乱跳。两周过去，詹姆斯没有任何感染的迹象。

“成功了！成功了！”詹纳激动万分。

詹纳证实接种“牛痘”可以完全防止天花感染。这是一个划时代的发现，这是人类文明的一次飞跃。肆虐人类几千年后，天花，这个斑点怪兽的末日就要来临。因为这一历史性的发现，詹纳被称为“免疫学之父”。

詹纳如何一步一步走来，完成这一伟大发现？

父母早逝 经历悲欢

塞文河畔的伯克利小镇

1749年，5月的伯克利，春意正浓，塞文河在朝霞的辉映下缓缓地流淌，山花和野草在清风中摇曳，树林里不时传出几声布谷鸟的鸣唱。清晨的伯克利小镇尚未从沉睡中苏醒，一片安详。

“哇！”一声婴儿的啼哭从镇子里的一座小院里飞出，回荡在小镇的天空，打破了小镇的宁静。

哭声来自斯蒂芬·詹纳牧师家的院落，他和妻子莎拉的第八个孩子爱德华·詹纳刚刚降生。詹纳牧师记下了这一愉快的日子，1749年5月6日。

小爱德华降生在一个温暖的大家庭，他最喜欢追逐哥哥姐姐，嬉戏玩耍。然而，正当小爱德华生活得无忧无虑时，父亲突然一病不起，医治无效，不幸去世。大家庭一下子失去了主心骨。

祸不单行，母亲由于悲伤过度，也在同一年撒手人寰，留下9个孩子相依为命。

这年，小爱德华才5岁。

小爱德华只得由成年的哥哥抚养，哥哥跟爸爸一样也是一位牧师。

8岁那年，小爱德华开始在离家10公里的沃顿安德艾吉上小学。一年后，哥哥送他到40公里外的西赛伦塞斯特文法学校寄读，接受系统教育。

爱德华特别喜爱博物学，对大自然的热爱和好奇驱使他经常和同学一起深入大自然，收集化石和燕窝，而且，他还经常独自一人长时间在野外观察野生鸟类的习性。逝水流年，7年美好的校园生活很快就结束了。1765年，爱德华·詹纳以优秀的成绩完成学业。

7年的学习和实践更加坚定了他对自然科学的热爱，也为他的人生打下了坚实的基础。7年的住校，詹纳与同学们朝夕相处，结下了深厚的友谊。其中，卡勒布·帕里和约翰·克林奇与詹纳惺惺相惜，最为要好，成为终身挚友和同行。詹纳后来将自己的著作《探究天花疫苗——牛痘》第一版献给了卡勒布·帕里。约翰·克林奇移居纽芬兰（1948年加入加拿大），在那里推广"牛痘"接种，成为美洲第一个接种"牛痘"的人。

这个时期对詹纳一生影响最大的事件是天花瘟疫。从玛丽夫人的故事中我们已经知道，接种"人痘"可以显著降低天花感染引起的死亡，但也存在风险。首先，接种本身因操作或用量不当会造成0.2%的人死亡；其次，接种"人痘"的人可以将天花传染给他人，所以，接种后必须进行严格隔离。

挤奶姑娘

8岁时，詹纳接种了"人痘"，对身体造成了很大的伤害，一年以后才完全康复。目睹大批的人因接种"人痘"毁容、致盲及死亡，詹纳对"人痘"接种又爱又恨。

临毕业前的一件事令詹纳难忘。一天，詹纳和同学在野外寻觅化石时来到一家奶牛农场，接待他们的是一位年轻美丽的挤奶姑娘。挤奶姑娘俊俏的脸盘白里透红，皮肤光滑整洁，没有一丝天花疤痕。完美的皮肤在天花盛行的 18 世纪的确是女孩子的一份傲人资本。挤奶姑娘看见詹纳和同学吃惊和迷惑的样子，骄傲地告诉他们，“我感染过牛天花，再也不会感染天花。我的脸上永远不会留下天花的疤痕”。

姑娘无瑕的皮肤和这句话深深地印在了詹纳的脑海里。

行千里路　读万卷书

光阴飞逝，学业完成，詹纳也正式告别了他的少年时光。

詹纳想学医，请求哥哥送他去药剂师乔治·哈德威克那里当学徒。哥哥欣然同意，花了 100 英镑（相当于现在的 1.4 万英镑）将他送到 20 里外的奇平索德伯里继续学习。大约一年之后，詹纳就转到当地的著名外科医生丹尼尔·鲁德洛手下学习外科。在当时的英国，通过学徒制来培养外科医生，医学医生的培养则需要进大学。

在那些日子里，没有医学期刊，但乡村医生们通过定期聚会来交流彼此的发现，或者就自己遇到的疑难杂症征求同行的意见。鲁德洛医生和他的药剂师弟弟经常参加这些聚会。虽然詹纳作为未出师的学徒没有资格参加，但鲁德洛医生回来后总是将聚会上听到的重要的或有趣的事情说给詹纳听。

1768 年的一天，鲁德洛照例去一家名为“船”的饭店参加医生聚会。回来后，鲁德洛异常兴奋，叫来詹纳，给他讲述昨晚听到的一个非常有意思的病例。

10 公里外有个小镇叫桑伯里，那里的一位乡村外科医生约翰·弗斯特，在给农民们接种“人痘”时发现了一个新情况。一位农夫连续接种了几次“人痘”都未造成局部感染。当时，判断接种是否成功根据一项指标：“人痘”是否在接种处（通常是手臂）造成局部感染，若没有，说明接种失败，需要重新接种。弗斯特医生怀疑该农夫可能以前感染过天花，但是农夫向他保证自己从未感染过天花，但农夫说:“我最近感染了牛天花，反应还很严重。”

“难道感染牛天花可以预防天花？”农夫的话让弗斯特非常震惊。

鲁德洛导师的故事在詹纳心中引起巨大反响，他立即想到挤奶姑娘的话，看来挤奶姑娘并非在信口开河。詹纳对于牛天花和天花的兴趣更加强烈，揭开二者之间的秘密成为他一生的追求。

由于勤奋，詹纳只用 5 年就完成了原本需要 7 年的外科学徒生涯，有幸成为圣乔治医院的外科医生约翰·亨特的学生。

1770 年，21 岁的詹纳告别家乡，来到首都伦敦进一步深造。

亨特是一位知名的外科医生、比较解剖学家（Comparative Anatomist）和医学科学家，对实验抱有浓厚的兴趣。他因发展和推广以科学为基础的手术技术而广受赞誉，成为国王专聘的外科医生。由于在生物学和医学上的成就，亨特被选为皇家学会的会员。皇家学会是英国最重要的科学学会。

约翰·亨特

在伦敦期间，在亨特的建议下，詹纳除了进行外科手术研究外，还接受生物学方面的训练。亨特经常告诫詹纳，“别只是去想，动手去做”。这句话日后成为亨特最著名的座右铭。

1771 年，詹姆斯·库克船长完成了第一次太平洋探索，胜利归来。在这次探险中，他们第一次登陆澳大利亚东南海岸。跟随探险的植物学家约瑟夫·班克斯，在澳大利亚和其他海岛收集了大量生物标本。在亨特的推荐下，詹纳负责协助对这些生物标本进行分类 。由于詹纳的忘我工作精神和丰富的专业知识，他被推荐担任库克船长第二次太平洋探险之旅的博物学家，但詹纳谢绝了这一邀请。

在亨特的指导下，詹纳不仅在临床外科方面取得了长足的进步，在科学研究上也打下了坚实的基础。在亨特实验室里做实验时，詹纳设计了一种改进制备吐酒石（酒石酸锑钾，Potassium Antimony Tartrate）的方法。当时吐酒石在医学上用作催吐和祛痰剂。1906 年，科学家发现吐酒石可用来杀死人体内的寄生虫。

1772年年底，詹纳即将结束在亨特指导下的深造。何去何从，詹纳面临一次重要的选择。一所德国大学医学系邀请詹纳加盟，并许诺授予他医学学位。英国政府也希望聘请他在英属印度的医疗机构任职。亨特也给詹纳提供了在英国从事解剖和外科的机会。

面对这些诱人的机会，詹纳当然心动，然而，回到生于斯长于斯的伯克利是来自他的心灵深处的呼唤，他无法割舍那片生机勃勃的大自然。最让他梦牵魂绕的还是牛天花与天花之间的秘密。他的脑海总是闪现出挤奶姑娘光洁的脸庞，农夫对“人痘”接种不起反应的手臂，还有天花幸存者失明的双眼、布满疤痕的皮肤。詹纳义无反顾地踏上了归乡之路。

亨特与詹纳亦师亦友，在詹纳离开后，他们始终保持着密切交往。

1773年詹纳回到家乡，在伯克利开设了自己的医疗门诊部，接待各种病人，无论是外科还是内科。他的善良让他深受人们的喜爱，来他的诊所求医的人络绎不绝。詹纳严谨的工作态度、丰富的医学知识和高超的外科技术在伯克利一带留下了很好的口碑。他的行医生涯开门大吉，一帆风顺。

除了行医看病，詹纳仍然保持着对医学研究的强烈兴趣。他和其他医生组建了格洛斯特郡医学会。由于医学会总是在羊毛旅馆的客厅里聚餐、研讨，医学会又被称为羊毛医学会（Fleece Medical Society）。成员们一起边吃饭边阅读医学方面的科研论文。詹纳还经常挑起牛天花与天花的议题，希望能从同行那里获得新的信息。

詹纳自己也相继发表了关于心绞痛、眼科和心血管疾病的论文。

詹纳也经常给人接种“人痘”，他自己也观察到，感染牛天花的人接种“人痘”后，手臂接种部位没有反应，说明这些人已经可以抵抗天花。

在羊毛医学会的聚会上，詹纳总是充满激情地谈论牛天花与天花的联系，甚至提出“牛痘”可能预防天花的话题。每当这时，气氛变得很热烈，大家七嘴八舌发表自己的看法，有支持他的，也有反对他的，甚至嘲笑他的。詹纳毫不气馁，“牛顿科学地思考掉落的苹果，结果发现了万有引力定律；瓦特科学地思考了蒸汽掀起的水壶盖，发明了蒸汽机”。

预测是科学理论的一部分，许多科学家都作出了预测：哈维预言了毛细血管的存在，哈雷预言了哈雷彗星的回归。

詹纳坚信牛天花里一定隐藏着天花的秘密。

1780 年，他在给好友爱德华·加德纳的信中写道："我正在做的是一个最重要的事情，我坚信它将造福人类……如果在我的实验中出现任何意外，我一定会成为大众，特别是我的医学界的弟兄们嘲笑的主题。"

詹纳不为所动，依然以前所未有的热情投入"牛痘"与天花的研究。许多具有划时代意义的新生事物都遭到了阻挠和反对，伽利略、布鲁诺、哥白尼、哈维和达尔文等都曾被嘲笑过。

工作和医学活动之余，詹纳还给自己留下了充足的闲暇时间继续各种业余爱好。他经常走进大自然观察野生鸟类的习性，到乡村音乐俱乐部演奏长笛，还时不时地写诗。他的诗歌《对知更鸟的讲话》（*Address to a Robin*）和《雨的迹象》（*The Signs of Rain*）自然淳朴。

当他过得顺风顺水、美好惬意的时候，他心仪的女神拒绝了他的求爱，这让詹纳倍感挫折，心灰意冷。他沮丧地将这一插曲写信告诉了他的恩师、挚友亨特医生。收到信后，亨特医生马上给詹纳回信，宽慰詹纳，"……让她走吧，别在乎她"。

为了让詹纳忘掉失恋的苦涩，亨特特地寄来温度计，要詹纳帮他观察冬眠的鸟类习性。

詹纳从小喜爱观察野生鸟类的生活习性，爽快地答应了。

鸠占鹊巢　千年谜案

杜鹃鸟趁其他鸟巢的主人外出觅食之际，偷偷将蛋产在其他鸟的鸟巢中，让鸟巢的主人代为孵化和养育。

人类很早就观察到鸠占鹊巢这一自然现象。三千年前，《诗经》就有记载，在《国风·召南》中收录有描述鸠占鹊巢的一首乐歌《鹊巢》，"维鹊有巢，维鸠居之"。在这里，鸠是指俗称布谷鸟的杜鹃鸟。

杜鹃鸟有150多种，其中三分之一以这种损人利己的巢寄生（Nest Parasite）方式繁殖后代：供杜鹃鸟巢寄生的鸟类多达120多种，多属体型较小的莺、雀，也有体型中等的喜鹊。

树篱麻雀

雀蛋和一枚大的杜鹃蛋

杜鹃鸟

虽然大家对“鸠占鹊巢”这一成语非常熟悉，但对鸠占鹊巢的过程中发生的谋杀案可能并不了解。

杜鹃鸟将蛋产在鹊的巢中，由鹊妈妈孵化，小杜鹃比小鹊先出壳，它们一出生就干坏事，使出全身的力气将鹊蛋推出巢，造成蛋破碎，雏鹊死亡。

谁是元凶一直是一个谜。元凶不是生蛋的母杜鹃，因为她生完蛋后就没有再回来。更不会是母鹊，她们精心孵化鸟蛋并喂养幼鸟。也没有人认为是刚孵出的小杜鹃，因为小杜鹃眼睛都没睁开，也没力量。

那么到底谁是元凶？最终詹纳解开了这个千年之谜。

詹纳选择树篱麻雀（Hedge Sparrow）的鸟巢作为观察的主要对象，同时兼顾观察其他几种鸟巢。詹纳发现，在小杜鹃鸟孵化出来之前，巢外没有破碎的树篱麻雀蛋和摔死的雏雀。当巢外有破碎的树篱麻雀蛋和摔死的雏雀时，巢内总有看似无辜的小杜鹃鸟。

“难道是小杜鹃鸟在干坏事？”詹纳开始怀疑。

为了证实自己的怀疑，詹纳做了一个实验。首先，他将未被摔死的雏雀和完整的雀蛋放回巢中，第二天他发现雏雀和雀蛋又被推出雀巢。但是，当詹纳将小杜鹃鸟从巢中移走后，再将雏雀和雀蛋放回巢中，他发现接下来的几天里，雀蛋和雏雀安然无恙，一直安全留在巢中享受父母照料。

原来小杜鹃鸟是元凶！

可是，连眼睛都尚未睁开的小杜鹃鸟又是如何行凶的呢？詹纳决定全程观察，令人难以置信的一幕展现在他眼前：

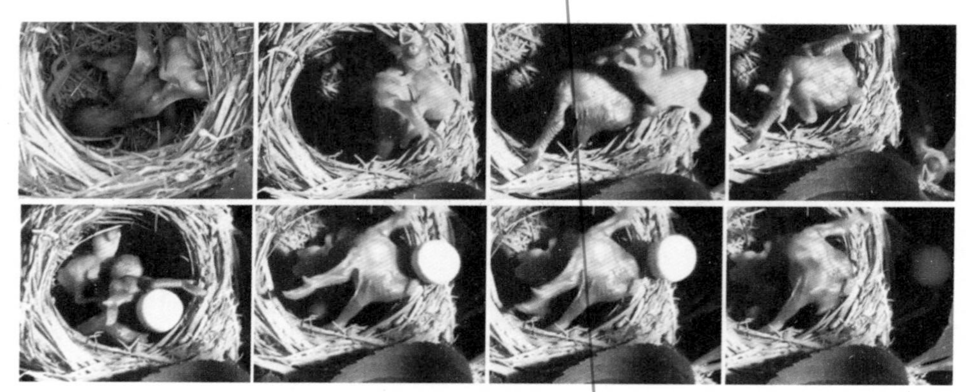

小杜鹃鸟从雀巢中推出雏雀和雀蛋

在树篱麻雀妈妈离巢寻找食物期间，小杜鹃鸟立即开始行动。只见它背朝天，用臀部和翅膀将雏雀或雀蛋安放在背上，倒退着爬上巢穴的顶部，喘口气后，猛地抖动翅膀将雏雀或雀蛋向后甩出。

确定雏雀或雀蛋已不在背上，小杜鹃鸟气喘吁吁地回到雀巢底部，养精蓄锐后，继续做坏事，直到雏雀和雀蛋一一被扔出雀巢。它的行动也有失手的时候，有时爬到一半，雏雀或雀蛋就从背上滑落下来，但小杜鹃鸟从不气馁，一遍又一遍地试。

于是，詹纳对雏杜鹃的身体构造进行检查，发现刚孵出的小杜鹃鸟已进化出抛蛋和抛雏雀所需的特殊结构。与其他新孵化的鸟类不同，小杜鹃鸟从肩胛骨向下的背部非常宽阔，中间有相当大的凹陷。这种凹陷特别适合将雏雀或雀蛋稳固在背上。神奇的是，当小杜鹃鸟长到大约 12 天大时，这个凹陷就消失了，因为它也早已完成谋杀行动。

至此，由“鸠占鹊巢”引发的千年谋杀案宣告侦破。詹纳的发现发表在 1788 年的皇家学会《哲学交流》上，他因这一学术成果当选为英国皇家学会会员。

失之东隅　得之桑榆

1783 年，欧洲掀起了一场气球飞行热潮。6 月 5 日，蒙哥菲尔兄弟在法国国王路易十六和王后面前展示载动物热气球飞行。随热气球升空的是一只羊、一只鸭和一只公鸡 。飞行持续了大约 8 分钟，高度 460 米，距离 3 公里，飞行后安全着陆。

蒙哥菲尔兄弟再接再厉于同年 11 月 21 日，成功飞行了第一次载人的无绳热气球。

与此同时，另一对兄弟，罗伯特兄弟，为查尔斯教授制作了一个载人氢气球。几天后的 12 月 1 日 ，查尔斯教授成功飞行了 2 小时 5 分钟，高度达 550 米，距离 36 公里。

蒙哥菲尔兄弟的第一次热气球飞行

法国的气球飞行热潮很快就传到英国，不过，英国人对无人气球飞行更感兴趣。

1783 年 11 月，伦敦出现了无人气球飞行。次年，詹纳的少年好友佩里医生，在巴斯发射了一个氢气球，它直径 17 英尺，由涂漆丝绸制成，飞行了 19 英里。

受佩里成功的鼓舞，詹纳决定亲自尝试这个实验。他写信给佩里咨询制作氢气球的步骤，并敦促佩里届时来伯克利观看，顺便还要了一段做气球的丝绸。

1784 年 9 月 2 日下午 2 点，詹纳从伯克利城堡的院子里发射了他的氢气球。气球缓缓向东北飞行了 17 公里，降落在金斯科特庄园的一片田野里。

正是秋收季节，在田野里收割庄稼的农民们被这突然飞来的庞然大物吓住了，大家一时都不敢动弹，也无人敢靠前查看这个不明飞行物。

当庄园的大小姐凯瑟琳·金斯科特(Catherine Kingscote)，闻讯前来查看时，詹纳和他的朋友们也正好乘马车赶过来取氢气球。

看见詹纳第一眼，凯瑟琳就对他留下了很好的印象。那天，詹纳穿着一件带黄色纽扣的蓝色外套，鹿皮、抛光良好的带银色马刺的骑师靴，头戴一顶宽边帽，手里拿着一根带银柄的漂亮马鞭。

詹纳更是被凯瑟琳迷人的容颜、身材和举止深深吸引。她碧绿的眼睛清澈透亮，穿着一条淡天蓝色真丝连衣裙，婷婷玉立，妩媚动人，詹纳封存了6年的激情又开始荡漾。

詹纳深吸了一口气，然后迈步走向凯瑟琳。

“非常抱歉，打扰了！”詹纳微鞠一躬。

然后，向凯瑟琳详细地解释了事情的原委。詹纳磁性的声音、亲切的语调和娓娓动听的叙述，激起了凯瑟琳对氢气球的极大兴趣，她邀请詹纳一行人到家中喝茶休息。

在家中，凯瑟琳热情地接待了詹纳和他的朋友。

为了有机会再见到凯瑟琳，詹纳用请求的口气问凯瑟琳：“我们下次可以从你的庄园发射氢气球吗？”

“当然可以。欢迎欢迎！”凯瑟琳爽快地同意。

朋友们从詹纳与凯瑟琳对视的目光中看到了浓浓的爱意，更是兴奋万分。

鸟唇山上的“气球酒馆”

第二天上午，在浪漫的气氛中，氢气球冉冉升到空中。升空的氢气球载着一首美丽的诗章，这是詹纳的朋友爱德华·加德纳特别创作的，用来献给詹纳的新恋人凯瑟琳。气球一直飘出30多公里，降落在鸟唇山的山坡上。

为了纪念詹纳，人

们在那里修建了一家酒馆，取名为“气球酒馆”（Air Ballon Pub），酒馆开业至今已200多年，一直生意兴隆。

詹纳与凯瑟琳的爱情迅速升温，很快就到了谈婚论嫁的时候。他们买下了伯克利城堡北边一栋优雅的二层住宅，住宅完美地两侧对称，为典型的安妮女王风格。

1788年3月，詹纳与凯瑟琳正式成婚，开始了幸福的家庭生活。前面提到1788年詹纳当选为英国皇家学会会员，新婚之年获此殊荣，可谓双喜临门。

婚后第二年，他们的长子小爱德华·詹纳出生，亨特成为他的教父。

厚积薄发　一举成功

在詹纳之前，人们似乎已经明白，牛天花和天花之间存在一种神秘的联系。

在查尔斯二世（1660—1685年在位）时期，宫廷美女羡慕乳品女佣，因为乳品女佣感染牛天花，就不会再感染天花。挤奶女工也不感染天花。

1769年，一位德国人波塞（B'ose）写了一篇关于牛天花感染可以保护人类免受天花感染的文章。

1774年，一位农夫本杰明·杰斯蒂（Benjamin Jesty）给他的妻子和三个孩子接种了“牛痘”，之后他们没有一人感染过天花。

本杰明·杰斯蒂

20年后，詹纳第一次以科学方法系统性地研究并证明接种“牛痘”可以预防天花感染。

不主张“牛痘”接种的医生也看到一些牛天花患者对天花有免疫力，但他们觉得“人痘”接种术已经大大改进，毒性已经显著降低。确实，在有经验的医生手中，“人痘”接种后的死亡率不到2%，大约20%的患者在接种部位只有一个小疤痕。尽管接种“人痘”存在导致天花流行的风险，但那时医生已经知道如何通过隔离进行预防。所以，他们不认为接种“牛痘”比“人痘”好。

弗斯特直言不讳地说，“我认为感染牛天花通常比接种‘人痘’严重得多。我看不出接种‘牛痘’有什么好处”。

詹纳不同意弗斯特医生的观点，原因有三：

1. 即使牛天花的临床症状也导致脓疱和发烧，但不造成死亡，而改进后的“人痘”接种仍然有可能导致死亡，可见，牛天花对人的毒性远远小于“人痘”接种；

2. 另外，万一接种“牛痘”造成牛天花，也不会在人之间传播；

3. 鉴于牛天花对人的毒性远远小于人天花，接种“牛痘”一定比接种“人痘”更安全。

有些医生对“牛痘”不感兴趣，他们认为接种“牛痘”不能有效防止天花，因为在他们的病人中，许多都说自己曾感染过牛天花，但接种“人痘”后，手臂接种处仍然有局部感染，说明他们不能预防天花。为了解释这个现象，詹纳花了十几年的时间，从临床的角度寻找答案，他发现三种不同的症状：

症状一，真正的牛天花感染主要局限在牛的乳房区域，引起乳头的糜烂性溃疡。

症状二，而第一种假牛天花感染没有典型的牛天花引起的糜烂性溃疡。

症状三，第二种假牛天花感染虽然引起糜烂性溃疡，但糜烂性溃疡会扩散到乳头之外。

熟悉这些不同的症状后，詹纳就能够很容易地分辨出真假牛天花感染。在此基础上，詹纳确定：所有真正感染过牛天花的人都对天花免疫，而那些没有免疫力的人，都没有感染真正的牛天花。

至此，詹纳扫清了尝试“牛痘”接种的科学障碍。之后，科学家进一步确认了詹纳的临床描述。症状一由天花病毒引起，而症状二和症状三是由细菌引起的。虽然当时并不知道感染是由病毒和细菌引起，但詹纳从临床的角度，正确而详细地定义了这三种感染在症状上的区别。

在上述的基础上，詹纳假定，接种“牛痘”可以预防天花感染。为了检验这个假说的正确性，詹纳再次设计实验，步骤如下：

步骤一，挑选未受天花和牛天花感染的儿童。

步骤二，采集新鲜有效的“牛痘”液体作为疫苗。

步骤三，给儿童接种“牛痘”，应该引起轻微的类似天花的感染。

步骤四，儿童的身体在两周内应该恢复正常。然后，让儿童暴露在天花感染之下。

若该儿童不被天花感染，证明假定是正确的。

万事俱备，只欠东风。詹纳现在需要的是附近的农场暴发一场牛天花，这样他就可以得到新鲜的“牛痘”。然而，好事多磨，牛天花一直没有暴发。1790年12月却暴发了一场猪天花。詹纳决定为自己刚满周岁的儿子小爱德华接种“猪痘”，妻子凯瑟琳有些担心。

“接种‘猪痘’比接种‘牛痘’更加安全，因为猪天花对人不造成严重的感染。”詹纳对妻子说，“但我不确定接种‘猪痘’能否完全预防天花，所以我会省去实验的第四步骤，不让儿子暴露给天花。”

詹纳给凯瑟琳怀中的儿子接种“猪痘”

听完詹纳的解释，凯瑟琳觉得有道理，实验没危险。她同意了詹纳的建议。1790年12月17日，凯瑟琳抱着小爱德华，在保姆的陪同下，由詹纳给小爱德华接种“猪痘”。接种进行得很顺利。接种之后，小爱德华反应不大，很快就恢复正常。1791年4月7日，詹纳给他接种了第二次“猪痘”。这一次，小爱德华基本上没有任何反应，表明他已经对猪天花免疫。

作为“牛痘”接种实验前的预热，这次实验表明：第一，接种“猪痘”

很安全。第二，接种“猪痘”可以获得对猪天花的免疫。

接种“猪痘”的成功更加增强了詹纳的信心，他多么希望一场牛天花早日来临！

老天好像要故意考验詹纳的耐心。1 年过去了，两年过去了，伯克利附近的农场都悄无声息。3 年过去了，4 年过去了，牛天花似乎永远不再来临。詹纳的耐心也快被消磨殆尽。第 5 年，东风作起，伯克利附近的一家农场暴发了牛天花，詹纳牢牢抓住这次机会，立即开始他等待已久的实验。

1796 年 5 月 14 日，这个注定要载入史册的日子，詹纳进行了著名的“牛痘”接种实验。在他家门前出现了本章开始的那一幕。

在暴露给天花之后的第 19 天，詹姆斯依然没有显现任何天花感染的痕迹。詹纳十分激动。

“听着，”他写信给加德纳，“这是我的故事中最令人愉快的部分。这个男孩已经暴露给天花，正如我大胆预测的那样，没有产生感染。我将用双倍的热情继续我的实验。”

1797 年初，又一次牛天花暴发，詹纳在另外 3 个人身上重复了相同的实验，结果发现他们和詹姆斯·菲普斯一样，接种“牛痘”后，对天花免疫。

锲而不舍　推广疫苗

“牛痘”接种实验成功后，詹纳希望将这一人类的福音立即传播出去，将接种技术推广出去，彻底将人类从天花的痛苦中解救。

他觉得最快捷最令人信服的途径是将自己的发现在英国皇家学会的期刊上发表。他夜以继日，以最快的速度写完论文，寄给英国皇家学会。出人意料的是，他的论文被学会退回，理由是病例不够。其实，这也在意料之中，历史性的发现在一开始总是不被接受。詹纳一心要把这一科研成果公之于世，他决定另辟蹊径。

1798 年春，当地农场再一次暴发牛天花，这使得詹纳有机会进行更多的“牛痘”接种实验。他将这些新病例全部纳入论文。

1798 年 6 月，詹纳亲往伦敦，安排个人出资发表这篇论文的单行本，当时他在伦敦的良师益友亨特已经去世，詹纳只能一切都靠自己。经过近两个月的筹备，他的论文单行本《探究天花疫苗——牛痘》

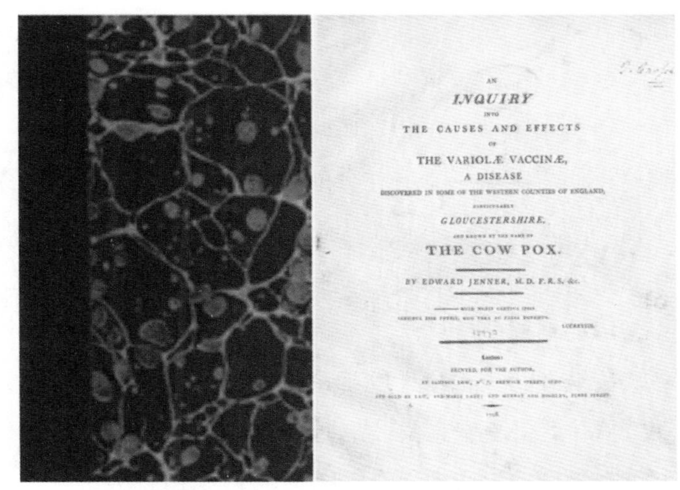
AN
INQUIRY
INTO
THE CAUSES AND EFFECTS
OF
THE VARIOLÆ VACCINÆ,
A DISEASE
DISCOVERED IN SOME OF THE WESTERN COUNTIES OF ENGLAND,
GLOUCESTERSHIRE,
THE COW POX.
BY EDWARD JENNER, M.D. F.R.S. &c.

单行本《探究天花疫苗——牛痘》第一版封面，1798 年

（*An Inquiry into the Causes and Effects of the Variolae Vaccinae*）终于正式发行。9 月 17 日开始在书店出售。售价 7 先令 6 便士（相当于今天的 50 英镑）。

詹纳将这本具有划时代意义的小册子，专门献给他的高中好友佩里医生。在这篇文章中詹纳断言：接种真正的“牛痘”可终身对天花免疫；接种“牛痘”与接种“人痘”不同，不会造成死亡，只造成局部病变，并且没有传染性。在文章中，詹纳将“牛痘”称为疫苗（Vaccinae），它来自牛的拉丁名 Vacca。

论文发行后，反响很大。有赞同的，有反对的，也有质疑的——他们主要是质疑接种“牛痘”是否能够预防天花。前面讲到，许多自称感染牛天花的人以后又感染了天花，问题的实质是这些人并没有真正感染牛天花，而是感染了可引发类似症状的细菌。然而，大多数詹纳的同行并没有意识到这一点。这些人中最有代表性的是约翰·英根豪斯（John Ingen Housz，也称为 Jan Ingen-Housz）。

英根豪斯是著名的生物学家、植物光合作用的发现者、英国皇家学会会员、奥地利皇家御医，同时也是“人痘”接种专家。从 10 月到 12 月的 3 个月里，英根豪斯连续给詹纳写了 3 封信，引用道听途说的病例，企图证明接种“牛痘”不仅不能预防天花，还很危险。他坚持接种“人痘”是最好的

预防方法。

詹纳虽说也是英国皇家学会会员，但仍然是一位鲜为人知的乡村医生。他知道英根豪斯的声望和影响力，回复必须做到有理、有力、有节。好在詹纳对于假牛天花感染有充分的研究，他信心十足，从容应对，具体分析英根豪斯的病例为什么不是由牛天花引起的。英根豪斯虽然坚持己见，但在最后一封信中不得不承认自己没有区别真假牛天花的感染，并表明到此为止，不再与詹纳纠缠此事。

詹纳在与英根豪斯的辩论中也意识到，自己在论文中没有重点和详细说明真假牛天花感染的区别，这也可能是导致英根豪斯和其他人质疑的原因。詹纳在随后的论文中，专门就此作了补充说明。

然而，有些反对却是颠倒黑白，凭空捏造，恶意中伤。一些反对者勾结在一起公然成立反疫苗协会，他们不懂科学，宣称接种“牛痘” 会使人的脸长得像牛，咳嗽得像牛，吼得像牛，身上长满了毛。一位反对者叫嚣：“疫苗接种让文明世界蒙羞。”

“天花是上帝赐给人类的，但‘牛痘’是由狂妄自大的人产生的。前者是上天所命定的，后者侵犯了我们神圣的宗教。” 也有人试图煽动宗教仇恨。

詹纳对这些污蔑都嗤之以鼻。

许多医生靠接种“人痘”赚取高额利润，他们出于一己之私，也疯狂反对接种“牛痘”。当时的漫画大师艾萨克·克鲁克香克（Isaac Cruikshank）在 1808 年发表的漫画对此作了讽刺性的描述。在画中，詹纳和他的两个同事坚定地

《牛痘接种的奇妙效果！》（1802 年反疫苗协会出版）

面对反对“牛痘”接种的3个医生。尽管遭到了种种诘难和误解，但大批相信科学的英国人，都接种了“牛痘”。

詹纳面对反对牛痘接种的3个医生（1808年漫画）

真正困扰詹纳的是那些好心办错事的人。

1800年，皮尔逊医生和伍德维尔医生在伦敦天花医院造成失误，给“牛痘”接种技术的声誉带来了严重损害。他们在接种过程中贪图快捷方便，不遵循严格的操作程序，从而造成许多接种者感染，这给反对者提供了理由。

当皮尔逊宣布要成立一家公共“牛痘”接种研究所，推广他与伍德维尔的接种方法时，詹纳感到自己必须与错误的方法划清界限，澄清自己的立场，推广正确的接种技术。于是，他急速来到伦敦。在伦敦，詹纳有机会向国王乔治三世、王后和威尔士亲王介绍了接种“牛痘”的功效，得到了他们的支持。乔治三世同意在发行第二版的《探究天花疫苗——牛痘》时，加上“献给国王”的献辞。皇室的支持对“牛痘”接种的推广起到了极大的推动作用。

“牛痘”接种在英国、欧洲大陆及世界各地其他地区的传播速度非常快，对“牛痘”疫苗的需求极高，詹纳总是有求必应，这也给詹纳带来极大的压力。当时生产“牛痘”疫苗的方式是从感染牛天花的牛身上提取，然后将疫苗干燥，最后将疫苗分配到细线、象牙尖或刺血针上，有时也将疫苗存放在用蜡密封的载玻片之间。

制作、寄送疫苗和回答来自世界各方的询问几乎占据了詹纳所有的时间，他不再有时间给人看病，也就没有了正常的收入，但还要用自己的存款制作、发送疫苗。詹纳为了造福人类，自己蒙受了巨大的经济损失。正如他自己所说，他一直是“全世界的疫苗服务员”。

英国议会在 1802 年给他拨款 1 万英镑，也只是杯水车薪。当议会意识到他们的拨款与詹纳的贡献和牺牲远不相称的时候，1807 年再次拨款 2 万英镑。

詹纳的努力在全世界得到回报。

在美国，从 1799 年开始，在哈佛大学医学教授沃特豪斯的推动下，疫苗接种取得了快速进展。詹纳的发现被美国人称为“医学界的奇事”。

欧洲大陆的情况甚至更好：埃尔金勋爵将“牛痘”接种引入土耳其和希腊。“牛痘”接种法从奥地利传播到瑞士、法国、意大利和西班牙。

西班牙人在 1803 年的一次史无前例的海上环球探险中采用了詹纳提出的“串行接种法”（Serial Inoculation）：由于远距离运送疫苗时间太长，会出现疫苗失效的情况，詹纳设计了串行接种法。在出发前招募一批没有感染过天花的人，在航行中进行连续接种。其具体做法是：先接种一人，一周以后，当该人手臂接种处的疫苗仍有活性时，再从他的接种处取疫苗接种下一个人，这样可以保证疫苗的活性。依靠串行接种法，西班牙人将疫苗带到加那利群岛、波多黎各和南美洲的西班牙殖民地、菲律宾、澳门和广州。

在巴黎，成立了疫苗研究所。拿破仑命令所有没有感染天花的士兵接种疫苗。拿破仑拨款 10 万法郎用于宣传“牛痘”疫苗接种。

俄罗斯女皇叶卡捷琳娜二世，大力支持疫苗接种。她给俄罗斯第一个接种“牛痘”的孩子授予“疫苗接种者”的称号，他 / 她可以乘坐皇家马车进入首都圣彼得堡，教育费用由国家出，并获得终身养老金。

在詹纳的要求下，拿破仑释放了几名英国俘虏，拿破仑说：“人类最伟大恩人的要求是不能被拒绝的。”

奥地利皇帝和西班牙国王应詹纳的要求释放了英国囚犯。

在德国，詹纳的生日，5 月 17 日，被定为法定节日。

至 1812 年，詹纳已成为欧洲几乎所有科学学会的名誉会员，并获得了伦敦、爱丁堡、都柏林、格拉斯哥等城市的自由公民荣誉。1813 年，牛津大学授予他荣誉博士学位。

詹纳四处奔波，讲学和传授疫苗接种方法。同时，他在花园里建了一间一室小屋，取名“疫苗圣殿”，在那里为父老乡亲接种疫苗。

“疫苗圣殿”

1810 年，因为抗生素还没有被发现，詹纳长子爱德华因肺结核病亡故，姐姐玛丽同年去世，他另一个姐姐安妮两年后去世。1815 年，妻子凯瑟琳也死于肺结核。

虽然孤独和悲伤集于一身，但“‘牛痘’接种能够根除天花”的良好愿望一直激励着詹纳，他继续在“疫苗圣殿”免费为穷人接种疫苗。

1820 年，詹纳中风，康复后身体状况一直不佳。

1823 年 1 月 23 日，他走访了最后一位病人，一位患有绝症的朋友。第二天早上詹纳没有来吃早餐，家人在他的书房发现他严重中风，无法行动。

1823 年 1 月 26 日，星期日凌晨，詹纳驾鹤西去。他被安葬在伯克利教堂的祭坛旁，安息在他的父母、妻子和儿子身旁。

詹纳是一位天才医学科学家，英国和全世界人民都爱戴他。

詹纳铜像（伦敦肯辛顿花园）

根除天花　告慰先驱

在 18 世纪，詹纳的天花疫苗，即“牛痘”，每年挽救了至少 50 万条生命。然而，在此后的 100 多年里，天花疫苗并没有在全球普及，天花依然在困扰着人类。

即使在 20 世纪，天花仍夺去

了多达 3 亿人的生命。在 20 世纪 60 年代，每年仍有 200 万人死于天花。随着疫苗接种技术更趋成熟，新的疫苗可以耐热，新的接种针可重复使用，用量只需原疫苗用量的四分之一，这些改进对在贫穷偏远地区实施大规模天花疫苗接种提供了极大的便利。

时机成熟，1967 年，世界卫生组织发起了根除天花的活动——天花根除计划（the Smallpox Eradication Programme，SEP）。

在天花疫苗接种活动的初期，第一个策略是密集接种：在每个国家实现 80% 的疫苗覆盖率。

在实现这一目标之后，策略改为监视、跟踪、隔离和接种：一旦某个村庄出现病例，防控人员立即将整个村庄与外界隔离，查找出所有的感染者和密切接触者，将他们就地隔离并派专人看守。然后，医务人员给村庄里的每个人都接种天花疫苗。这样，既可以防止天花扩散到村庄以外，又可以最终将村庄内的天花根除。

由于天花只是在人与人之间传播，最后一个感染者是传播链的最后一环。当一个村庄，或者一个地区，或者一个国家的最后一个感染者被发现后，采取隔离、治愈的措施，天花病毒就从这个村庄，这个地区，这个国家被根除。

1977 年 10 月，世界上最后一位自然天花感染患者出现在索马里，他名叫阿里·茂·马林（Ali Maow Maalin），在索马里梅尔卡一家医院做厨师。虽然他被诊断出天花感染，但症状轻微，很快康复。他接触的人，都没有染上天花。在这之后，全世界再也没有自然天花感染病例出现。

整个根除天花运动历时 10 年，成果辉煌。

一年后，祸从天降，人们再次恐慌，英国出现天花病毒，吞噬人的生命！不过，这一次不是自然感染，而是人为事故造成的。

1978 年 8 月，在伯明翰大学医学院，医学摄影师珍妮特·帕克（Janet Parker），感染了实验室研究的天花病毒，9 月 11 日死于天花。

鉴于这一严重事件，1980 年，世界卫生组织正式宣布天花在地球上被根除，要求各国或者销毁库存的天花病毒，或者将库存的天花病毒转移到世界卫生组织的两个指定实验室：美国疾病控制与预防中心和俄罗斯的病毒学和生物技术研究中心（the State Research Center of Virology and Biotechnology）。自1984年以来，这两个实验室一直是世界卫生组织授权持有活天花病毒库存的地方。

两年后，世界卫生组织改变立场，要求美国和俄罗斯销毁所有保存的天花病毒，销毁日期被定为1993年12月30日。但是，由于美国和俄罗斯的抵制，销毁日期一推再推。先被推迟到1999年6月30日，然后又推迟到2002年6月30日。迫于美国和俄罗斯的压力，2002年世界卫生大会同意临时保留天花病毒用于特定研究。一些美俄科学家认为，这些天花病毒可能有助于开发新疫苗、抗病毒药物和诊断测试。

2010年，世界卫生组织的一组公共卫生专家在进行详细评估后得出结论：美国和俄罗斯实验室继续保留天花病毒并没有达到基本的公共卫生目的。这一观点得到了世界大多数科学家的支持，令人不解的是，美国和俄罗斯政府继续为保留天花病毒辩解，实在令人不安。

2019年9月，存放天花病毒的俄罗斯实验室发生瓦斯爆炸，一名工人受伤，所幸爆炸没有发生在天花病毒储存区，但该事件再次引发了人们对保留天花病毒的质疑和反对。希望美俄两国能够早日接受世界卫生组织的建议，销毁所有库存的天花病毒，保证全人类的安全。

天花是第一种在全球范围内被根除的传染病。这是一个历史性的成就，这一非凡的成就是通过詹纳和世界各国的通力合作而实现的。

詹纳雕像（格洛斯特大教堂）

第四章　病毒大发现时代的奠基者

世纪将交替，医学欲奋飞。疫苗研制树丰碑，巴氏盛名垂。
体小踪难掩，身毒病易随。识毒超滤显神威，志士共荣辉。

（《巫山一段云》）

罗伯特·科赫（左）和路易斯·巴斯德

1674年，安东尼·范·列文虎克（Antonie van Leeuwenhoek）用自制的光学显微镜第一次观察到肉眼看不见的单细胞，包括细菌（Bacteria）和酵母（Yeast）。从此，人类知道了微生物世界的存在。然而，将微生物与疾病联系在一起则是200年以后。

19世纪，两位著名科学家路易斯·巴斯德（Louis Pasteur）和罗伯特·科赫（Robert Koch）证明微生物引起许多疾病，他们将引起疾病的微生物统称为病原体（Germs 或者 Pathogen），并创立“疾病病原体学说”（Germ Theory of Diseases），这一理论开启了微生物学、细菌学、病毒学和传染病学。

让我们一起来重温这一辉煌而伟大的时代。

颠覆旧论　创造新说

西奥多·施旺

自古以来，人们普遍接受“自然发生论”（Spontaneous Generation），即生物体可以从无生命物质中随时产生出来，而不是来自类似生物体。

1840 年，德国生理学家西奥多·施旺（Theodor Schwann）医生的啤酒发酵实验否定了微生物的 “自然发生论”。他设计了一个实验，比较未消毒空气和消毒空气对啤酒发酵的影响。实验结果表明，在未消毒的空气里，发酵液中含有大量的活酵母，发酵可以正常进行；在消毒的空气里，发酵不能进行，发酵液中也没有酵母生长。施旺第一次证明导致发酵的是空气中的酵母，而不是空气；发酵液中大量活酵母来自酵母的繁殖。

空气含酵母
加热消毒
酵母被杀死
发酵
发酵

消毒空气和未消毒空气对发酵的影响

1857 年，巴斯德也开始研究啤酒和葡萄酒发酵。他首先重复施旺的实验，发现葡萄皮是酵母的天然来源，高温消毒后的葡萄和葡萄汁里没有了活酵母，便无法发酵生成葡萄酒。他的实验结果证实了施旺的结论，进一步否定了 “自然发生论”。

“自然发生论” 的支持者并不愿轻易接受这个结论，他们也在收集证据，强词夺理。

1858 年 12 月，鲁昂自然历史博物馆馆长费利克斯·阿基米德·普希特

巴斯德研究所前的巴斯德雕像

（Félix Archimède Pouchet ）向法国科学院展示了两个支持“自然发生论”的实验。他声称他的最新实验结果与施旺完全相反，因此，他得出结论，引起发酵的微生物是空气自然产生的。

面对针锋相对的理论和完全相反的实验证据，法国科学院也一时难辨真伪，而这一理论对于微生物学、传染病学以及酿酒业都至关重要。1860 年 1 月 30 日，法国科学院别出心裁，悬赏 2500 法郎（相当于今天的 8 万法郎左右）解决争端，寻求科学证据以证实或否定微生物的“自然发生论”。

这项奖称为阿尔洪伯特奖（Alhumbert Prize），是一项“为自然发生问题提供新思路”的实验奖。法国科学院为此组建了专门的委员会，委员会要求参与竞争的科学家设计精确和严格的实验，提供无可辩驳的实验证据证明或否定“自然发生论”。无论是谁，只要通过实验证明或否定该学说，就可获得阿尔洪伯特奖。

巴斯德胸有成竹地接受了挑战。其实，有没有阿尔洪伯特奖，巴斯德都在致力于解决这个问题。他的实验一直都在进行，巴斯德最擅长的就是以精密的实验来回答理论问题。

在一年之内，即 1860 年 2 月至 1861 年 1 月，巴斯德连续向法国科学院提交了五篇短论文，用“疾病病原体学说”否定“自然发生论”。

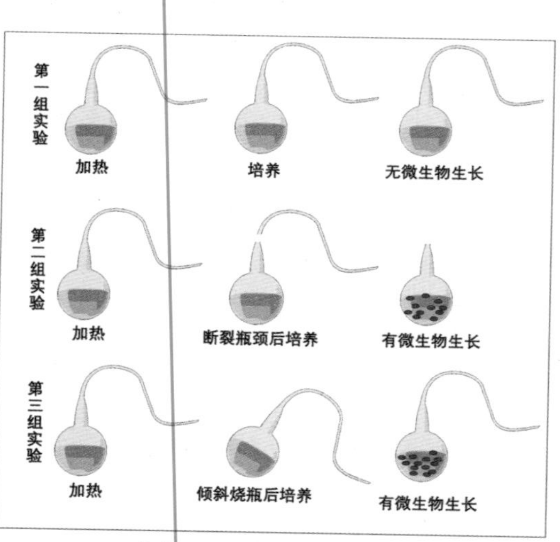

著名的巴斯德鹅颈烧瓶实验

首先，巴斯德的研究聚焦在检查空气中是否存在病原体。他先将放置在空气中的棉花团放进营养液中培养，等营养液由清亮变浑浊后，取一滴在显微镜下观察。不看不知道，一看吓一跳，大量不同形状和结构的微生物正在活蹦乱跳。

第二步，巴斯德进行了他最著名的"鹅颈烧瓶"（Swan-neck Flusk）实验。他将小口径的瓶颈弯曲成S形，只允许空气自由通过，而空气中的颗粒由于比空气重，只能停留在颈口，进不到烧瓶内。然后，巴斯德将煮沸的肉汤放入鹅颈烧瓶中，做了三组对照试验。

第一组：加热烧瓶杀死肉汤和烧瓶中存在的微生物，让烧瓶冷却后在室温下培养。结果：烧瓶里面没有任何微生物生长。

第二组：加热烧瓶杀死肉汤和烧瓶中存在的微生物，断开烧瓶的瓶颈，让灰尘进入烧瓶。结果：肉汤里开始生长微生物，并越来越多。

第三组：加热烧瓶来杀死肉汤和烧瓶中存在的微生物，将烧瓶倾斜，使液体接触被污染的开口部分，然后再让肉汤回到烧瓶中。结果：肉汤里也开始生长微生物，并越来越多。

第一组实验证明：无微生物的空气不能导致肉汤变质；第二、三组实验证明：正常空气含微生物，可以导致肉汤变质。污染的肉汤里生长出越来越多的微生物。

巴斯德的实验结果驳斥了"自然发生论"，向世界揭示了微生物的存在及其所起的作用。

巴斯德进一步推断：

1. 微生物在空气中不连续分布，这意味着总会有局部空间中的空气不含有微生物，这些不含有微生物的空气不能导致微生物的产生；

2. 在不同区域，空气中含微生物的数量不同。

巴斯德以设计巧妙的实验成功地验证了这两个推断，他的实验步骤可简述如下。

巴斯德挑选了三个地方的空气样本进行这一实验。首先，他将100毫升煮沸肉汤倒进一个 250 毫升烧瓶中，当肉汤仍在沸腾时，用火焰将烧瓶的颈部拉长并封闭颈口。冷却后，肉汤上方的空间中包含部分真空。当巴斯德折断封闭的颈端时，真空快速吸进少量空气到烧瓶内，这时，巴斯德再将颈端密封。

1860 年 11 月，巴斯德向法国科学院报告了以下结果：在侏罗山脚下的村庄放置的 20 个烧瓶中，有 8 个生长了微生物。在海拔约 850 米的侏罗山脉顶部放置的 20 个烧瓶中，有 5 个生长了微生物。在海拔 2000 米的冰川上放置的 20 个烧瓶中，只有 1 个生长了微生物。

"自然发生论" 的支持者普希特也在寻找更多的证据。在 1860 年和 1861 年期间，普希特也向法国科学院递交了一系列与巴斯德针锋相对的实验结果。但是，他设计的装置过于粗糙，观察结果也似是而非。普希特试图证明消过毒的纯净空气也能导致烧瓶中的微生物生长。他声称，经过 100°C 高温或硫酸清洗的空气仍然引发微生物生长。

巴斯德检验了普希特的实验装置，指出他的装置中的水银浴锅是污染源。空气中的微生物正是通过水银浴锅进入普希特的培养液中，造成微生物的生长。

经过一年激烈的学术交锋之后，谁胜谁负已经非常明显。1862 年 11 月，普希特宣布退出角逐阿尔洪伯特奖。

12 月 29 日，法国科学院宣布巴斯德对 "自然发生论" 的问题进行了一系列无可辩驳的实验，从而获得阿尔洪伯特奖。巴斯德对 "自然发生论" 的否定为随后 "疾病病原体理论" 的创立与发展奠定了基础。

罗伯特·科赫雕像

1875 年，德国医学科学家罗伯特·科赫首次发现了导致炭疽病的炭疽杆菌（Bacillus Anthracis）。在一系列开创性的实验中，他发现了炭疽的生命周期和传播方式，第一次证明了疾病由微生物引起，提出了“疾病病原体”，构成了著名的“疾病的病原体理论”。

“疾病的病原体理论”是目前公认的许多疾病的科学理论。导致疾病的微生物包括细菌、真菌、原生生物、病毒，都称为病原体（Pathogen）。这些微生物非常小，在没有显微镜放大的情况下无法看到，它们侵入人类、动物和其他宿主，在宿主体内的繁殖和生长导致疾病，称为传染病（Infectious Diseases）。

虽然病原体引发疾病的朴素思想古已有之，但一直没有被证明。在公元前400多年，希波克拉底提出“瘴气理论”（Miasma Theory）：瘴气是一种由腐烂物质散发出的有害的“坏空气”（Bad Air），可以引起疾病。之后很多人相信，霍乱、衣原体感染（Chlamydia Infection）和黑死病（Black Death）等疾病都是由瘴气引起的。

直到19世纪，占主导地位的疾病发生理论仍然是瘴气理论。在中国，瘴气（又名瘴毒、瘴疠）在中国古代文学作品中频频出现。著名的有韩愈的诗“云横秦岭家何在？雪拥蓝关马不前。知汝远来应有意，好收吾骨瘴江边”；孟浩然的诗“瘴气晓氛氲，南山复水云”；高登的词“瘴气如云，暑气如焚”等。

到了19世纪中叶，医学科学界开始关注微生物与疾病的关联。

英国医生吉迪恩·曼特尔（Gideon Mantell）以发现恐龙化石而闻名，通过显微镜，他观察到一个崭新的微观世界。1850年，他在《关于动物的思想》一书中推测：“可能许多折磨人类的最严重的疾病，是由看不见的特殊形态的生物引发的。”

随后，巴斯德的鹅颈烧瓶实验严格证明了“空气”本身不会引起肉汤变质，引起肉汤变质的是微生物。

1860年至1864年期间，巴斯德通过实验证明产褥热（Puerperal Fever）由血液中的化脓性弧菌（Pyogenic Vibrio）引起，并建议使用硼酸来杀死这些坐月子期间多见的微生物。

1870年，巴斯德还发现一种严重的蚕病是由现在被称为家蚕微孢子虫

（Nosema Bombycis）的微生物引起的，他当即发明了一种方法来筛选未受感染的蚕卵，从而阻止了蚕病的传播，拯救了法国的丝绸业。

“疾病的病原体理论”的正式确立和完善则归功于德国医学科学家罗伯特·科赫。

比巴斯德年轻20岁的科赫，发现了导致肺结核、霍乱和炭疽等致命传染病的病原体。科赫与巴斯德并称为微生物学之父，科赫还被称为医学细菌学之父。

科赫因研究炭疽病而广为人知，1876年，他发现这种致命疾病的病原体是炭疽芽孢杆菌。他的发现第一次将特定微生物与特定疾病联系起来，标志着现代细菌学的诞生。科赫的发现再次否定了“自然发生论”，并为“疾病的病原体理论”提供了更多的证据。

罗伯特·科赫

十九世纪80年代，在担任柏林帝国卫生局的顾问期间，科赫对结核病产生了兴趣。当时，人们普遍认为结核病是一种遗传性疾病。然而，科赫确信这种疾病是由细菌引起的，具有传染性。经过数年潜心研究，1882年3月24日，科赫向柏林生理学会宣布他发现了引发肺结核的元凶结核分枝杆菌（Mycobacterium Tuberculosis）。3周后，也就是4月10日，他的发现以论文的形式正式发表。在这篇题为《结核病的病因学》（*The Etiology of Tuberculosis*）的文章中，科赫报告了该疾病的病原体是生长缓慢的结核分枝杆菌，并提出了确立病原体与疾病关系的基本原则。这些原则最终被称为“科赫假设”：

1. 病原体必须始终存在于每一个患者体内，但在健康个体中不存在；
2. 病原体必须能从疾病个体中分离出来，并在纯培养中生长；
3. 纯培养的病原体接种到健康、易感的个体时，必须引起相同的疾病；

4. 从实验感染的个体中分离出的病原体必须与原始的病原体相同。

至此，“疾病的病原体理论”正式确立，指导科学家成功鉴定了许多疾病的实际病原体，开启了细菌学与病毒学的“黄金时代”。

1905 年，由于对结核病的突破性研究，科赫荣获诺贝尔生理学或医学奖。1995 年，世界卫生组织将科赫发现肺结核病因的那一天，即 1882 年 3 月 24 日，定为“世界结核病日”。

减毒疫苗　首战告捷

爱德华·詹纳研究“牛痘”替代毒性高的“人痘”，为人类提供了安全和高效的疫苗。牛痘疫苗成功的秘籍在于毒性低。然而，天花只是一个特例，可以在动物（牛）身上找到低毒性的牛痘疫苗。其他人类疾病没有这么幸运，因而，研制安全、有效的疫苗仍然是人类面临的严峻挑战。

虽然是化学家，但巴斯德对疫苗研究非常感兴趣。他先研制细菌引起的动物传染病的疫苗——鸡霍乱（Chicken Chloral）疫苗。

鸡霍乱是欧洲的一种家禽疾病，最早记录于 18 世纪，在 19 世纪后半叶对欧洲的养鸡业构成重大威胁，常常导致 90% 的鸡死亡。今天，这种疾病在北美的野生水禽中广为流行。

1879 年，巴斯德获得了一份细菌样本，经过一系列实验，他分离出鸡霍乱细菌，命名为巴氏杆菌（Pasteurella Multocida）。他在面包屑上滴一滴巴氏杆菌培养液喂鸡，鸡食后即亡。巴斯德倒吸了一口冷气，心想：“毒性如此之高，不适合用来制作疫苗，不安全。”

在接下来的一年多的时间里，巴斯德苦苦寻找降低巴氏杆菌毒性的方法，但没有任何进展。一筹莫展的巴斯德决定离开实验室，外出度假，换换脑筋。

临行前，他指示助手查尔斯·钱伯兰（Charles Chamberland）定时为巴氏杆菌更换培养液。不巧，钱伯兰也正忙着准备和家人一起外出休假，完全将巴斯德的交代抛在了脑后，忘了更换培养液。巴斯德前脚走，他后脚也度假去了。

一个月后，钱伯兰和巴斯德都兴致勃勃地回到实验室。俩人一见面聊天时，钱伯兰这才想起被自己久久遗忘的巴氏杆菌。

“妈呀！”他一拍脑袋，急忙跑到培养室。

一打开培养箱，就看到培养液的颜色不正，浑浊黏稠，这说明巴氏杆菌已严重老化。他决定死马当作活马医，将老化的细菌培养液注射到健康的鸡中。结果，鸡都没被杀死，只表现出一些感染症状，而且很快康复。这个结果让钱伯兰非常沮丧，连连责怪自己忘了换培养液造成实验失败。

正当钱伯兰要丢弃这批老化细菌和鸡时，巴斯德灵机一动，“等等，这也许正是我们想要的结果”。

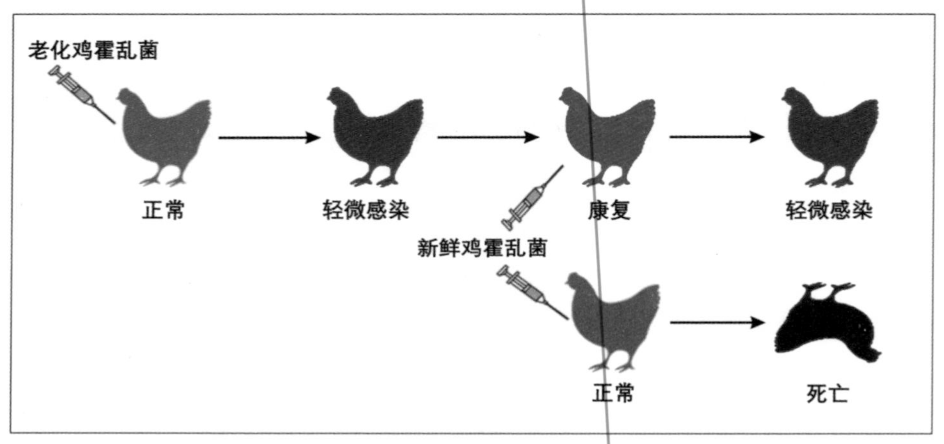

鸡霍乱疫苗对照实验

巴斯德以这个结果为基础设计了一个对照实验，将新鲜细菌分别注入正常鸡和康复鸡中。（上图）结果出乎意料：正常鸡仍然像往常一样死亡，但康复鸡只表现出轻微感染迹象。

“也许是老化的细菌毒性下降，鸡不但不死亡，还可以产生免疫力。”巴斯德十分激动。

他立即重复了实验，结果完全一样。巴斯德欣喜若狂，苦苦寻找的减毒疫苗就在眼前。

根据实验结果，他得出结论：巴氏杆菌经长时间培养后，毒性削弱，成为一种弱化无害的形式。这种弱化的巴氏杆菌仍然可以感染鸡，但不杀死鸡，同时可以使鸡对高毒性的巴氏杆菌产生免疫力。

1880 年 12 月，巴斯德向法国科学院提交了他的研究成果《关于致命疾病，特别是通常称为鸡霍乱的疾病的研究》（*Sur les maladies virulentes et en particulier sur la maladie appelé e vulgairement cholé ra des poules*）。他在论文中指出改变培养时间可以降低巴氏杆菌的毒力，但仍然诱导免疫力的产生。

鸡霍乱疫苗是世界上第一个人工减毒疫苗，巴斯德这一减毒疫苗的发明为后人研制各种灭活疫苗奠定了基础。

公开演示　梅开二度

1881 年 5 月 5 日，一向安静的普伊勒堡村（Pouilly-le-Fort）突然热闹起来。许多生物学家、医生、兽医、当地居民、政府要员及报纸新闻记者纷纷乘坐马车从首都巴黎赶往 35 公里外的这个不起眼的村庄，人流最终汇集在法国著名兽医希波吕特·罗西尼奥尔（Hippolyte Rossignol）的私人农场。他们都是来观摩和见证巴斯德研制的炭疽病（Anthrax）疫苗的公开演示。

故事还要从几个月前说起。在成功研发了第一个人工减毒鸡霍乱疫苗之后，巴斯德坚信他的理论和方法也一定适用于其他动物传染病。他将注意力转到了炭疽病上。

巴斯德公开演示炭疽病疫苗

当时炭疽病在世界各地都有发现，它特别容易感染家畜，如羊、马和牛，也可以感染人类，但感染率较小。在 19 世纪，炭疽病每年杀死数百万只动物，构成了重大经济威胁。

巴斯德将工作重点仍然放在降低炭疽杆菌的毒性上。他发现炭疽杆菌与鸡霍乱菌不同，毒性并不因为长时间的培养而减弱。经过反复实验，1881年初，巴斯德发现提高培养温度到42°C左右可以显著降低炭疽杆菌的毒性。将低毒性炭疽杆菌疫苗接种到羊身上，羊体内成功产生免疫力。

然而，许多人对巴斯德的新疫苗持怀疑态度。兽医罗西尼奥尔便是其中一员，他向巴斯德挑战，要求巴斯德在他的私人农场公开演示新研制疫苗的效果。当时，巴斯德尚未在实验室外测试任何疫苗，实验出问题的风险非常高，但巴斯德欣然接受了挑战，在挑战协议上签了名。他相信在实验室里对羊起作用的疫苗在农场同样会有效。

公开演示由当地的默伦农会负责组织、评判。于是就有了普伊勒堡村的热闹场景。

这是有史以来第一次也是仅有的一次新研发疫苗的公开演示，可谓空前绝后。

巴斯德和助手早早来到了罗西尼奥尔农场，做接种前的准备工作。罗西尼奥尔为演示准备的48只绵羊、2只山羊和10头牛也都全数到场，一切就绪。

在数百名观众的瞩目下，巴斯德和助手给其中一半的家畜，包括24只绵羊、1只山羊和6头牛接种了炭疽疫苗；而另一半作为对照，不接种疫苗。5月17日，重复接种疫苗作为加强剂。5月31日，给实验组和对照组的所有家畜注射正常炭疽杆菌。

每天，大群人前往罗西尼奥尔农场围观，社会对于这场演示的兴趣惊人地高，伦敦时报和法国报纸的记者每天发表关于演示进展的报道。

6月2日结果揭晓日终于来临，200多名各界人士再次兴致勃勃地赶到罗西尼奥尔农场，希望见证奇迹。当巴斯德和助手抵达农场时，大家都献上热烈的掌声。

疫苗的效果正如巴斯德所预期的那样，接种疫苗的家畜个个活蹦乱跳，而在未接种疫苗的家畜中，4头奶牛严重感染，肿胀发烧；1只山羊和21只绵羊在观众到达前就已经死亡；另外3只未死的绵羊也都奄奄一息，在众目睽睽之下死去。

疫苗演示获得巨大成功，炭疽疫苗拯救了法国和世界的饲养业。

也就在这一年，巴斯德在第七届国际医学大会上遇到了科赫。两位病原体理论的奠基者实现了第一次握手。

挑战狂犬　挽救生命

在成功研制了两种动物减毒疫苗后，巴斯德更坚定了利用减毒疫苗防止人类传染病的理念，他决定从狂犬病疫苗入手。狂犬病令人恐惧，虽然发病率不高，但致死率近乎 100%。

1881 年，巴斯德开始研究狂犬病疫苗。他发现事情远比预期的复杂，无法进行体外培养，也就无法分离狂犬病病原体。巴斯德当时并不知道，他之所以找不到狂犬病病原体是因为狂犬病病原体与巴氏杆菌和炭疽杆菌不同，它不是细菌，而是一种比细菌更小的微生物——病毒。

病毒有着与细菌不同的培养方法。

巴斯德不愧为一位杰出的科学家，虽然不知道狂犬病的病原体是病毒，但通过日日夜夜不懈的研究，他发现狂犬病病原体严重破坏狗的中枢神经系统，于是，决定用狗脊髓里的狂犬病病原体进行两组实验。

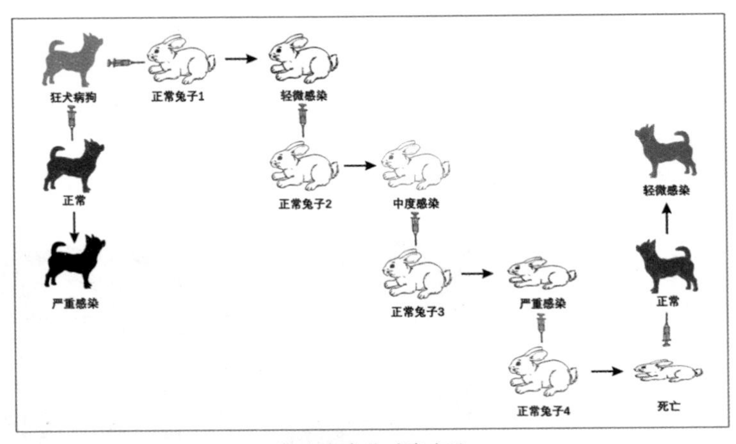

狂犬病疫苗减毒实验

实验一：将患狂犬病的狗的脊髓切片悬浮在干燥的空气中，随着时间的推移，干燥的脊髓接种到狗体内，狗不再死亡，说明脊髓里的狂犬病病原体的毒力逐渐减弱。

实验二：首先将脊髓接种到第一只兔子体内，然后将第一只兔子的脊髓接种到第二只兔子体内，再将第二只兔子的脊髓接种到第三只兔子体内，最后将第三只兔子的脊髓接种到第四只兔子体内。结果表明，连续在兔子身上接种的狂犬病病原体对兔子的毒性越来越高，但将第四只兔子的脊髓接种到狗体内，狗不再发病死亡。

“转换寄主可以降低毒性！”巴斯德异常高兴。

于是，他将狂犬病病原体在狗、猴子、兔子和豚鼠中间相互传播，毒力随着动物的更改而减弱。随着实验进展，巴斯德得到了不同毒力的病毒株，研制出了一系列狗狂犬病的减毒疫苗。

经过 4 年的努力，巴斯德生产了一种最小毒力的疫苗，50 只狗接受这个疫苗后，都很健康，而且对狂犬病产生免疫。它对人体的效果如何？巴斯德离最后的成功只有一步之遥：人体实验。

1885 年 7 月 6 日清晨，夏日的巴黎天空蔚蓝如洗，宽阔的街道上清风习习。巴斯德像往常一样早早来到他位于巴黎高等师范学院的实验室，但这一天注定与往日不同。

就在巴斯德跨入学院大门不久，一辆急速驶来的马车戛然停在了学院大门口。一位少妇跳下马车，冲进学院接待室，向工作人员高声询问：“在哪里可以找到巴斯德教授？”

工作人员告诉她去生理化学实验室，并告诉她怎么走。少妇回到马车，抱下一个男孩，匆匆赶往生理化学实验室。一见到巴斯德，少妇急切地恳请巴斯德：“教授先生，您一定要救救我的孩子。”

巴黎高等师范学院

面对巴斯德不解的目

光，少妇讲述了事情的来龙去脉。

少妇来自法国阿尔萨斯。两天前的清晨，一只疯狗袭击了她 9 岁的儿子约瑟夫·迈斯特。当时，疯狗凶狠地扑向约瑟夫，约瑟夫倒在地上几乎无法动弹，只感觉到疯狗在身上狂咬。他的手、胳膊和腿一共被咬了 14 处血肉模糊的伤口，有些伤口很深。

当地的韦伯医生立即为约瑟夫处理伤口，他用灼热的石炭酸（Carbolic Acid）将最严重的伤口封死以预防感染。当时没有麻药，约瑟夫疼得死去活来。一直到晚上 8 点钟，所有的伤口才处理完。望着焦虑万分的母亲，韦伯医生神色凝重地说："该做的我都做了，希望孩子不要染上狂犬病。"

尽管狂犬病在 19 世纪的法国相对罕见，但令人震惊的症状和近乎百分之百的致死率让人不寒而栗。被疯狗咬伤者很少有不感染狂犬病的，更何况约瑟夫伤得如此严重。而一旦感染狂犬病，则只有死路一条。

陷于绝望之中的母亲，突然想到新闻报道中提到大科学家巴斯德正在研究治疗狂犬病的方法。为了拯救孩子，年轻的母亲决定连夜赶往巴黎。

阿尔萨斯到巴黎有 500 公里之遥，在交通不发达的 19 世纪，乘坐马车不停地赶路最快也要 30 个小时。救子心切的迈斯特夫人，以惊人的毅力，在马车夫的帮助下于 7 月 6 日早晨赶到巴黎，一路打听，找到了巴斯德工作的地方。

迈斯特夫人的叙述深深打动了巴斯德，他非常希望拯救约瑟夫。看着被伤痛折磨的孩子，看着忧心忡忡的母亲，巴斯德委婉地解释了疫苗的现状和自己的处境："我研制的狂犬病疫苗还没被用在人体内，还不知道是否对人类有效，是否产生副作用。另一方面，我不是医生，没有行医执照的人不能给患者治病。"

听完巴斯德的解释，迈斯特夫人并不放弃，她目光坚定地看着巴斯德。

"你不治，孩子必死无疑。你若治，孩子还有活的希望。" 迈斯特夫人再次恳请。

面对生死一线的孩子、不愿放弃的母亲，巴斯德立即请来两位医学专家，阿尔弗雷德·沃尔潘和雅克·格兰彻，征询他们的意见。

作为医生，救死扶伤是天职，不能眼睁睁地看着孩子的生命在自己面前凋亡。两位医生一致认为必须对孩子进行治疗，而且要尽快。

巴斯德不再犹豫，决定用疫苗治疗约瑟夫。

迈斯特夫人十分高兴，她对疫苗的潜在危险并不担心，因为她知道，接种疫苗是拯救儿子的唯一途径，也是她长驱500公里连夜赶到巴黎的动力。

为了摆脱无医疗执照的困境，巴斯德让两位医生来到治疗现场。

1885年7月6日傍晚，也就是在约瑟夫被狗咬伤约60小时后，巴斯德给约瑟夫注射了第一针疫苗。第一针疫苗注射在约瑟夫右上腹部的皮下。在3周的时间里，约瑟夫接种了13次疫苗，疫苗的毒力逐渐增加。

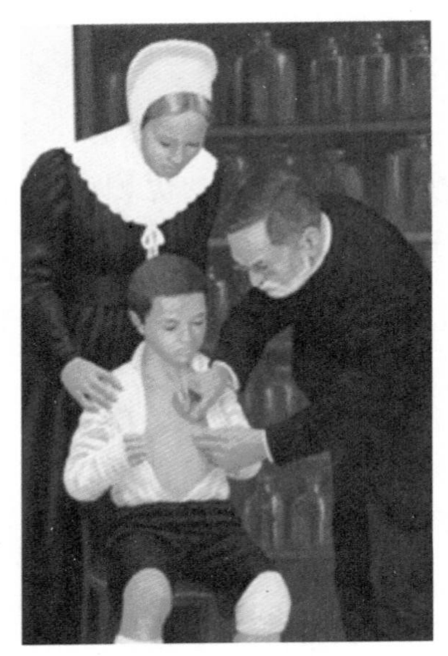

巴斯德给约瑟夫接种狂犬疫苗

每次给小约瑟夫接种前，巴斯德都先将疫苗注射到健康兔子体内，以监测每剂疫苗的毒力。最后一针是一只疯狗的脊髓，其毒力极强，约瑟夫却安然无恙。巴斯德如释重负，长长舒了口气。减毒狂犬疫苗挽救了约瑟夫的生命！

“耶！可以回家了！”约瑟夫欢呼着。

“以后常来玩！”巴斯德拍了拍约瑟夫的肩膀，和蔼地说。

约瑟夫长大后，巴斯德聘请他在巴斯德研究所当门卫，一干就是几十年，直到第二次世界大战爆发。

1940年6月，德军占领巴黎后，64岁的约瑟夫自杀身亡。

为何自杀？多年来，流行着一种传说：1940年6月14日，德军占领巴黎。当天，为了表达对巴斯德的敬意和怀念，约瑟夫在巴斯德墓室前开枪自杀。这是一个英雄神话，虽说有许多漏洞，但没人愿意打破。

直到2013年两名历史学家埃洛伊丝·杜福尔和肖恩·卡罗尔详细考证史料，其中包括巴斯德研究所实验室负责人尤金·沃尔曼的日记，以及对约瑟夫孙女的采访，才还原了故事真相。

1940 年 6 月，在突破马其诺防线之后，德军长驱直入，兵临巴黎。在巴黎沦陷前，为了躲避德军轰炸，约瑟夫让妻子和女儿逃离巴黎。6 月 24 日，也就是德军占领巴黎的 10 天之后，约瑟夫听说妻子和女儿在逃难的路上遭德军轰炸双双罹难。噩耗传来，约瑟夫悲愤交加，打开家里的煤气炉自杀身亡。约瑟夫之死令人叹息，然而更让人唏嘘的是，就在他自杀的当天，无处可逃的妻子和女儿安然无恙地返回巴黎。她们万万没想到，约瑟夫已永远离开了她们。

巴斯德和约瑟夫

巴斯德成功研制狂犬病疫苗的消息不胫而走，各地被狗咬伤者都慕名前来。1885 年 10 月 20 日，他成功治疗了第二例被疯狗咬伤的患者，被咬伤 6 天后这位患者才接种狂犬疫苗。到 1886 年，巴斯德已经治疗了来自欧洲、俄罗斯和美国的 350 名患者。下面这幅画中每个人都是有名有姓的真实患者，包括一位来自俄罗斯的农民；一个英国女孩，她家四口人散步时无一幸免，都被一只疯狂的纽芬兰狗咬伤；一批来自约克郡的英国儿童，一起玩耍时不幸碰上了疯狗……

巴斯德和他的狂犬病患者

巴斯德的工作推动了全球的疫苗研究。在随后的几十年中，人类开发并应用了许多减毒疫苗，有效地对抗了一些最致命的疾病，包括白喉（1888 年）、鼠疫（1897 年）、肺结核（1927 年）、黄热病（1936 年）、麻疹（1963 年）、腮腺炎（1967 年）、风疹（1969 年）、水痘（1995 年）和轮状病毒（1998 年）等。

疫苗的成功来自几代科学家的不懈努力，詹纳发现的“牛痘”接种和巴斯德研制的疫苗就是最好的实例。詹纳发现牛痘和人类天花是相似的疾病，通过实验，他发现“牛痘”不仅对人类毒性很小，而且可以诱导人体产生免疫反应。巴斯德则发明了如何减毒病原体的一系列方法，他不仅自己成功研发了几种疫苗，也为后人研发其他疫苗提供了理论基础和实验方法。可以说，爱德华·詹纳发明了“牛痘”接种（Vaccination），巴斯德发明了疫苗（Vaccine）。巴斯德研发的疫苗最初被科学界称为“巴斯德治疗”（Pasteur's Treatment），但为了向先驱詹纳致敬，巴斯德将其称为“疫苗”。

超滤逞威　病毒显形

找到病毒的功劳要归功于巴斯德的助手查尔斯·钱伯兰，对的，就是那位忙着度假忘了给鸡霍乱菌换培养液的查尔斯。

查尔斯·钱伯兰

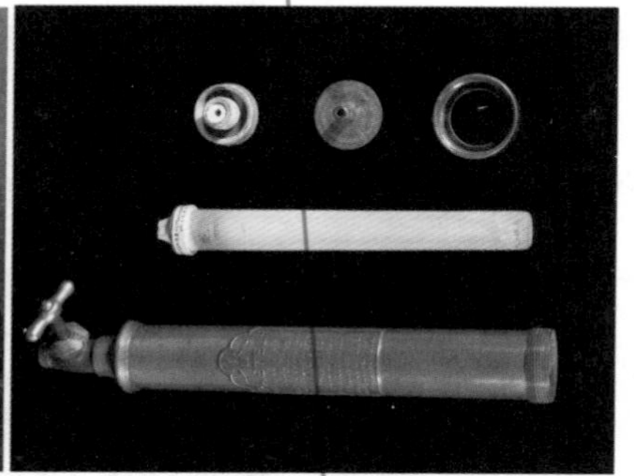
巴斯德－钱伯兰过滤器

1884 年，钱伯兰和巴斯德一道研究狂犬病时，他发明了一个细菌过滤装置，取名巴斯德－钱伯兰过滤器（Pasteur－Chamberland Filter）。这是一种无釉瓷棒（Unglazed Porcelain Bar）的过滤器，孔比细菌小，可以用来清除溶液里的细菌。当溶液经过过滤器时，细菌被截留在过滤器内，溶液不再含细菌。

意想不到的是，俄罗斯微生物学家德米特里·伊万诺夫斯基（Dmitry Ivanovsky）用这个过滤器时首次发现了比细菌更小的生物：病毒。

左：健康烟叶；右：烟草花叶病

19 世纪，欧洲的烟草种植业被一种奇怪的烟草病困扰，这种病导致烟叶出现不同程度的萎黄、卷曲、斑驳、变形和起泡。染病烟草比健康烟草要低矮得多，严重危害烟草品质和产量，给烟农造成巨大的经济损失，严重者高达 50%。

阿道夫·梅耶　　德米特里·伊万诺夫斯基　　马蒂努斯·拜耶林克

1879 年德国农业化学家阿道夫·梅耶（Adolf Mayer）在荷兰担任一所农业试验站的主任，应荷兰农民的要求开始研究这一烟草病害。1886 年梅耶将该病命名为“烟草花叶病”（Mosaic Disease of Tobacco），并详细描述了其症状。他证明这种疾病可以通过烟草花叶病的汁液感染传播。遗憾的是，梅耶只局限于在光学显微镜下寻找汁液中的病原体，没有发现任何病原体迹象。

4 年后，在欧洲东部的克里米亚，俄罗斯微生物学家德米特里·伊万诺夫斯基也于 1890 年开始研究烟草花叶病，他的实验结果令人耳目一新。他将烟草花叶病的叶汁倒进巴斯德－钱伯兰过滤器后，发现从过滤器出来的汁液可以将感染转移到健康烟叶上，这说明造成烟叶感染的病原体不是留在过滤器上的细菌，而是比细菌更小的病原体。同时，他在高倍数光学显微镜下观察不到它们。

伊万诺夫斯基得出结论，感染烟草的病原体是一种可以通过过滤器的极小微生物。1892 年他报道了这一实验结果。伊万诺夫斯基被认为是第一个发现“可过滤的病原体”的科学家。然而，当时的伊万诺夫斯基还是一位名不见经传的年轻学者，他的重要发现没有引起科学界应有的重视。

一直到荷兰微生物学家和植物学家马蒂努斯·拜耶林克（Martinus Beijerinck）于 1898 年重复伊万诺夫斯基的过滤实验，得到了相似的结果，病毒的存在才为科学界所接受。拜耶林克进一步发现，该病原体可以在烟叶里复制和繁殖，于是，他将这个极微小的病原体命名为“病毒”（Virus），以便跟细菌区分开来。但拜耶林克认为病毒在本质上是液体而不是颗粒，又称之为“传染性活体液体”（Contagium Vivum Fluidum）。

英雄辈出　开创时代

弗里德里希·洛弗勒　　保罗·弗罗施

同年，德国微生物学家弗里德里希·洛弗勒（Friedrich Loeffler）和保罗·弗罗施（Paul Frosch）首次在动物中发现病毒。

口蹄疫（Foot-and-Mouth Disease）是一种动物传染病，影响偶蹄动物，易感染动物包括牛、水牛、绵羊、山羊、猪、羚羊、鹿和野牛。感染后，引起持续 2 天到 6 天的高烧，随后口腔内和脚上会出现水泡，水泡可能会破裂并导致跛行。口蹄疫一般对成年动物不致命，但可以杀死幼年动物，对动物养殖有非常严重的影响。

1897 年，洛弗勒和弗罗施受国家委托从事牛口蹄疫研究。在寻找牛口蹄疫的病原体时，他们也发现牛口蹄疫的病原体可以通过巴斯德－钱伯兰过滤器，类似烟草花叶病毒，但是，当他们改用孔径更小的北里超滤器（Kitasato Filter）时，病原体却不能通过。

"病毒是固体！"洛弗勒和弗罗施异口同声脱口而出。

原来牛口蹄疫的病原体是固态颗粒，而非拜耶林克断言的液态。洛弗勒和弗罗施被视为病毒学的奠基人。

过滤鉴别病毒的实验方法在 20 世纪初被广泛采用，人类传染病病毒被一一发现，它们的发现对病毒学的发展起了巨大的推动作用，这些病毒包括：

· 引起黄热病的病毒（1990 年发现）
· 引起狂犬病的病毒（Rabies Virus）（1903 年发现）
· 引起登革热的病毒（Dengue Virus）（1907 年发现）
· 引起脊髓灰质炎（poliomyelitis）的病毒（Poliovirus）（1909 年发现）
· 引起鸡肉瘤癌症的病毒（Rous Sarcoma Virus）（1911 年发现）
· 引起麻疹的病毒（Measles Virus）（1911 年发现）
· 感染细菌的病毒（Bacteriophage）（1915 年发现）

大多数病毒发现造就了诺贝尔奖得主，他们是：

美国植物学家温德尔·斯坦利（Wendell Stanley）致力于研究烟草花叶病毒。1935 年，他从大量受感染的烟叶中成功提取出纯晶体形式的病毒。通过进一步的研究，温德尔·斯坦利证明烟草花叶病毒由蛋白质和核酸组成。这一重大发现为他赢得了 1946 年诺贝尔化学奖。

南非裔美国病毒学家和医学生物家马克斯·泰累尔（Max Theiler）因 1937 年成功研制出黄热病疫苗而获得 1951 年诺贝尔生理学或医学奖，成为第一位非洲出生的诺贝尔奖获得者。

奥地利医学生物学家卡尔·兰德施泰纳（Karl Landsteiner）首先于1908年发现脊髓灰质炎病毒，虽然这个发现没有获得诺贝尔奖，但他因发现并分类血型而荣登1930年诺贝尔生理学或医学奖的宝座。

45年后，兰德施泰纳发现的脊髓灰质炎病毒催生了另外一项诺贝尔奖：1954年，约翰·恩德斯（John Enders）、托马斯·韦勒（Thomas Weller）和弗雷德里克·罗宾斯（Frederick Robbins）因建立了脊髓灰质炎病毒的培养方法，而被授予诺贝尔生理学或医学奖。

美国病理学家佩顿·劳斯（Peyton Rous）因发现诱导癌症病毒，即鸡肉瘤病毒，而获得1965年诺贝尔生理学或医学奖，此时，距他历史性发现的1911年已经过去了整整54个春秋，而劳斯当年已届87岁高龄。劳斯至今仍保持两项诺贝尔生理学或医学奖纪录：一是从科学发现到获奖的时间最长；二是获奖时年龄最大。

温德尔·斯坦利

马克斯·泰累尔

卡尔·兰德施泰纳

佩顿·劳斯

劳斯的发现也催生了另一届诺贝尔奖得主。1976年，迈克尔·毕晓普（J. Michael Bishop）和哈罗德·瓦姆斯 （Harold Varmus）发现了鸡肉瘤病毒是逆转录病毒，它们是在进化过程中从鸡中获得的原癌基因（Proto-oncogene）。这一发现改变了人类对癌症的看法，原来，人体正常细胞内存在原癌基因，一旦被刺激产生突变，就会诱导癌细胞的产生。他们因此获得1989年诺贝尔生理学或医学奖。

第五章　征服黄热病的勇士

黄热横行何为秘？悬念终揭，蚊子传瘟疫。不畏牺牲酬壮志，独尊荣誉轻名利。

拉美治蚊标伟绩。溯本清源，唤疫苗出世。锁定病毒书正气，颁发诺奖彰奇迹。

（《蝶恋花》）

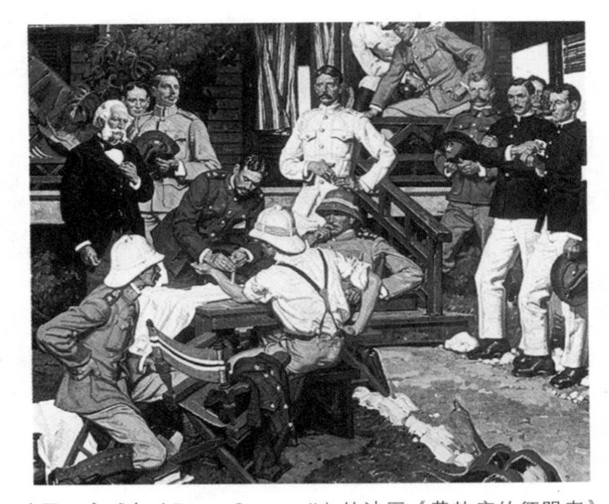

迪恩・康威尔（Dean Cornwell）的油画《黄热病的征服者》

19世纪末，古巴反抗西班牙殖民主义者的独立运动正如火如荼地进行着。

1898年2月，一艘停泊在古巴哈瓦那港的美国海军装甲巡洋舰缅因号神秘爆炸并沉没，美国政府以此为借口向西班牙宣战，支持古巴独立。4月21日，在强大海军力量的支持下，美国远征军在古巴登陆。由于美西军事实力的巨大差异，战事并不曲折，战况也谈不上惊心动魄。仅10周，美国远征军迅速击溃西班牙军队，占领哈瓦那。

然而，美国人惊讶地发现他们遇上了一个远比西班牙军队更强大的敌人——黄热病。战争中西班牙军队并没有对美军造成重大伤亡，而死于黄热病的美军人数是战死人数的 13 倍。接管古巴之后，美国政府不仅要面对日益增多的美军死亡，还要负责医治受黄热病煎熬的古巴居民。

面对严重的黄热病疫情，美国陆军医疗部总监乔治·米勒·斯腾伯格（George Miller Sternberg）选出 4 位医学专家组成黄热病研究小组前往古巴实地考察。陆军病理学家和细菌学家沃尔特·里德（Walter Reed）少校、詹姆斯·卡罗尔（James Carroll）医生、阿里斯蒂德·阿格拉蒙特（Aristides Agramonte）医生和杰西·威廉·拉泽尔（Jesse William Lazear）医生临危受命，里德少校担任领队。

里德少校临行前做足了功课，来到哈瓦那后，立即拜访当地的古巴医生卡洛斯·芬莱（Carlos Finlay），寻求合作。芬莱医生是何方神圣，值得里德少校如此重视呢？事情还要从 30 年前说起。

盯住蚊子　探得奥秘

卡洛斯·芬莱于 1833 年 12 月 3 日出生在古巴普林西比港（今卡马圭）。父亲是苏格兰人，母亲是法国人。父亲除了行医，还拥有一个咖啡种植园，芬莱在那里度过了乐趣无限的童年。中学时代，他告别父母，只身去法国留学。毕业后，为了继承父业，芬莱选择去费城杰斐逊医学院学医。在这里，他师从于约翰·卡斯利·米切尔教授，进行临床微生物学的研究。

卡洛斯·芬莱

当时，巴斯德和科赫刚刚创立“疾病病原体学说”，认为疾病是由外部微生物进入身体引起的。虽然许多反对者仍然在挑战和抹黑这一理论，但米切尔教授全力支持，并以该理论为基础在杰斐逊医学院开创了临床微生物学这一崭新领域。芬莱也有幸跟随米切尔从事这一前沿医学研究。这段经历为他日后证明黄热病传播途径打下了坚实基础。

米切尔夫妇企图说服才华横溢的芬莱在美国继续医学生涯，但芬莱希望回到他出生的岛屿，在父亲身边工作。

经过 8 年的出国旅行和专业课程，1864 年，芬莱开始在家乡为父老乡亲们看病。

哈瓦那是中美洲的一个主要港口，交通繁忙。黄热病自 1620 年首次从巴拿马传入后，一直在古巴岛上持久存在，并不时暴发大流行，每年造成众多居民感染和死亡。作为医生，芬莱亲身经历了黄热病带来的灾难和恐惧。为了解救广大民众，他决定弄清楚黄热病的来龙去脉。他白天忙于行医治病，业余时间精心研究黄热病。

当时，科学界已经知道黄热病不能通过人与人的相互接触传播，但对黄热病是如何传播的则莫衷一是。最流行的观点认为黄热病是池塘或沼泽散发出来的毒气引起的。然而，通过对黄热病的发病季节和地理分布的仔细观察，芬莱发现黄热病的发病随温湿度的降低和海拔的增高而降低，这一特征与蚊子的活动特征很一致。

芬莱的实验室

“难道与蚊子的特性有关？” 芬莱突然联想到蚊子。

有了新线索，芬莱马上行动起来。

他用显微镜检查患者组织，看到特征性出血病变，他推断病原体一定沉积在血管内。而蚊子通过吸血吸取营养，非常适合扮演病原体携带者。芬莱立即将目光盯在了蚊子上。

哈瓦那的蚊子有许多种，这极大地增加了他研究的难度。在古巴著名博物学家菲利普·波伊 （Felipe Poey）的帮助下，芬莱锁定了南方家蚊（Culex quinquefasciatus）和埃及伊蚊（Aedes aegypti）。

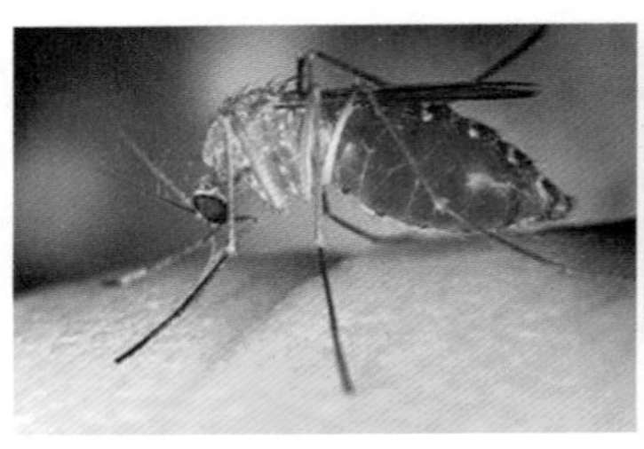
南方家蚊

埃及伊蚊

接下来，芬莱开始了漫长细致的观察。他发现，南方家蚊夜间活动，活动范围局限在人的周围。但是，雌性南方家蚊一生只吸一次血，无法诱使它们吸第二次血，于是他排除了南方家蚊。

埃及伊蚊在弱光线下最为活跃，比如凌晨和黄昏，阴雨的白天也活动频繁。埃及伊蚊活动范围大于南方家蚊，而且每隔几天就要吸一次血。所以，埃及伊蚊最可能是黄热病的传播者。埃及伊蚊腿上的白色花纹鲜艳夺目，因此被美名为“花蚊子”，它们胸部上的七弦琴图案也别具一格。

1881 年 8 月 14 日在哈瓦那举行的学术会议上，芬莱第一次提出了蚊子作为携带者传播黄热病的假说。首先，他介绍黄热病是一种（完整血细胞的）出血性感染，红血球有时会在患者出血的血液中完整排出，没有明显的血管破裂，因此血管内皮是主要病变的部位。

芬莱进一步介绍了埃及伊蚊传播黄热病的可能过程：蚊子将其口器埋入黄热病患者的毛细血管中，将感染的血液吸入体内，成为黄热病病原体的携带者。当蚊子叮咬未免疫者（感染过黄热病的患者产生抗黄热病抗体，因而获得终身免疫，称为免疫者，而未感染过的人称为未免疫者）的时候，其唾液中所含病原体以及口器上残留的病原体就会进入他们的血管，从而将黄热病传入。

然而，芬莱的学术报告和题为《蚊子可能是黄热病传播媒介》的论文却遭到听众与读者的怀疑和嘲笑，他的同事们打趣地称他为“蚊子人”。

科学界对芬莱发现的质疑主要在于芬莱未能证明叮咬黄热病患者的蚊子

可以使正常人致病。

芬莱坚信自己理论的正确，一直坚持不懈地进行蚊子传播实验。从 1881 年 6 月到 1893 年 12 月，共进行了 88 次蚊子传播实验。实验对象包括不同程度的黄热病患者和在哈瓦那生活了不同时间长短的未免疫欧洲人。在这些实验中，芬莱总是让蚊子叮咬发病 2—6 天的黄热病患者，2—5 天后，再让这些蚊子去叮咬未免疫者。在完成实验的近百人中，只有 14 人出现轻微症状。实验的频频失败严重阻碍了蚊子传播研究的推进。

雪上加霜的是，1896 年，意大利细菌学家朱塞佩·萨纳雷利（Giuseppe Sanarelli）声称他从黄热病患者身上分离出了一种细菌，并将其命名为黄热病芽孢杆菌（Bacillus icteroides）。他断言黄热病是由于感染黄热病芽孢杆菌引发的。芬莱的“蚊子传播理论”似乎已到了山穷水尽的地步。

勇于牺牲 敢于胜利

就在实验面临困境的时候，4 位不速之客叩响了芬莱家的大门。来客正是美军赴古巴黄热病研究小组的 4 位成员，芬莱热情地将远道而来的 4 位科学家迎进家门。

这是一个历史性的时刻，时间为 1900 年 8 月 1 日，地点在芬莱家。

黄热病委员会的成员们首先带给芬莱一个好消息：“萨纳雷利的细菌理论是错误的。”“我们的实验证明，所谓的黄热病芽孢杆菌其实是实验中的细菌污染。”

美国陆军黄热病研究小组在芬莱家

“蚊子传播可能性极大，”他们告诉芬莱，“这次拜访的目的就是寻求与您的合作，找到蚊子传播的直接证据。”

“太好了！”听到这里，芬莱欣喜若狂，终于有人愿意相信他的蚊子传播理论。

芬莱立即拿出他发表的论文和实验笔记，详细地向来访者阐述他的想法、他的发现和他正在进行的一系列实验。讲者用心，听者专注，气氛融洽。由于志趣相同，双方一拍即合，迅速达成共同研究蚊子理论的合作共识。

告别时，芬莱赠送给客人们一个装有埃及伊蚊卵的瓷瓶，以表示他的合作诚意。这些蚊卵确实弥为珍贵，它们孵化的蚊子稍后被用于实验。

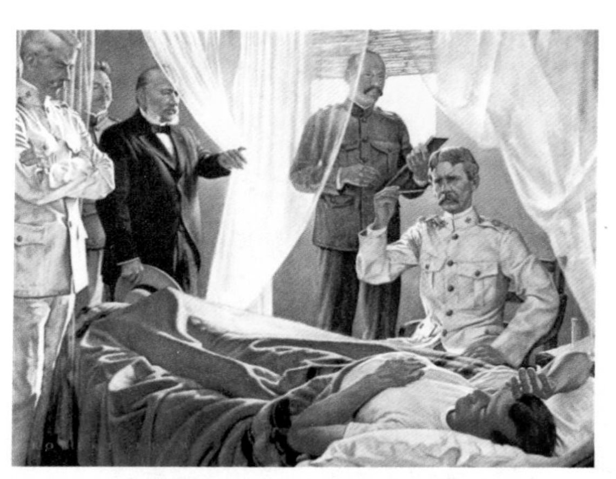

芬莱和美国陆军黄热病研究小组在工作

验证蚊子传播理论的最后战役在芬莱和黄热病研究小组的通力合作下正式展开。这一次，有4名美国专家加盟，实验速度可以大大加快。

说干就干。

芬莱和黄热病研究小组积极从美国士兵和新来的西班牙移民中招募志愿者。

黄热病研究小组的4位成员共同作出了一个令人动容的决定：自愿作为实验对象。这是一个勇敢的决定，因为成员们完全清楚这一决定的潜在后果。一旦感染上黄热病，死亡率高达10%。如果没有为科学献身的品德，为完成使命而悍不畏死的军人气概，无人能作出这一崇高的抉择，这一决定伴随的是生命的代价。

1900年8月中旬，拉泽尔作为第一批自愿者接受了蚊子叮咬实验。他们重复芬莱采用的方法，结果依然如故，拉泽尔在内的所有志愿者都未染上黄热病。

正当大家讨论实验结果的时候，门口邮递员大喊：“你的信，拉泽尔。”

拉泽尔一看信封就知道是美国同行亨利·卡特医生来的。他看完信的内容，兴奋地转告大家卡特的黄热病研究新发现，“卡特说，从原发感染病例到继发感染病例的出现需要2—3周。”

卡特在信中详细介绍了1898年夏天在美国密西西比州奥伍德和泰勒暴发的黄热病。他在调查时观察到一个现象，一个农舍出现黄热病患者后，立即去该农舍走动的人并未感染该病，但两周后去农舍的人都被感染，一共12户家庭前前后后去过农舍。数据统计表明，原发感染病例和继发感染病例间隔在2—3周之间。卡特推测，黄热病病原体可能会直接从患者传播到环境中，在环境中孵化一段时间后再感染其他人。他称2—3周这段时间为“外在潜伏期”。

拉泽尔眼睛一亮，立即召集大家根据卡特的“潜伏期”重新设计实验，选择一系列不同天数的“潜伏期”做实验。这一次，蚊子在叮咬黄热病患者后不立即叮咬未免疫的志愿者，而是等1—2周的“潜伏期”后，再让蚊子叮咬未免疫的志愿者。

实验非常成功，在11名志愿者中，被“潜伏期”少于10天的蚊子叮咬的9位志愿者都未感染，但被“潜伏期”12天和16天的蚊子分别叮咬的卡罗尔和二等兵威廉·迪恩都感染了黄热病，不过他俩很快康复。

伴随实验成功的是沉重的代价。

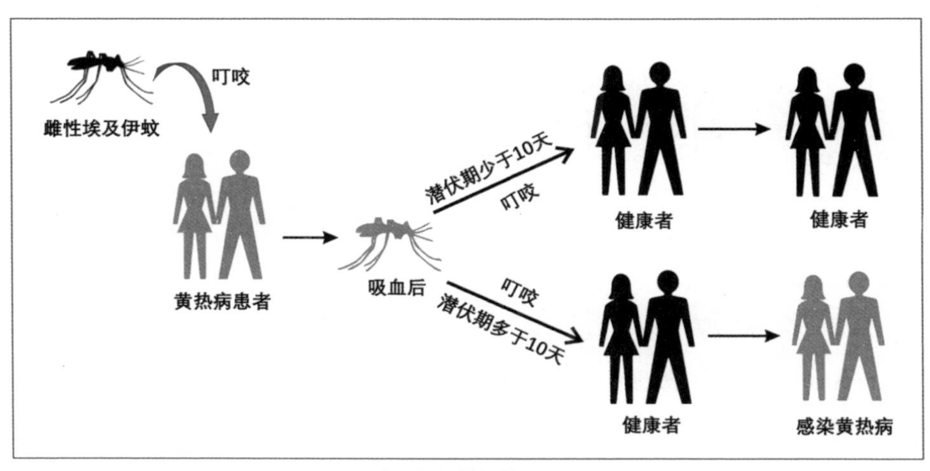

埃及伊蚊传播黄热病示意图

1900 年 9 月 13 日，拉泽尔在拉斯阿尼马斯医院的黄热病病房做实验，当他扶着玻璃管让里面的蚊子叮咬一位志愿者的腹部时，一只蚊子准确无误地飞落在他手臂上，为了不打扰管子里的蚊子，他静静地让手臂上的蚊子贪婪地吸吮自己。不幸的是，拉泽尔的这一举动是致命的。几天后，他出现了黄热病症状，病情迅速恶化。他于 1900 年 9 月 25 日死于黄热病，年仅 34 岁，留下年轻的妻子、1 岁的儿子和刚出生不久的女儿。

拉泽尔和他 1 岁的儿子

卡罗尔虽然当时康复了，但黄热病感染留下的后遗症对他是致命的。1907 年 9 月 16 日卡罗尔死于黄热病的晚期并发症心脏瓣膜病，享年 53 岁，留下遗孀珍妮和 7 个孩子。

就在卡罗尔病逝的当年 12 月，美国科学促进会在伊利诺伊州芝加哥召开年会，大会一致提议要求美国国会通过一项专门法案，向卡罗尔遗孀珍妮 · 卡罗尔夫人发放一项特殊养老金，用于养活她和她的 7 个孩子。美国国会采纳了提议，卡罗尔的遗孀从他去世之日起每年由政府提供养老金。拉泽尔的遗孀和孩子也获得专项养老金。

庆幸的是，在用人体进行黄热病实验期间，没有一个招募的志愿者感染死亡。

为了纪念拉泽尔，黄热病研究小组建立了一个以拉泽尔命名的实验站（Camp Lazear）。在大院里，他们建造了两间大实验室，一间是“蚊子实验室”，另一间是“物品实验室”。

首先，他们增加志愿者人数，在“蚊子实验室”重复原始实验。为了将埃及伊蚊集中在一侧，研究小组用细密的金属纱窗将实验室一分为二，一侧为实验组，另一侧为对照组。在实验组一侧，志愿者与“潜伏期”15 天的蚊子共同生活，在对照组一侧没有蚊子，只有人数相同的志愿者。意料之中，结果与原始实验一致：几乎所有实验组的志愿者都被感染，但对照组的一侧则无人生病，这进一步证实了黄热病病原体由雌性埃及伊蚊携带，再传播给人。

坐落在哈瓦那的芬莱纪念碑

同时，研究小组在“物品实验室”里进行着另一个实验，他们让黄热病患者污染床上用品（床单、枕头、被褥），然后将它们铺在“物品实验室”里的床上，志愿者们在被污染的床单上睡了几个星期后没有一个人感染黄热病，从而证伪了“污染物传播黄热病”的理论。

芬莱和黄热病研究小组通力合作，以严谨的实验证实了芬莱20年前提出的蚊子传播黄热病的理论。1900年10月23日，里德在印第安纳波利斯举行的美国公共卫生协会年会上报告了这一历史性成果：

1. 埃及伊蚊是将黄热病从感染者传染给未免疫者的媒介。黄热病不能通过接触污染物传播，也不能通过空气传播。

2. 黄热病病原体可过滤，所以是病毒，而非细菌。

3. 埃及伊蚊携带的黄热病病毒必须在其体内潜伏至少12天才能感染未免疫者。

4. 黄热病病毒在人类体内的潜伏期介于2—6天，也就是说：患者被感染2—6天后才出现症状。患者出现症状的头两天，他的血液可以直接感染未免疫者。

5. 通过灭蚊措施可以最有效地控制黄热病的蔓延。

里德的演讲是本次年会的最大亮点，受到与会科学家的高度重视和积极评价。

芬莱与黄热病研究小组的发现，也受到了古巴政府和各界的极度赞赏。为了表彰芬莱的开创性贡献，古巴政府铸造了一座芬莱青铜半身像。

1900 年 12 月，驻古巴美国军事总督伦纳德·伍德将军亲自剪彩，并发表热情洋溢的讲话。他充满自豪地宣称：“芬莱博士蚊子理论的确认是医学界向前迈出的最大一步，是自从詹纳发现疫苗接种以来最伟大的科学贡献。”

在这之后，芬莱获得了无数荣誉和奖章：被两次提名诺贝尔生理学或医学奖，法国授予他荣誉军团勋章，利物浦热带医学院授予他玛丽·金斯利奖章，他还获得了杰斐逊医学院的荣誉学位，成为费城医师学院的荣誉会员，古巴政府授予他古巴国家勋章，并在哈瓦那开设了一家博物馆，展示他的肖像和许多出版物。今天，哈瓦那街头还矗立着他的纪念碑和雕像。

蚊子无踪　瘟疫无迹

运用科学发现造福人类是科学研究的终极目标，也是人类面临的终极挑战。

如何运用黄热病研究的这一最新突破在哈瓦那成功控制黄热病？

这一重大课题摆在了美军在哈瓦那的首席卫生官威廉·克劳福德·戈尔加斯（William Crawford Gorgas）少校的面前。

威廉·克劳福德·戈尔加斯

1898 年，美西战争结束后，戈尔加斯被任命为哈瓦那的首席卫生官，负责控制古巴黄热病。他比黄热病研究小组早两年到哈瓦那。戈尔加斯对黄热病一点儿不陌生，在美国就跟此病打了十几年的交道，黄热病既给他带来过病痛和恐惧，更缔造了他美满的婚姻和幸福。16 年前，戈尔加斯任得克萨斯州陆军基地布朗堡医疗官，除了看病，另一项工作是为在基地医院里死于流行病的患者主持葬礼。1882 年的一个早晨，戈尔加斯接到通知，下午为玛丽·库克·道蒂小姐主持葬礼。

道蒂是布朗堡指挥官的小姨子，前一周感染了黄热病，头天晚上出现黑色呕吐，预计活不了多久。她的墓穴已经准备好。就在戈尔加斯为又将送走一位青春美丽的小姐而唏嘘时，突然又收到通知取消葬礼，道蒂小姐奇迹般地活了过来！

一上班，戈尔加斯就感到身体不适，正愁去不了葬礼。一检查，他吓了一跳，是黄热病，必须立即住院治疗。

祸兮福所倚，戈尔加斯没有想到飞来的横祸居然成就了他一世的姻缘。他与道蒂小姐一起接受治疗，一道散步，一同康复。朝夕相处的这些日子，他们从病友变成恋人，于 1885 年结婚。一年后，他们有了爱情的结晶，后来相濡以沫 35 年。戈尔加斯去世后，他的妻子在追忆他的传记中写下了这段美好回忆。

黄热病感染的记忆从未离开过戈尔加斯的脑海。这次来到哈瓦那，责任重大，戈尔加斯迫切希望早日控制黄热病。

很快，戈尔加斯与芬莱医生成为朋友。最初，他也不相信芬莱的蚊子传播理论，坚持瘴气（污秽）传播黄热病理论，以此为依据采取措施清理这座城市。消除瘴气的工作颇有成效，两年里，哈瓦那的卫生面貌焕然一新，城市里不再有污水散发的异味，天花、伤寒、痢疾发病率下降，死亡率甚至低于许多欧洲城市。然而，戈尔加斯的努力对于控制黄热病却毫无作用，黄热病的发病率不降反增。

正当戈尔加斯一筹莫展的时候，黄热病研究小组证实了芬莱医生的蚊子传播理论。戈尔加斯果断改变作战计划，将目标转向蚊子。

“从现在起，我要消灭蚊子。” 他兴冲冲地告诉里德新计划。

“这是不可能的，这么多的蚊子来无影去无踪，你如何消灭？” 不料，被里德当头泼了一盆冷水。

戈尔加斯依然固执己见，他找到芬莱，知道了埃及伊蚊的一个重要生活习性：偏爱水，喜欢在城市的水中产卵。

“以水源为突破口消除埃及伊蚊的繁殖地。” 他向蚊子宣战。

戈尔加斯准备了足够的杀蚊武器——石油。他将全市划分为不同的区，每个区指定 3 名工作人员负责。哈瓦那所有房屋都设有污水池，工作人员每 3 周向每个污水池洒石油，水表面的油膜隔绝氧气，杀死大量繁殖的幼虫及虫卵。为了灭蚊彻底，只要蚊子可能接触的水面也都洒上石油。

同时，戈尔加斯采取措施保护城市里的淡水，他们在集水区的水桶上安装纱网，防止蚊子进入产卵。并要求各家各户在自家收集雨水的大桶上装防蚊纱网，并对违规者处以 5 美元的罚款。如果违规者表示合作并加装防蚊纱网，戈尔加斯就会退还罚款。古巴人一直认为所有政府官员都是言而无信的，当戈尔加斯退还他们的 5 美元时，他们非常惊喜，赞扬工作人员，更愉快地合作。对于极个别冥顽不化的家庭，也有更强硬的对策，即将水桶打破。该计划实施顺利，非常成功。

戈尔加斯采取的新措施还包括：

组织人力清理城市周围的沟渠、排水沟和溪流，将积水引入这些排水系统。

在患者的公寓及医院都增加了灭蚊措施。黄热病患者必须置于蚊帐下，患者住过的房间及相邻的房间必须严格灭蚊。检疫人员先封闭房间，然后燃烧除虫菊粉，3 个小时再打开房间进行清扫。除虫菊粉的优点在于它不产生异味，也不伤害任何室内的纺织物。情况严重时使用灭蚊效果更好的材料—— 硫黄。

戈尔加斯发起的这场灭蚊战役效果如何？比较一下数据就一目了然了。

1890—1900 年间，哈瓦那市每年平均有 462 人死于黄热病。

灭蚊措施在 1901 年 2 月 16 日开始实施， 在实施之前的 1 月和 2 月，12 人死于黄热病，而在灭蚊措施实施之后的 10 个月里仅有 4 例死亡，最后一例黄热病死亡发生在 9 月 28 日。1903 年 1 月 22 日，戈尔加斯向美国参议院提交了一份报告，指出“古巴自 1902 年 9 月以来，再没有黄热病”。

戈尔加斯在哈瓦那成功控制黄热病是科学研究成果和公共卫生措施共同控制传染疾病的一个伟大范例，为人类战胜病毒传染病提供了有益借鉴。

在戈尔加斯成功控制黄热病不久，古巴于 1902 年 5 月 20 日宣告独立，美国的军事管制正式结束。

在欢庆独立的一片凯歌声中，戈尔加斯悄悄地来到郊外一座古巴军队医院给外科患者看病，日子变得清闲起来。

转战运河　再创辉煌

此时的美国政府正将目光投向巴拿马运河。

美洲大陆纵贯地球南北，位于大西洋与太平洋之间，北濒北冰洋。它地域广袤，由北美和南美两个大陆组成。巴拿马地峡连接南北美洲，最窄处仅50公里宽，是修建运河的理想之地。尽管美国就修建运河之事进行了许多研究和几次探险，但还是让法国人捷足先登。

巴拿马运河地理示意图

1869年，费丁和德·莱塞普斯领导法国人成功建造苏伊士运河。1881年，他俩把目光投向巴拿马，开始建造巴拿马运河。但由于黄热病，工人死亡人数剧增，导致投资者缺乏信心，运河工程于1889年停摆。此时法国已花费了约3亿美元，2万多名工人因疾病（黄热病和疟疾）死亡。

美国总统西奥多·罗斯福长期以来一直对修建运河感兴趣，他特别欣赏马汉《海权对历史的影响》一书。马汉写道，地中海已经建造了一条苏伊士运河，加勒比海是“美洲地中海”，也需要一条运河。

1901年9月6日，美国总统麦金莱被暗杀，副总统罗斯福接任总统。他一上任就立即开始认真规划运河的修建。终于，美国国会于1903年1月与巴拿马签署条约，开始拨款修建巴拿马运河。

1904年，美国以3000万美元买下了法国未完工的运河工程，并于5月

4 日正式控制了运河财产。为修建运河，美国专门成立了地峡运河委员会（ICC），也称巴拿马运河委员会，负责监督工程建造。该委员会直接向陆军部长威廉·霍华德·塔夫脱报告。

1904 年 5 月 6 日，罗斯福总统任命约翰·芬德利·华莱士为巴拿马运河项目的总工程师。

就在美国政府紧锣密鼓地筹建巴拿马运河的时候，在古巴的戈尔加斯也开始跃跃欲试，希望负责运河工程的卫生工作，迎接新的挑战。他要把在古巴开发的灭蚊技术搬到巴拿马运河，消灭蚊子，控制黄热病。

驻古巴美国军事总督伍德将军、前任美国陆军医疗部总监斯腾伯格将军和新任美国陆军医疗部总监罗伯特·奥莱利将军，都推荐戈尔加斯出任巴拿马的首席卫生官。他的导师约翰霍普金斯医学院院长威廉·韦尔奇博士，专门率领一个代表团前往华盛顿访问罗斯福总统，向总统推荐戈尔加斯。在韦尔奇博士的建议下，罗斯福总统任命戈尔加斯为巴拿马运河的卫生主管。

戈尔加斯在巴拿马运河工地

戈尔加斯马上行动。

首先，他专程去埃及访问成功建造的苏伊士运河，以及半途而废的巴拿马运河。戈尔加斯了解到，在建造巴拿马运河期间，25% 的法国劳动力因病死亡，三分之一的劳动力每天因病缺勤。戈尔加斯确信，巴拿马运河项目要想取得成功，他必须控制疟疾和黄热病。虽然疟疾造成工人们的生命损失最大，但黄热病发病快、死亡率高，从而给工人们造成巨大的心理恐惧，感觉死神就在身边。

戈尔加斯决定首先攻克黄热病。

1904 年 9 月，戈尔加斯满怀激情，带着 6 位助手抵达巴拿马走马上任。

运河区的卫生条件越来越糟糕，每栋建筑中都飞满了传播黄热病的埃及伊蚊和传播疟疾的按蚊（Anopheles Mosquito）。盛饮用水的陶罐、水箱、雨水桶、地下水袋等到处布满了蚊子幼虫。医院没有纱窗，许多医院工作人员、法国医生和慈善修女都感染了疟疾。天黑后，医院工作人员只好将自己裹在浸有香茅油的绷带中，以免受到成群蚊子的侵害。戈尔加斯心急如焚，恨不得马上将两种蚊子全部清除。可是，卫生项目资金迟迟未到。

原来，运河工程委员会的 7 位成员远在华盛顿特区。他们都不懂业务，由于害怕黄热病，7 人都没有视察过巴拿马运河工地，其中有 6 人没组织过大型建设项目，也不习惯处理庞大的供应和劳动力问题，更没有人受过医学训练。他们认为运河只是一个简单的工程问题。运河委员会主席沃克认为法国失败的主要原因是他们的运河工程委员滥用基金，导致投资商失去信心，最后没钱运转。有了这一前车之鉴，沃克在资金拨款上设置了巨大的障碍，所花费的每一美元都要通过一个烦琐的审批制度。戈尔加斯多次发送紧急电报申请物资和材料，沃克不仅不理会他的需求，反而回电称，“发电报太贵了，以后请用邮件”。

至于控制疾病，沃克认为根本不重要，与建造运河无关。他公开批评戈尔加斯浪费工时追逐蚊子，熏蒸灭蚊计划简直是浪费材料，明确表示不会提供资金，其他 6 位委员也都认为戈尔加斯在浪费时间。

灭蚊经费不批，空有一身的本事却无法施展的戈尔加斯十分沮丧，望河兴叹。

由于抵抗力下降，戈尔加斯染上疟疾，1905 年初返回华盛顿治疗，他试图借此机会说服沃克拨款。然而，一切都是徒劳。虽然一无所获，但已熟悉这种官僚主义运作的他却既不发脾气也不辞职，相反，带着妻子重新回到巴拿马耐心等待，坚信经费一定会批下来。由于这份冷静的执着，戈尔加斯成为唯一一位从头到尾看到运河建成的高级官员。

由于运河委员会的外行，戈尔加斯无法推动黄热病的防疫。随着未免疫新工人的陆续到达，一场黄热病瘟疫在所难免。第一个病例发生在 1904 年

11月，12月有6例感染，1月有8例感染和2例死亡，到1905年1月底，每个人都知道这种疾病正在蔓延。随着时间的推移，病例稳步增长，在4月，黄热病夺走了两名主要运河官员的生命。

当地报纸开始报道，宣称法国运河时期的黄热病大灾难再度降临，不安情绪笼罩着运河工地，越来越多的新工人开始离开。

远在白宫的罗斯福总统时刻关注着他钟爱的运河工程，对工程进展缓慢、黄热病蔓延极为不满，他对现有的巴拿马运河委员会失去了信心和耐心。就在此时，美国医学会有关巴拿马运河卫生状况的实地调查报告送到了他的面前。报告明确指出沃克领导的运河委员会对戈尔加斯工作的阻挠导致了黄热病的蔓延。这份报告成为压垮骆驼的最后一根稻草，罗斯福总统解雇了巴拿马运河委员会的全部7名委员，并于1905年4月任命了新的主席和委员。然而，新任主席西奥多·肖特斯同样不支持戈尔加斯，更有甚者，他想用自己的人，一位不知名的整骨医生，取代戈尔加斯。

在这段艰难时期，以冷静著称的戈尔加斯也开始变得烦躁不安，每天抽烟，生气时将桌上的文件扫到办公桌抽屉里。好在他的妻子和他在一起，还有很多朋友在周围支持他。天性开朗的戈尔加斯很快冷静下来，尽量做一些力所能及的防疫工作。

不久，华盛顿传来喜讯，新任巴拿马运河委员会主席肖特斯撤换戈尔加斯的提议遭罗斯福总统驳回。事情是这样的，肖特斯向陆军部长塔夫脱提出取代戈尔加斯的建议，获得了塔夫脱的批准，然后，将其转交给罗斯福总统做最后批准。在批准之前，罗斯福总统去征求推荐戈尔加斯的约翰霍普金斯医学院院长韦尔奇和他的朋友亚历山大·兰伯特博士的意见，他们坚持戈尔加斯最适合这项工作，修建运河的主要障碍是黄热病和疟疾。

“保留戈尔加斯的职位并给他适当的权力，运河就会建成。”兰伯特告诉总统。

罗斯福总统听从了两位医学专家的建议，拒绝了取代戈尔加斯的提议。

“全力配合戈尔加斯。”他告诉肖特斯。

面对总统的决定，肖特斯改变了态度，开始积极支持戈尔加斯的工作。

时间很快进入6月，巴拿马运河工地境况继续恶化，发生了几件令人吃惊的事情。黄热病病例数比上个月翻了一番，达到62例感染、19例死亡。

1905年6月11日，因对运河委员会官僚运作的不满和对日益严峻疫情的恐惧，运河总工程师辞职离开了巴拿马。此时，公众的情绪由不安变成了恐慌，人人争相逃离工地，高达四分之三的运河建设社区的工人逃离了巴拿马。如果有足够的船只，逃离人数还会更多。史无前例的人员外流导致整个运河工程面临崩溃的威胁。

就在这关键时刻，新任总工程师约翰·史蒂文斯走马上任，他很看重戈尔加斯，给他调配资源，让他放手去做。

华盛顿那边有肖特斯的支持，工地上有史蒂文斯的支持，戈尔加斯的精神为之一振，开始积极开展灭蚊运动。其实，在过去的9个月里，戈尔加斯也没有歇着，他利用有限的资金，按照他在古巴的成功经验，培养了一批检查员。这些检查员成为灭蚊检疫工作的骨干。使用防蚊雨桶，移除或处理其他盛水容器，给积水区域洒油，并对黄热病患者的房屋进行熏蒸。他们还计划为巴拿马城、科隆和其他定居点提供自来水，以便取消雨水桶和蓄水池。一切都在有条不紊地向前推进。

现在，戈尔加斯的请求优先于所有其他请求，要经费有经费，要人有人，他大刀阔斧地领导世界上前所未有的最昂贵、最庞大的公共卫生运动。

戈尔加斯组建的灭蚊消毒熏蒸大队

灭蚊人员挨家挨户熏蒸，有的路段熏蒸好几遍。熏蒸大队——数百名携带梯子、糊锅、水桶、一卷牛皮纸、旧报纸的人，在清晨穿过街道，成为巴拿马的一道美丽风景线。蓄水池和污水池每周都撒油一次。

最重要的是，巴拿马城、科隆、克里斯托瓦尔、安安、拉博卡、帝国、库莱布拉等城市都有了自来水，不再需要生活用水储存器。成功的灭蚊运动有效地控制了黄热病的蔓延。

同年9月，仅出现7例黄热病感染和4例死亡。到12月底，黄热病已经在巴拿马运河销声匿迹。这是人类控制黄热病瘟疫的又一个伟大壮举。

击败黄热病之后，戈尔加斯再接再厉又成功控制了疟疾。疾病的成功控制，进一步保证了巴拿马运河工程的顺利进行。

威廉·戈尔加斯雕像

1906年底，罗斯福总统参观了运河工程。他任命戈尔加斯为巴拿马运河委员会的成员，并在一次国会演讲中用了大量篇幅来描述和赞扬戈尔加斯在修建巴拿马运河上的成就，这是美国医疗官员第一次在总统致辞中得到这样的认可。

1914年8月15日，巴拿马运河开通。法国修建运河10年不成，2.2万名工人丧生。美国用10年修成运河，4000名工人丧生，死亡人数远低于法国。这一切都要归功于戈尔加斯对黄热病和疟疾的控制。

埃里克·阿霍恩（Erik Achorn）在他的《自1815年以来的欧洲文明和政治史》中指出，运河的建成是“医学的胜利，而不是工程技术的胜利”。

戈尔加斯于1909年到1910年担任美国医学会主席。1914年，他被晋升为准将并被任命为美国陆军医疗部总监。同年，戈尔加斯获得了美国国家科学院颁发的首届公共福利奖章。

戈尔加斯于1918年从军队退役。

1920年他在英国时生病住院，英国国王乔治五世来到他的病房，授予他荣誉骑士勋章。1920年7月3日，戈尔加斯病逝，被安葬在美国阿灵顿国家公墓。

生命不息 奋斗不止

1918年，在戈尔加斯成功的鼓舞下，洛克菲勒基金会成立了一个黄热病委员会，希望继续戈尔加斯的策略，通过消灭埃及伊蚊在全球彻底根除黄热病。这一计划早期进展顺利，成功地在许多城市控制了黄热病的传播，但逐渐不再有效。

科学研究发现黄热病是一种人畜共患病，热带雨林中多种森林蚊子携带黄热病病原体在灵长类动物之间传播。人类不可能将森林中的蚊子都消灭光。

怎么办？他们的目光再次投向了疫苗。

科学研究的道路弯弯曲曲。

本来，1900年里德领导的黄热病研究小组已经证实黄热病病原体不是细菌，而是可过滤的病毒。然而，洛克菲勒研究所和黄热病委员会的首席微生物学家野口英世（Hideyo Noguchi）再次宣称黄热病病原体是细菌。1918—1920年，厄瓜多尔、墨西哥和秘鲁的黄热病盛行，他从某些感染者的血液中分离出一种新的螺旋体菌，断定这一螺旋体菌是黄热病病原体，并将其命名为钩端螺旋体（Leptospira Icteroides）。同时，他还开发出了抗钩端螺旋体菌疫苗。

野口英世

野口的研究重新引发了黄热病病原体是病毒还是细菌的争论。因为，人类当时对病毒了解甚少，电子显微镜还没有问世，无法直接观察到病毒实体，病毒被认为是一个巨大的谜团。加上野口是位享有崇高声誉的细菌学家，毫不奇怪，他的主张被大多数人接受。

1925年，西非再次暴发黄热病。科学界不能确定西非的黄热病和南美的黄热病是否由同一病原体引起。科学家的工作就是首先从患者的血液中分离野口命名的钩端螺旋体。但在两年的尝试中，他们都没能从患者的血液中分离出来，康复者血液中也没有钩端螺旋体抗体。

科学家再次怀疑野口的结论。

由于实验的危险性，科学家已经不再在人体中进行实验，而是在灵长类动物体内进行。猴子成为首选实验对象。

阿德里安·斯托克斯

1927 年春天，西非委员会主任亨利·比克斯亲自前往欧洲购买了亚洲猴子，同时，顺便接伦敦大学盖伊医院的病理学教授阿德里安·斯托克斯（Adrian Stockes）去非洲实验室。

斯托克斯是位钩端螺旋体专家，第一次世界大战期间因在钩端螺旋体与黄疸方面的成就而享有盛誉。洛克菲勒基金会聘请他二度出山的目的就是要借助他这方面的专业知识澄清黄热病病原体的病毒—细菌之争。

斯托克斯留着灰色的小胡子和铁灰色的短发，为人谦逊，和蔼可亲，个头不是很高，但很结实，给比克斯留下愉快的印象。

几天后，比克斯和斯托克斯带着这批动物乘船沿非洲西海岸回到素有黄金海岸之称的加纳。5 月 25 日，他们在加纳的阿克拉下船。洛克菲勒基金会在那里设有一个小实验室。两位长驻科学家马哈菲（A.F. Mahaffy）和约翰内斯·鲍尔（Johannes Bauer），正期待着斯托克斯的到来。斯托克斯一到实验室就和他们一起开始工作。

在距离阿克拉约 160 公里的一个村庄，有一名 27 岁的非洲人，名字叫阿西比，正患有轻度黄热病，斯托克斯将他的血液接种到恒河猴（Macacus rhesus）体内。恒河猴很快表现出黄热病感染症状，第四天猴子奄奄一息。他们迅速将这只猴子的血液接种到第二只恒河猴体内，第二只恒河猴也感染黄热病，但存活下来。斯托克斯和鲍尔立即将它送到拉各斯的中心实验室。

在这里，他们和刚从美国赶来的科学家保罗·哈德森（N. Paul Hudson）成为研究小组的核心。

中心实验室坐落在拉各斯以北5英里，建在通往内陆城镇的道路旁，交通方便。一共有6座主要建筑，办公楼、实验楼、动物楼和3栋宿舍。它们是便携分段式的，从美国运来，高高地安装在混凝土柱子上，有自来水和电灯，一个网球场已经布置好，园林绿化也已经开始，形成一个小定居点。在这里，3位科学家满腔热忱，密切合作，进行了一段狂热而富有成效的研究工作，最后确证了黄热病病原体不是细菌。

斯托克斯需要回答的第一个问题是：钩端螺旋体是否与黄热病有关?

要回答这个问题，斯托克斯首先在黄热病猴子的血液和组织中，反复寻找钩端螺旋体，但没有成功。然后，在猴子之间传播黄热病的蚊子体内，他也没有发现钩端螺旋体。他发现：不含有钩端螺旋体的黄热病感染血液可以使猴子感染黄热病，大剂量抗钩端螺旋体血清不能保护猴子免受黄热病感染。在使用钩端螺旋体疫苗免疫后，猴子照样感染黄热病。病原体具有病毒的可过滤性。

这些实验表明，病原体不是钩端螺旋体，而是病毒。

接下来，为了证明猴子体内的黄热病病毒也能感染人体，斯托克斯提议招募志愿者进行人体实验，他自己第一个报名。但是，这一建议遭到委员会其他成员和当地政府医疗官员的反对，人体实验不仅太危险而且没有必要。

尼日利亚拉各斯黄热病中心实验室

然而，斯托克斯在毫无知觉和准备的情况下成为一名志愿者。1927年9月15日一大早，他被送往当地医院，病得很重，很快被诊断为黄热病。

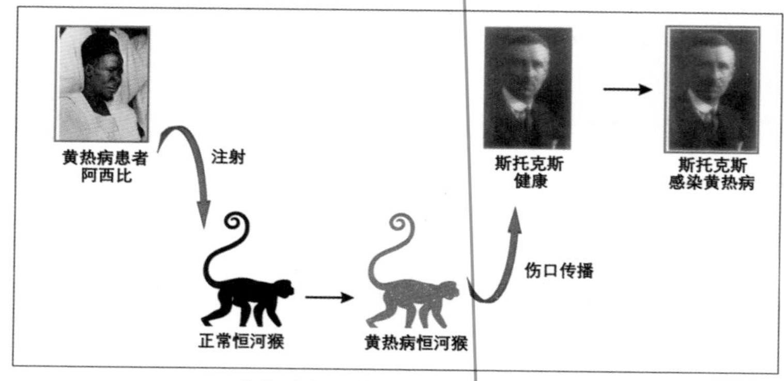

斯托克斯的黄热病病毒传播实验

斯托克斯的不幸感染证明猴子体内的黄热病病毒可以感染人体（上图）。

在生病的第二天和第三天，他要求抽自己的血给猴子接种。让埃及伊蚊叮咬自己：他将脚和小腿穿过一个长布套，伸进一个装有大约 100 只蚊子的铁丝笼中（这是鲍尔在猴子传播实验中设计和使用的器械和方法）。

鲍尔和哈德森立即对这些猴子和蚊子进行鉴定，确定它们都携带了黄热病病毒。

在生命的最后一刻，斯托克斯关心的是向异见者证明黄热病病原体是病毒而非细菌。

生病的第三天，斯托克斯说："我想见斯坎内尔（E. J. Scannell）和哈德森。"

斯托克斯与哈德森关系最好，但为什么要见斯坎内尔呢？斯坎内尔是委员会的保健医生，他曾经作为保健医生跟随野口远征厄瓜多尔和秘鲁，对野口关于黄热病病原体是钩端螺旋体的结论深信不疑。这次随研究小组来到西非，一直质疑研究小组对野口结论的否定。

随便打了个招呼后，斯托克斯请斯坎内尔进行临床检查并做出诊断。斯坎内尔一声不吭，先看了看临床图表和实验室检查记录，然后对斯托克斯进行了全面身体检查。当斯坎内尔终于从低矮的床上直起身子，把听诊器放在口袋里，斯托克斯眼睛盯着斯坎内尔问道："怎么样？"

“我想你感染上了。” 斯坎内尔故作平静地答道。

“你知道我没有跟任何黄热病患者接触。” 斯托克斯陈述地问道。

“是。” 斯坎内尔轻轻地回答。

“而且你已经在实验室里待了两周了，看着我们工作。”斯托克斯继续说。

“是。” 斯坎内尔继续轻轻地回答。

“那么，我是否一直在与病毒打交道？” 斯托克斯终于问出了他真正的问题。

“你们这些人就是这么叫的。” 斯坎内尔毫无表情地答道。

斯托克斯对这似是而非的回答感到有些不满，他是研究小组里第一个感染黄热病的，他坚信自己的感染是由实验室的病毒引起的。

斯托克斯继续问道：“你现在可以承认黄热病是由病毒引起的，而不是由钩端螺旋体引起的吗？”

犹豫了片刻，斯坎内尔似乎在考虑用词，最后语气坚定地说道：“我相信你们是对的。我认为你得了黄热病，在实验室感染了你所谓的病毒。”

接着是短暂的沉默。

“再见，斯坎内尔，哈德森。” 斯托克斯带着一种决绝的神情把脸转向墙壁。人们仿佛可以听到一声如释重负的喘息。

第二天，也就是 9 月 19 日，他告别了这个世界，在真理中安息。

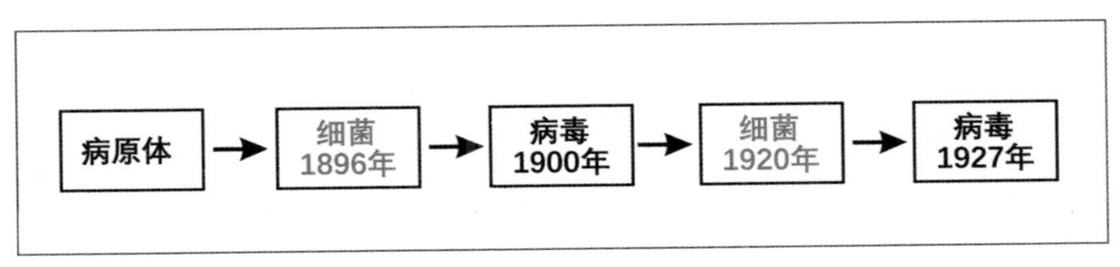

黄热病病原体的病毒与细菌之争

当鲍尔和哈德森发表他们的科学发现时，曾因工作与斯托克斯发生过激烈争论的鲍尔提议将斯托克斯的名字列为第一作者。

“这是我们至少能做的，他为此付出了生命。” 鲍尔诚恳地说，哈德森默默地点点头。

以斯托克斯为第一作者的论文于 1928 年发表在顶级杂志——《美国医学学会杂志》上。

9 月 21 日，斯托克斯的葬礼在拉各斯的一个小教堂里隆重举行。

几家欢乐几家愁。当西非黄热病委员会欢庆研究取得重大突破时，远在大洋彼岸的洛克菲勒研究所的首席微生物学家野口坐不住了。他公开质疑西非病毒研究的真实性，并要求洛克菲勒研究所所长西蒙·弗莱克斯纳同意他去西非核实研究成果。

得到批准后，野口立即动身，于 1927 年 11 月 17 日抵达阿克拉。

野口英世（右）的最后一张照片

他选择阿克拉作为他的研究基地。在拉各斯洛克菲勒基金会和英国阿克拉医疗队的帮助下，野口开始验证他的钩端螺旋体理论。

在实验前，野口接种了钩端螺旋体疫苗，相信这样可以预防黄热病。因此，他在 6 个月的实验过程中，既没戴手套，也没按要求做防护。

他用黄热病猴子的血液感染了 1200 只猴子，但一无所获，这些猴子体内都没有钩端螺旋体菌。野口不得不停止实验，承认黄热病由病毒而非细菌引起。

在离开西非之前，野口乘船去访问拉各斯中心实验室。1928 年 5 月 10 日，他抵达的当天晚上，拉各斯实验基地为他举办了晚宴，但此时野口感觉身体不适，没有出席。

第二天，野口登上船，在甲板上留下了最后一张照片后，离开了拉各斯。5 月 12 日，由于病情加重，他不得不在阿克拉上岸，住进医院。万万没有料到，5 月 21 日，野口因黄热病在医院去世。

科学的进步是科学家们用宝贵生命换来的。

制出疫苗　抱得诺奖

经过几十年的努力和多位科学家的献身，人类终于成功分离出黄热病病毒，并在实验动物（猴子）中建立传代毒株，这使得开发黄热病疫苗成为可能。然而，从毒株到疫苗又将是一个艰巨的科学使命，它正呼唤着勇于献身的天才科学家。

马克斯·泰累尔

路漫漫其修远兮，吾将上下而求索。哈佛大学医学院的教授马克斯·泰累尔（Max Theiler）勇敢地接受这一终极挑战，踏上了这段艰难的科学旅途。

1899 年 6 月 30 日，泰累尔出生于南非比勒陀利亚，他的父亲阿诺德·泰勒爵士是一位著名的兽医，曾任南非政府兽医局局长。他是 4 个孩子中最小的一个。

1918 年在南非完成高中学业后，他离开南非前往伦敦留学，在圣托马斯医院医学院、伦敦国王学院、伦敦卫生和热带医学学院学习。

学习期间，他一直对在热带频发的黄热病保持浓厚的兴趣。1922 年获得医学博士学位后，他再次远涉重洋，受聘于美国哈佛大学医学院热带医学系。尽管他在美国度过了余生，但他始终保留了南非公民身份。

在哈佛，泰累尔一直致力于黄热病研究。1926 年，泰累尔和安德鲁·沃森·塞拉兹（Andrew Watson Sellards）的研究表明，野口获得的钩端螺旋体（L. icteroides）与之前发现的另一种引发威尔氏病（Weil's disease）的钩端螺旋体（L. icterhemorrhagica）完全相同，不能引发黄热病。

泰累尔和塞拉兹的工作严重挑战了野口的研究结果。另外，在拉各斯中心实验室，斯托克斯和同事成功鉴定了黄热病病毒。同年，洛克菲勒基金会悄悄停止分发野口疫苗——钩端螺旋体疫苗。

泰累尔和塞拉兹再次合作，证明南美的黄热病和西非的黄热病在症状上和免疫学上都高度一致，为同一种疾病。

在同泰累尔一道完成这项工作后，塞拉兹向哈佛大学请了一年工作假，前往非洲，专注于黄热病的研究。

1927 年底，塞拉兹踏上旅途，前往塞内加尔达喀尔巴斯德研究所。他听说斯托克斯和同事成功鉴定黄热病病毒，并且在恒河猴中成功进行毒株传代，塞拉兹深受鼓舞。

“必须尽快建立自己的病毒株。” 他给自己打气。

塞拉兹马不停蹄地赶到达喀尔，与当地巴斯德研究所所长康斯坦斯・马西斯（Constant Mathis）、专门负责黄热病研究和防治的让・莱格雷特（Jean Laigret）联手，开始分离黄热病病毒株，研发疫苗。

莱格雷特负责跟踪黄热病接触者。当时，他正关注一位患者，名叫弗朗索瓦・马亚利的年轻人。马亚利的母亲不久前感染黄热病，他属于密切接触者，最近每天都来诊所做常规检查。

1928 年初的一天，莱格雷特注意到马亚利没有来诊所，他放心不下，专程走访了马亚利。莱格雷特来到马亚利的家，发现他正在发烧。果然，他从母亲那里感染上黄热病。

莱格雷特抽取了马亚利的血液样本带回巴斯德研究所，然后注射到恒河猴体内。他们用马亚利的血液成功地感染了恒河猴，并在恒河猴中传代，建立了和斯托克斯相似的病毒株。这支黄热病病毒株被称为“法国毒株”。马亚利的病情并不严重，他很快就康复，到 62 岁时才因支气管癌去世。

塞拉兹团队进一步发现，“法国毒株” 在冷冻后仍可存活。于是，他们直接在冰冻条件下运输带病毒的肝组织，运到新实验室后又可以继续传代。

此刻，在大洋彼岸的泰累尔也将注意力转向研制黄热病疫苗。研制疫苗需要减毒的病毒株，巴斯德研制成功狂犬病疫苗得力于减毒病毒株的建立，巴斯德采用的非原始宿主是兔子。然而，常用的实验动物——兔子、豚鼠、大鼠和小鼠，对黄热病病毒都不敏感。恒河猴虽然对黄热病病毒敏感，但资源有限，饲养成本高，且不易操作，显然不适合用来筛选黄热病减毒株。

“那么，什么动物最适合呢？”泰累尔陷入了困境。

就在泰累尔冥思苦想之时，他的哈佛同事霍华德·安德文特（Howard Andervont）在小鼠大脑中成功培养出单纯疱疹病毒（Herpes Simplex Virus）。泰累尔立刻联想到，达喀尔巴斯德研究所的莱格雷特曾发现，黄热病患者的神经系统有感染症状，建议检测黄热病患者的中枢神经系统是否存在病毒。

泰累尔眼睛一亮，“小鼠的大脑不就是最好的选择吗？”

泰累尔将黄热病病毒注射到小鼠脑内，进行传代培养。在初步实验中，他使用“阿西比毒株”和“法国毒株”，两个毒株在小鼠体内繁衍生长良好，都培养成功。

泰累尔发现，黄热病病毒在小鼠多次传代后，再接种回恒河猴时，对恒河猴的毒性明显降低，对肝和其他内脏器官的损害显著减少。泰累尔的第二个减毒菌株就此诞生，他称它们为“部分减毒阿西比毒株”和“部分减毒法国毒株”。

令人鼓舞的同时，也留下了一个隐患，由于脑内接种，病毒的趋神经性增加，对中枢神经系统构成潜在威胁。

在纽约，洛克菲勒研究所的国际卫生部（IHD）也正在组织科学家攻克疫苗难关。泰累尔在完成小鼠传代培养工作后，在洛克菲勒研究所的延请下，离开哈佛，加盟洛克菲勒研究所的研究团队。

1931 年，泰累尔和洛克菲勒研究所的同事们用“部分减毒法国毒株”制作了“小鼠脑源性疫苗”。由于担心疫苗诱发脑炎，泰累尔将“小鼠脑源性疫苗”与免疫者血清混合，利用免疫者血清里抗黄热病病毒抗体来中和疫苗的毒性。

洛克菲勒研究所的威尔逊博士第一个报名要求接种这种混合疫苗。在严格隔离下，他通过皮下注射接种了疫苗。除了注射部位出现一些红肿外，没有其他的不良反应。接着，研究所的其他未免疫者也都接种了这种疫苗，没有任何副作用。

接下来的跟踪实验表明，研究所所有接种者的血液中产生了抗黄热病病毒的抗体，将他们的血清注射进小鼠后，小鼠免受黄热病病毒感染。

就在看似大功告成的时候，“小鼠脑源性疫苗”对神经系统造成伤害的问题凸显出来，个别接种者并发脑炎。虽然发病率不是很高，但人们对此产生恐惧，严重阻碍了疫苗的推广。

泰累尔不得不考虑更换病毒宿主，进一步将病毒毒性降低。

1932 年，泰累尔和尤根·哈根（Eugen Haagen）成功地在鸡胚胎组织中培养了黄热病病毒。但是，“阿西比毒株”和“法国毒株”在经过大量传代后，仍然有很强的趋神经倾向，对脑组织的毒性超过任何其他组织，研究工作再一次遇到瓶颈。

1937 年，泰累尔和同事休·史密斯（Hugh Smith）决定去除鸡胚胎中的神经组织，这一策略果然奏效：在鸡胚胎中传代 176 次后的“部分减毒阿西比毒株”被接种到无神经组织的鸡胚胎中，再继续 100 次传代后，就失去了趋神经性、损伤内脏的特性，也不再被蚊子传播，不需要加免疫血清。泰累尔称它为 17D。

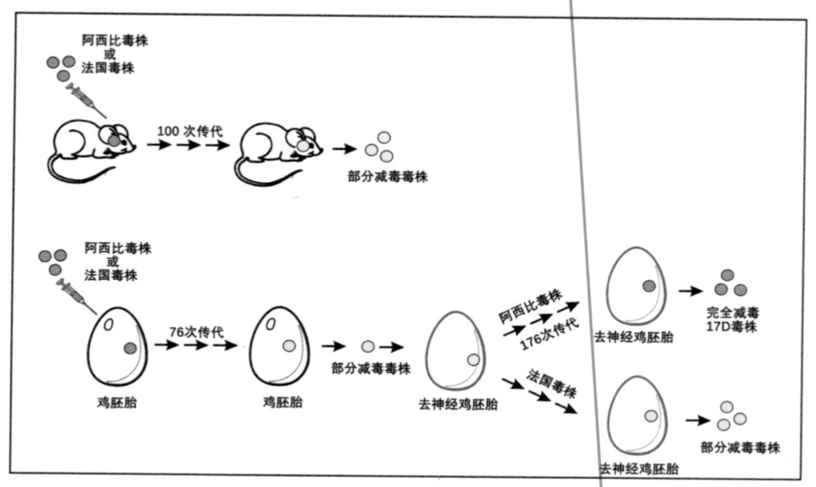

17D 疫苗的研制过程

后续研究表明，17D 的低毒性是偶然突变造成的。在相同条件下，“法国毒株”运气不佳，没能演变成完全减毒的病毒。

至此，大规模生产与推广 17D 疫苗的条件已经具备。1937 年，史密斯在黄热病频发的巴西开始了 17D 疫苗接种项目。一年之内，5.9 万人接种了 17D 疫苗而没有出现严重并发症。到 1939 年 6 月，这个数字已达到 130 万人，没有严重的副作用。接种计划大获成功。此后，史密斯又前往哥伦比亚，在那里他完成了另一个成功的大规模疫苗接种。

值得一提的是，17D 疫苗到目前为止仍在全球使用，已接种 8.5 亿剂。

从事黄热病研究，无异于与魔鬼共舞，多位科学家为此献出生命。

在分离减毒毒株时，大约在第 30 次小鼠传代时，厄运也降临到泰累尔身上，他感染了黄热病。他的家人和同事，特别是新婚妻子都心惊胆战，十分担忧。好在有惊无险，泰累尔很快从黄热病中恢复。坏事变成好事，他获得了免疫力，再也不用担心被感染，可以放心地跟黄热病打交道。

1951 年，泰累尔“因为他在黄热病研究及其防治方法中的发现”被授予诺贝尔生理学或医学奖。在此之前，泰累尔已 3 次被提名。1937 年，他被第一次提名，当时 17D 疫苗尚未研制成功，诺贝尔奖委员会认为泰累尔的贡献未到达诺贝尔奖的水平。1948 年，泰累尔因成功研发并大规模应用 17D 疫苗而再度被提名，这次诺贝尔奖委员会认为泰累尔的贡献完全达到诺贝尔奖水平，但大多数成员支持将诺贝尔奖授予 DDT 的发明者保罗·穆勒（Paul

泰累尔从瑞典国王手中接过诺贝尔奖证书

Müller）。两年后的 1950 年，泰累尔再度被提名，13 票中获得 4 票支持，再次与诺贝尔奖失之交臂。

1951 年 1 月 31 日，诺贝尔奖委员会主席、卡罗琳斯卡医学院副校长兼病理学教授希尔丁·伯格斯特兰德（Hilding Bergstrand）提名泰累尔。伯格斯特兰德在上一年就是投票支持泰累尔的 4 人之一，这次，他亲自充当了评审员。在长达 4 页的评论开头，他宣称他不再重复去年委员会关于泰累尔对黄热病疫苗开发的科学贡献，相反，他强调了泰累尔的 17D 疫苗对人类的实际贡献，并指出这种实际贡献是其他被提名者不能比拟的。他还表示泰累尔的成功获奖能够鼓励更多的科学家致力于开发抗击病毒感染的疫苗。最终泰累尔以 11 票支持荣膺 1951 年诺贝尔生理学或医学奖。

1951 年 12 月 10 日，在瑞典首都斯德哥尔摩，泰累尔从瑞典国王手中接过获奖证书。此时，距他研制成功 17D 疫苗 14 年，距斯托克斯鉴定黄热病病毒 24 年，距卡罗尔死于黄热病并发症 44 年，距戈尔加斯在哈瓦那和巴拿马运河成功控制黄热病 45 年，距里德领导的黄热病研究小组证明蚊子传播黄热病病毒引发黄热病 50 年，距第一位科学家拉格尔因研究黄热病而感染牺牲 51 年，距芬莱提出黄热病的蚊子传播理论 70 年。

控制黄热病是几代人的努力和牺牲换来的成果，泰累尔的诺贝尔奖是对所有黄热病研究者的崇高敬意和最高奖励。

第六章　揭开肝炎病毒的面纱

五样病毒为祟，肝炎疾症翻新。高深莫测影难寻。群英齐努力，杨柳渐成荫。

甲类乙型难遁，丁型戊种惊魂。丙肝无奈现真身。缉毒功业就，除病待佳音。

（《临江仙》）

1976 年布隆伯格（右）接受诺贝尔奖

病毒性肝炎（Viral Hepatitis）一直是人类的一大瘟疫，每年有 120 万人因肝炎导致肝硬化和肝癌死亡。

早在公元前三千年，在人类文明的发祥地苏美尔，人类就在黏土片上描述了黄疸性肝病，认为恶魔阿哈祖（Ahhazu）在攻击人类肝脏。在那个时代，苏美尔人认为肝脏是灵魂的家园。

古希腊医学家希波克拉底描述了黄疸型肝炎的临床特征，包括患者从发病到 11 天后死亡的整个病程，他推荐饮用蜂蜜水的治疗方法。

在中世纪，人类已能较准确地诊断黄疸型肝炎，认识到黄疸型肝炎的流行性，但将黄疸病归咎于神的诅咒，患者被认为是“不纯洁的”。教皇扎卡里（公元741—752年在位）建议采用隔离应对黄疸病的流行。

从1967年发现乙型肝炎病毒以来，其他4种肝炎病毒（甲、丙、丁和戊）陆续被发现。分离和研制它们的疫苗是这半个世纪以来最引人入胜的科学探险之一。肝炎疫苗为防治病毒性肝炎，为挽救生命作出了巨大贡献。

1976年，美国科学家巴鲁克·布隆伯格（Baruch Blumberg），因发现乙型肝炎病毒而获诺贝尔生理学或医学奖。

2020年，诺贝尔生理学或医学奖共同授予了三位科学家：哈维·J. 阿尔特（Harvey J. Alter）、迈克尔·霍顿（Michael Houghton）和查尔斯·M. 赖斯（Charles M. Rice），以表彰他们发现丙型肝炎病毒。

哈维·阿尔特

迈克尔·霍顿

查尔斯·赖斯

诺贝尔奖委员会连续两次将生理学或医学奖颁给同一种疾病（病毒性肝炎）的科学家，这在诺贝尔奖史上绝无仅有。两次荣获诺贝尔奖的科学家都实至名归。肝炎科学家几十年的努力为人类最终战胜病毒性肝炎建立了丰功伟绩，谱写了一曲壮丽凯歌。

两次大战　两种肝炎

第一次世界大战期间，在地中海战区的堑壕战中，由于战壕里没有厕所，军人随地大小便，粪便沾到他们的靴子和衣服上，污染了整个战壕。战场上到处都是人类的粪便和尸体。战争期间的恶劣卫生条件导致通过粪口传播的传染性肝炎（Infectious Hepatitis）在军队中频繁暴发，被称为“军营黄疸”（Camp Jaundice）。

第一次世界大战感染肝炎的士兵

1940年9月27日，《德意日三国同盟条约》在柏林签署，加快了三国征服世界的步伐。第二次世界大战在欧亚非大陆全面展开，德国在占领几乎整个欧洲大陆后，将攻击矛头指向英国和苏联，并联合意大利进攻北非。

在亚洲，日本在全面入侵中国后，又将野心扩展到整个太平洋地区，叫嚣建立大东亚共荣圈。

仍然置身战外的美国，一方面在整个美洲部署兵力，防范任何对美洲大陆的入侵；另一方面密切注视欧亚非战事的发展。

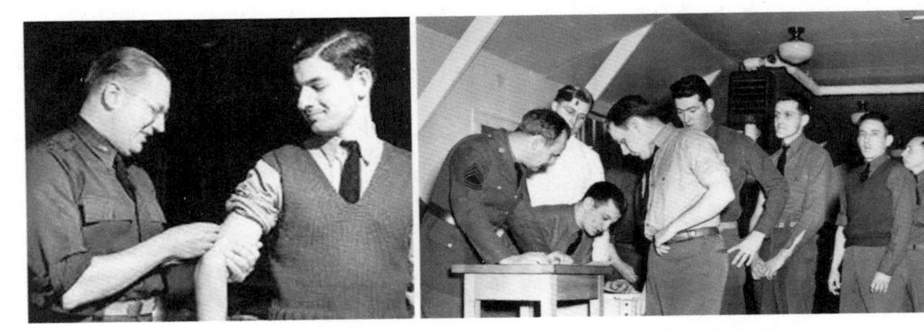

美国军人在二战期间接种 17D 黄热病疫苗

美军高层注意到，北非战区暴发的黄热病瘟疫严重削弱双方军队的战斗力。美军高层担心，如果对手释放受感染的蚊子，黄热病可能会成为一种生物武器。因此，1941 年 1 月 30 日，美军下令所有驻扎在中美洲和南美洲的军人都接种 17D 黄热病疫苗。1942 年美军正式参战时，北非和欧洲的军队全面接种 17D 黄热病疫苗。

但一场意想不到的灾难就此发生。1942 年 3 月，在接种过黄热病疫苗的盟军人员中，黄疸型肝炎大规模暴发：在 33 万感染的军人中，高达 5 万人出现黄疸型肝炎，62 名患者死亡。

这次暴发的肝炎与人们熟知的“军营黄疸”非常不同：

1. 发病者基本都是疫苗接种者。例如，在波尔克美军训练营地，每天 5000 名士兵接种疫苗，其中就有 1000 多人出现黄疸型肝炎。但人与人之间传播非常有限，仅限于 4 名接种疫苗士兵的妻子。

2. 潜伏期长。人们熟知的流行性或传染性肝炎的潜伏期通常为 18 — 25 天，黄热病疫苗接种引发的肝炎则是 60—154 天（平均 96 天）。

3. 症状不明显。这种肝炎隐匿性强，没有发烧。

4. 另外，以前患过“军营黄疸”的士兵接种 17D 疫苗后，可以再次被感染。这说明两次感染的病原体不一样，所以，第一次感染不能对第二次病原体产生免疫。

很明显，一种新形式的肝炎在部队中迅速传播。

科学家怀疑病原体来自 17D 黄热病疫苗中的血清。从前面的黄热病故事里我们知道，泰累尔研制的 17D 黄热病疫苗毒性很低，不需要添加免疫血清。但是，洛克菲勒基金会仍然决定在疫苗中添加正常血清作为稳定剂。其中，43 万剂添加了含有新肝炎病原体的血清。

1942 年 4 月 15 日，美国医学科学家确定黄热病疫苗的人血清带有一种新的肝炎病原体，随疫苗接种而传播，所以，这个新肝炎被称为“血清肝炎”（Infectious Hepatitis）。美国政府下令洛克菲勒基金会在黄热病疫苗生产中省略人血清。果然，此后黄热病疫苗接种不再引发“血清肝炎”。

一波刚平，一波又起。“血清肝炎”刚得到控制，随着战事的日趋激烈，“军营黄疸”亦愈加频繁地暴发。在驻扎在英国和爱尔兰的盟军中蔓延，战斗力损失严重，D日诺曼底登陆不得不推迟1个月。

在第二次世界大战期间，“血清肝炎”和“军营黄疸”史无前例的大暴发导致1600万人感染，其中美国陆军15万，德国军队和平民达400万。

触目惊心的现实引起了各国对肝炎的重视，展开了对两种不同肝炎的研究。

乙型肝炎病毒的发现

第二次世界大战结束时，科学家已经知道“血清肝炎”和“军营黄疸”是由两种不同的可过滤病原体——病毒——引起的。

为减少混淆，弗雷德里克·麦卡勒姆（Frederick MacCallum）于1953年提出将“军营黄疸”“流行性黄疸”“传染性肝炎”和“急性卡他性黄疸”等术语全部改为“甲型肝炎”，那些曾被称为“血清肝炎”“长期—潜伏性肝炎”和“输血后肝炎”等肝炎则命名为“乙型肝炎”。他的提议很快被接受。

当时，由于实验室动物模型还没有建立，二战期间和接下来的10年里，所有实验都是在成年志愿者、囚犯和士兵身上进行的。按照今天的标准，这种做法完全不符合临床研究的道德标准，但在当时的道德标准下是可以接受的，因为没有人意识到感染乙型肝炎病毒会导致终生疾病。不过，在1950年，纽约大学儿科医生索尔·克鲁格曼（Saul Krugman）和他的同事对纽约市威洛布鲁克州立学校的数百名严重残疾儿童进行肝炎病毒实验受到了社会的谴责。

到20世纪60年代初期，科学家对甲型肝炎的特征已经了解清楚：

1. 它具有高度传染性，通常会引起大规模暴发；

2. 发病迅速但短暂；

3. 感染者获终身免疫；

4. 通过粪口途径传播。

相比之下，乙型肝炎病毒的特点截然不同：

1. 乙型病毒由血液和体液传播，很少发生流行病；

2. 人体可能会携带病毒多年，过长的潜伏期造成跟踪困难。

1962年，诺贝尔生理学或医学奖获得者，澳大利亚病毒学家麦克法兰·伯内特（MacFarlane Burnet）在总结乙型肝炎研究进展时预测："我认为一个病毒学家可以期待的最大成就，就是有朝一日他成为第一个发现乙肝病毒及其传播机制的人。"

布隆伯格和妻子

几年后，乙肝病毒及其传播机制被发现了！发现者不是病毒学家，而是一位遗传学家，他的名字叫巴鲁克·布隆伯格（Baruch Blumberg）。

布隆伯格1925年出生于纽约布鲁克林，最初在一所私立犹太学校弗拉特布什的耶史瓦（Yeshivah of Flatbush）上小学。有趣的是，这所小学出了两位诺贝尔生理学或医学奖得主。除布隆伯格以外，埃里克·坎德尔（Eric Kandel）因发现神经系统信号转导而获2000年诺贝尔生理学或医学奖。坎德尔比布隆伯格小4岁，曾和布隆伯格同时在这所小学读书。

布隆伯格在詹姆斯·麦迪逊高中完成了部分高中课程，后来他夸这所学校具有很高的学术水平，许多教师拥有博士学位。1940年，他们家搬到皇后区，他转学到离家近的远洛克威高中（Far Rockaway High School）。更有趣的是，远洛克威高中还培养出了两位诺贝尔物理学奖得主，理查德·费曼（Richard Feynman）和伯顿·里克特（Burton Richter）。

值得一提的是，1976年，华裔科学家丁肇中与伯顿·里克特同获诺贝尔物理学奖。

布隆伯格二战期间在美国海军服役，战后在纽约斯克内克塔迪的联合学院上大学，1946 年以优异成绩毕业。此后在纽约市的哥伦比亚大学攻读数学研究生，很快改为学医，因为他喜欢旅游，学医有更多的旅行机会。

正是在医学院，布隆伯格对群体遗传学和疾病的迷恋占据了上风。他在南美洲的苏里南北部度过了几个月。在那里他目睹了当地人种的多样性。几个世纪前，大量不同种族的人被带到该国在甘蔗种植园工作，其中包括土著印第安人、非洲黑人以及来自欧洲和亚洲的移民。

“不同人种对疾病反应有巨大差异。”布隆伯格感到震惊。

决定他未来科研生涯的事件发生在他在牛津大学攻读博士学位期间。一天，他去听福特（E.B. Ford）教授关于遗传多态性（Genetic Polymorphisms）的讲座，受益匪浅。福特的预测“人体血细胞的多态性是为了对付各种疾病”一直镌刻在他脑海里，他决定对人类多态性进行研究，阐明抗病机制，证明福特的预测。

布隆伯格在阿拉斯加

要研究血液多态性，就必须有血液样本，于是，布隆伯格开始周游世界，采集各地人体血液样本。

布隆伯格证明福特预测的第一次机会来了。

他与牛津大学研究员托尼·艾莉森（Tony Allison）合作，在非洲研究镰状细胞性状（Sickle-cell trait）。镰状细胞性状是血液多态性的一个实例，在非洲，疟疾盛行，通过镰状细胞性状人体可以增强对恶性疟疾的抵抗力。

1960 年，艾莉森来到美国国立卫生研究院（NIH），在布隆伯格的实验室两人开始二度合作，试图寻找血液中其他多态性。他们使用当时新发明的淀粉凝胶电泳（Starch gel electrophoresis）技术，分析世界各地人体血液样本中各种血液蛋白的浓度和迁移率，发现二者都有差异。这个结果说明个体与个体之间的血液蛋白质存在差异。于是他们推测：血液里可能存在“蛋白质多态性”。

要证明“蛋白质多态性”的存在，首先必须从血液样本中找到异型蛋白质。问题是，哪里有抗异型蛋白质的抗体呢？

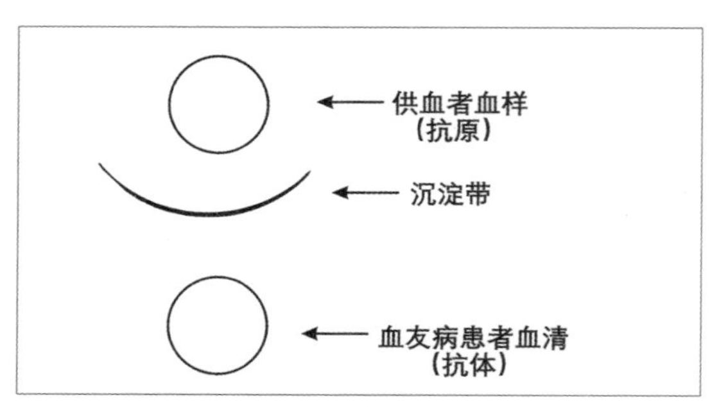

鉴定抗原—抗体反应的琼脂凝胶免疫扩散技术

“在输血过程中，受血者会产生抗异型蛋白质的抗体。多次受血的人是否可以产生更多的抗异型蛋白质的抗体？”布隆伯格问艾莉森。

“应该可以。”艾莉森不假思索地答道，“比如血友病（Hemophilia）患者，他们因凝血功能障碍，细小创伤也会导致大量失血，因此经常需要接受输血，他们最有可能产生大量异型蛋白质抗体。”

于是，他们将目光锁定血友病患者，采用琼脂凝胶免疫扩散技术（Agar gel immunodiffusion）。一边是血友病患者的血清（作为抗体），另一边是血液样本（作为抗原）。他们的研究很快得到了回报：一位接受了50多次输血的血友病患者的血清和血液样本中间出现了一条沉淀带。一种含有沉淀抗体的血清找到了！

“这是一次非常令人兴奋的经历。”布隆伯格在接受诺贝尔奖时充满激情地告诉听众自己当时的心情。

确定了用输血患者的血清作为抗体形成沉淀带的系统，布隆伯格和艾莉森继续在输血患者的血清中寻找其他异型蛋白质，他们决定检测更多的血液样本。

从那时起，布隆伯格与在NIH血库工作的一位年轻科学家哈维·阿尔特（Harvey Alter）开始了富有成效的合作。

布隆伯格的研究似乎与乙型肝炎没有任何关系，然而，乙型肝炎可通过血清感染，布隆伯格的许多样本来自慢性乙型肝炎感染的高发区。因此，或早或晚，筛查最终会不可避免地与乙型肝炎病毒发生碰撞。

碰撞发生在 1963 年。在一个平常得不能再平常的秋日，阿尔特像往常一样早早来到实验室，完成昨天设置的琼脂凝胶免疫扩散实验。他开始检查是否出现沉淀带，在来自世界各地的 24 个血液样本中，有一条浅浅的沉淀带映入他的眼帘。早已习惯了无结果的阿尔特这下可高兴了，赶紧进行下一步实验，即用染料苏丹黑（Sudan Black）染色沉淀带，可是沉淀带染不上苏丹黑。

"奇怪，明明有条沉淀带，怎么会染不上苏丹黑？" 阿尔特咕哝道。

带着一丝不解，阿尔特决定重新染色，依然没有染上。

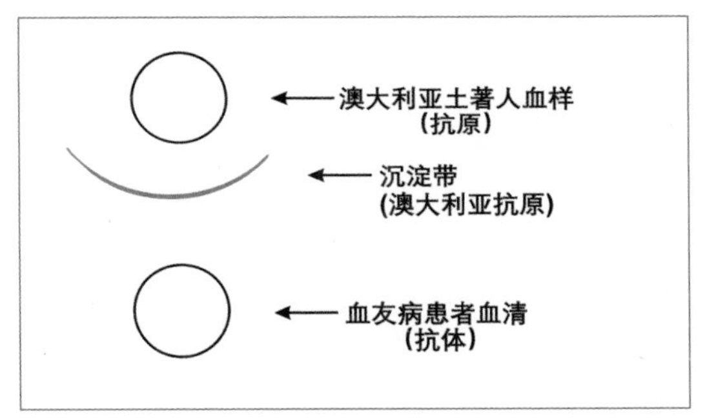

澳大利亚抗原的发现

正在这时，布隆伯格来到实验室，对这个奇怪的结果表现出浓厚的兴趣。两人一致认为，有沉淀带说明发生了抗原—抗体反应。既然沉淀带不吸收脂质染色剂（苏丹黑），那就试试蛋白质染色剂偶氮胭脂红（Azocarmine）。换了染色剂后，沉淀带逐渐变红，被染成亮丽的红色，说明这个抗原不含脂，是纯蛋白质。两人对这一结果都有些目瞪口呆，立即核对样本的来源。

"澳大利亚。" 他俩异口同声地说。

它居然来自澳大利亚原住民，布隆伯格和阿尔特讨论决定给它一个名字，这就是著名的 "澳大利亚抗原" （后来被称为乙型肝炎表面抗原，HBsAg）。

为什么来自纽约的血友病患者和一名来自澳大利亚的原住民的血清之间发生了抗原—抗体反应？带着这个疑问，布隆伯格对这一结果锲而不舍地展开追踪。他坚信偶然结果的背后必定有其必然性与普遍性。

为了了解"澳大利亚抗原" 在全球的分布，布隆伯格和阿尔特重返澳大利亚收集并测试了大量额外的血清。之后，加速筛查血库的血液样本。他们发现“澳大利亚抗原”在健康的美国人群中非常罕见，然而它在一些热带和亚洲人群中很常见。例如，菲律宾人为 6%，日本人为 1%，某些太平洋岛屿人群为 5%—15%。更令布隆伯格感兴趣的是，“澳大利亚抗原”在白血病患者中出现的概率比健康献血者高 100 倍。他们知道，与其他儿童相比，患唐氏综合征（Down's syndrome）的儿童更易患上白血病。

于是，布隆伯格开始追踪唐氏综合征患者。

1964 年底，布隆伯格被调到了费城福克斯蔡斯癌症研究所（Institute for Cancer Research at Fox Chase in Philadelphia），开始“澳大利亚抗原”的临床研究。在那里，布隆伯格测试了一位唐氏综合征患者的血清，发现“澳大利亚抗原”的阳性率很高，达到 30%。这是一个非常令人鼓舞的发现。另外，跟踪研究表明，如果“澳大利亚抗原”在初始测试中存在，那么它在后续测试中也存在；如果最初没有，后来也找不到。布隆伯格推断“澳大利亚抗原”来自遗传，并且携带者易患白血病。但出乎意料的是，他在新生儿中没有发现“澳大利亚抗原”，这说明“澳大利亚抗原”不是来自遗传。

“澳大利亚抗原”究竟从哪里来？布隆伯格陷入了沉思。

1966 年初，一个特殊病例引起布隆伯格的注意。一位 12 岁唐氏综合征男孩的第一次“澳大利亚抗原”检测呈阴性，但几个月后的第二次检测呈阳性。布隆伯格立即安排患者住进临床研究室，以便彻底检查和跟踪。由于许多蛋白质是在肝脏中产生的，他们对患者进行了肝功能检测。

1966 年 6 月 28 日，也就是患者进入临床研究室的那天，布隆伯格的同事奥尔顿·苏特尼克（Alton Sutnick）在患者的病历上写下了激动人心的诊断：肝功能略微升高！凝血酶原低！这可能是转变为阳性的原因。也就是说，在第一次检测阴性之后，男孩染上了一种慢性黄疸型肝炎，而肝炎造成第二次检测阳性。

苏特尼克的诊断被证明是正确的，1966 年 7 月 20 日肝活检确诊该患者染上乙型肝炎。

第一次，“澳大利亚抗原”与乙型肝炎联系在一起！

“难道‘澳大利亚抗原’就是人们苦苦寻找而不得的乙型肝炎病毒？”布隆伯格异常兴奋。

他率领团队开始研究“澳大利亚抗原”与乙型肝炎病毒的关系。凭着严谨的科学态度和坚韧不拔的精神，布隆伯格即将发现乙型肝炎病毒的秘密就藏在“澳大利亚抗原”背后。

芭芭拉·沃纳（Barbara Werner）是布隆伯格实验室的一位实验员，负责蔗糖梯度离心，从血清样品中纯化“澳大利亚抗原”。布隆伯格曾用她的血样作为“澳大利亚抗原”阴性对照。1967 年 4 月上旬，芭芭拉注意到自己的健康状况不佳，而且尿液颜色加深，怀疑自己可能染上乙型肝炎。等她拿到自己的抽血检查结果后，发现她的血清和抗体之间出现了一条微弱但明显的沉淀带。为了确诊自己是否患上了乙型肝炎，芭芭拉去医院做了进一步检查，果然她得了乙型黄疸型肝炎。芭芭拉是第一例通过“澳大利亚抗原”测试诊断出乙型肝炎的病例。幸运的是，她完全康复了。

除了观察个体患者，当费城和纽约的 125 名急性病毒性肝炎患者中有 20% 检测到“澳大利亚抗原”时，它与肝炎之间的联系更加牢固。

根据科赫和巴斯德的“疾病的病原体理论”，要确定“澳大利亚抗原”和乙型肝炎之间的因果关系，需要证明“澳大利亚抗原”存在于肝损伤部位，并且在疾病过程中它的数量迅速增加，而且“澳大利亚抗原”能够让健康者感染肝炎。这些都在随后的研究中得到证实。

首先，布隆伯格在乙型肝炎患者的肝活检中发现荧光素标记的“澳大利亚抗原”抗体与肝细胞核中的抗原颗粒结合，证明“澳大利亚抗原”存在于肝损伤部位。

其二，布隆伯格对患者的跟踪研究也表明澳大利亚抗原在肝炎发病过程中数量迅速增加。

其三，日本科学家大河内（K. Okochi）教授进行了第一次明确的输血研究。他发现“澳大利亚抗原”可以通过输血传播，导致一些接受输血者感染肝炎，并且一些患者体内产生了针对“澳大利亚抗原”的抗体。

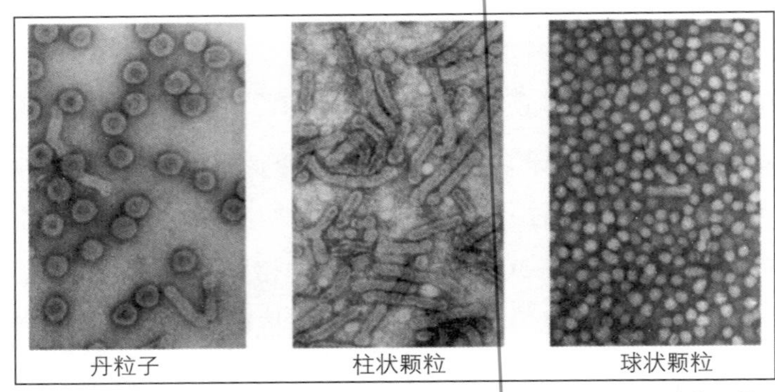

丹粒子（乙型肝炎病毒）和由部分病毒蛋白形成的柱状颗粒和球状颗粒

其四，同时，几个不同实验室用电子显微镜观察到“澳大利亚抗原”，发现了“澳大利亚抗原”是乙型肝炎病毒的一部分，即是病毒的蛋白衣壳。1970年，丹（D.S. Dane）通过免疫电子显微镜证实“澳大利亚抗原”以两种形式存在：

第一种形式，以包膜蛋白（Envelope）的形式存在于病毒颗粒上。

第二种形式，以亚病毒的形式存在（上图）。

乙型肝炎病毒后来被称为“丹颗粒”。

以上4个方面的研究证明“丹颗粒”是引起乙型肝炎的真正病毒。“澳大利亚抗原”是病毒包膜的表面抗原。受感染的肝细胞形成大量过剩的“澳大利亚抗原”蛋白，并将其以直径约20 nm（纳米）的球形或柱状分泌到血液中。这些亚病毒颗粒比完整病毒多3000倍，这也是为什么最初的研究只检测到“澳大利亚抗原”，没能检测到完整病毒的原因。

在临床应用上，美国公司雅培实验室（Abbott Laboratories）开发了一种灵敏可靠的乙型肝炎测试方法，若输血者的血液“澳大利亚抗原”呈阳性，其血液将被禁用。这大大降低了输血过程中乙型肝炎的发病率。

至此，布隆伯格和其他科学家一道，经过长期不懈的努力，解开了乙型肝炎病毒的面纱。

甲型肝炎病毒的发现

人类对甲型肝炎的认识远早于乙型肝炎，科学家对甲型肝炎的研究也一直领先于乙型肝炎。然而，当布隆伯格成功发现乙型肝炎病毒时，甲型肝炎病毒却还没影儿。

在早期探索中，科学家们试图建立动物模型，但都没有成功。随着细胞培养作为常规实验室技术的发展，科学家开始用各种细胞培养方法分离鉴定甲型肝炎病毒。一些看似很有希望的研究，最后都没有获得预期的结果。布隆伯格和他的同事通过血清学研究成功发现乙型肝炎病毒，这让甲肝研究者深受鼓舞，也看到了希望，但类似的抗体—抗原技术在寻找甲型肝炎病毒过程中，结果也不尽如人意。

1970年澳大利亚墨尔本费尔菲尔德医院的杰夫·克罗斯（Geoff Cross）、艾伦·费里斯（Alan Ferris）和伊恩·古斯特（Ian Gust）决定另辟蹊径。科学家早就知道甲型肝炎通过粪口传播，粪便应该是寻找甲型肝炎病毒的最佳材料，因此他们开始在粪便中寻找病毒。通过使用急性甲肝患者的粪便样本作为抗原来源，对澄清的粪便提取物进行电子显微镜观察，他们发现在每个粪便样本中都可以看到多种颗粒形式。许多类似于病毒，一些颗粒可能是来自食物的分解产物，一些可能是真正的病毒。通过电子显微镜在人类粪便中寻找特定病毒面临着复杂性和困难性。

就在这个时候，一位刚刚结束实习的年轻医生斯蒂芬·范斯通（Stephen Feinstone），来到位于马里兰州贝塞斯达的美国国立卫生研究院。当时正值越南战争的高峰期，几乎所有完成实习医生的男医生都被征召入伍，除非能在美国公共卫生服务所属机构工作，比如美国国立卫生研究院，它是美国公共健康服务中心所属机构之一，所以竞争非常激烈。范斯通一直对实验室研究感兴趣，即使在实习期间也发表多篇学术论文。毫不意外，美国国立卫生研究院录取了他。

接到录取通知的范斯通异常兴奋，马不停蹄地从田纳西州赶到贝塞斯达。

范斯通被分配到罗伯特·珀塞尔（Robert Purcell）的实验室，从事病毒性肝炎的研究。

“一个非常重要，也很辛苦的课题。”珀塞尔随后告诉范斯通在粪便中寻找甲型肝炎病毒是一个非常值得一试的课题。“我一直在关注这个课题，但因为实验室的条件所限没有开始。现在，我们有了新实验室和一流的设备，应该开始了。”范斯通喜出望外，欣然接下了这一课题。

当时，流行病学科的负责人阿尔伯特·卡皮基安（Albert Kapikian）正采用免疫电子显微镜技术鉴定难以培养的新病毒。他最近刚刚在急性腹泻病患者的粪便中鉴定出诺沃克病毒（Norwalk virus）。珀塞尔敏锐地看到免疫电子显微镜有找到甲型肝炎病毒的潜力，于是让范斯通和另一位研究助理乔恩·戈尔德（Jon Gold）一起做这个课题。他的想法是向卡皮基安学习免疫电子显微镜，并与他合作，尝试在可用的各种样本中寻找甲型肝炎病毒。卡皮基安对寻找甲型肝炎病毒也很感兴趣，合作课题迅速敲定。

在粪便中寻找甲型肝炎病毒首先必须从大量粪便中提取样本，工作又脏又累，臭气熏天，常人很难忍受。第一次提取样本后，戈尔德就辞职不干了。范斯通顽强地坚持了下来，与珀塞尔和卡皮基安构成甲型肝炎病毒研究的黄金组合。

当时，样本主要有两个来源，一批样本来自美国陆军监狱自愿者，即自愿被甲型肝炎病毒感染者的粪便和血清。另一批样品来自密克罗尼西亚帕劳岛。1967 年位于西太平洋的帕劳岛暴发甲型肝炎，医务工作者收集了许多患者的粪便和血清。

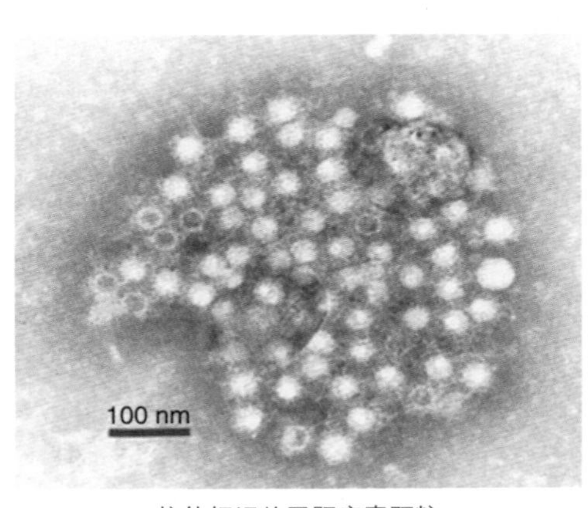

抗体标记的甲肝病毒颗粒

他们首先筛选监狱志愿者的样本，电子显微镜下虽然观察到许多颗粒，但都不是甲型肝炎病毒。他们随后开始筛选来自帕劳的样本。

有时，他们会看见异常颗粒，但这些颗粒看起来都像一个包膜，有一个核心。当时已经知道甲型肝炎病毒没有包膜，所以几位科学家没有理睬它们。

范斯通有些失望，但更多的是心有不甘。他咬了咬牙，决定重新从头筛选监狱自愿者的样本。他夜以继日，在层流罩中（Laminar flow hoods）仔细工作，提取、澄清和过滤样本后，将它们灭菌以破坏传染性。准备好所有的样本后，范斯通开始用显微镜观察。

这天是 1973 年 10 月 17 日，卡皮基安因身体不适没来上班，范斯通自己一人开始在电子显微镜下搜寻。范斯通已经和卡皮基安用显微镜搜寻了一年多的甲型肝炎病毒颗粒，对那些常见的污染颗粒早就熟悉不过。范斯通检查的第一个样本名为 F33。很快，他就捕捉到一种与众不同的颗粒，它被抗体包裹，亮得几乎发光。不知为什么，范斯通认定它就是甲型肝炎病毒颗粒。范斯通颇为激动，但卡皮基安不在，没人帮他确认。范斯通犹豫着是否告诉珀塞尔，他知道珀塞尔对实验结果的认定非常苛刻，自己的热情可能会很快受到打击。但范斯通还是按捺不住自己的冲动，跑上楼找到珀塞尔，“我想，我可能，找到甲型肝炎病毒了，要不你去看看？” 范斯通尽量让自己平静下来，但还是因为激动，说话有些断续。

“真的？！走！” 珀塞尔二话不说，起身就走。范斯通有些愣住，没想到珀塞尔如此干脆。

在电镜实验室，珀塞尔看到颗粒后，和范斯通一样兴奋。他们立即着手制订实验计划，确证它是否就是他们苦苦搜寻的甲型肝炎病毒。第二天，得到消息的卡皮基安也放弃病休回到了实验室，三个人都精神振奋，满怀希望地开始了验证工作。

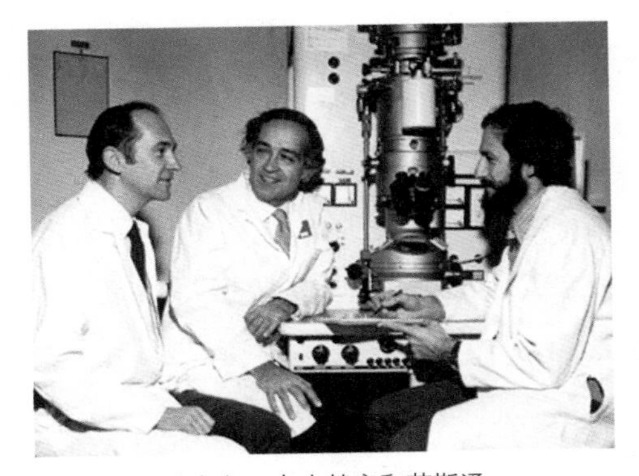
珀塞尔、卡皮基安和范斯通

他们首先确定甲肝病毒样颗粒

的大小为 27 nm。

然后，他们采用了两种通用方法来显示该粒子的特异性：

第一是在其他急性甲型肝炎患者的粪便样本中找到同样的颗粒。他们在急性感染志愿者的 50% 的样本中发现了抗体聚集的病毒样颗粒，但在他们被感染前的样本中则没有病毒样颗粒。

第二是证实颗粒的特异性抗体反应。

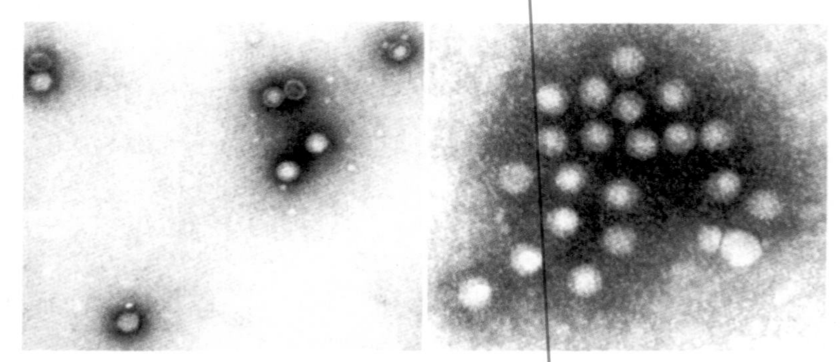

27nm 甲型肝炎病毒颗粒　　抗体标记的甲型肝炎病毒颗粒

得到梦寐以求的结果，珀塞尔等欣喜若狂，却不敢有半分的懈怠，他们快马加鞭地赶写论文。他们知道许多研究团队都在寻找甲型肝炎病毒，竞争激烈。至少，前文提到的澳大利亚墨尔本费尔菲尔德医院的克罗斯等三位科学家一直没有停止在电镜下寻找甲肝病毒。虽说到目前为止他们只发表了样本中可能存在甲肝病毒颗粒的文章，但如果他们稍微改变实验方法，他们迟早会发现病毒颗粒。

当时，他们几乎每个小时都在修改论文的草稿，一旦修改好，他们就会在一起讨论、再修改。幸运的是，他们实验室已经拥有一台 286 计算机。定稿以后，他们一起亲自将最终手稿带到华盛顿市中心的美国科学促进会（AAAS），与《科学》杂志编辑会面，并与她一起浏览了整篇论文。编辑很客气，也问了一些问题，但始终没有发表任何看法。

走出办公室后，3 人心里都没底，甚至都不知道她是否会将论文送出去审阅。3 周后，该论文在 12 月 7 日的《科学》杂志上发表。

论文发表后，美国国立卫生研究院召开新闻发布会，宣布这一重大发现。新闻媒体也广泛报道了这一发现，其中著名的《华盛顿邮报》在头版报道了他们的这一重大发现。

与此同时，大洋彼岸的费里斯教授实验室仍然夜以继日地应用免疫电子显微镜寻找甲型肝炎病毒。研究员斯蒂芬·洛卡尼尼（Stephen Locarnini）一心投入这项工作，最近有了突破性进展。

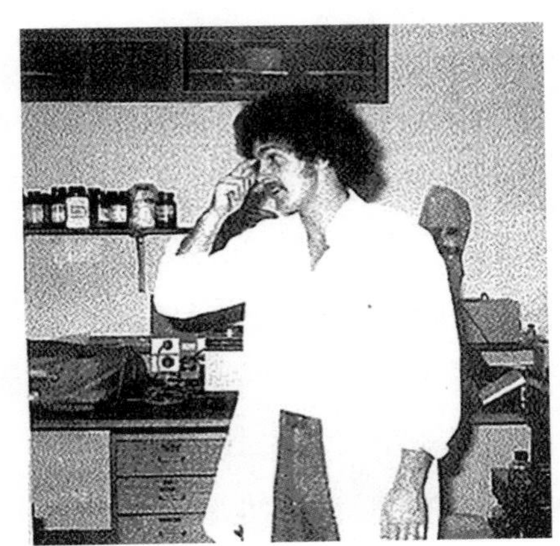

洛卡尼尼

1974 年 3 月的一天，洛卡尼尼也观察到了 27 nm 病毒样颗粒，而且发现该颗粒与甲型肝炎免疫血清产生抗原—抗体反应。他非常兴奋，直奔导师费里斯的办公室。当时，洛卡尼尼还没有看到 12 月 7 日的《科学》杂志，不知晓美国科学家已经发现甲型肝炎病毒。不巧，导师费里斯不在办公室，桌子上摊着《科学》杂志，费里斯在上面写道："这些人发现了甲型肝炎病毒。"

洛卡尼尼非常失望，自己没能成为发现甲型肝炎病毒的第一人。但是，他的样本来自自然感染的肝炎患者，而非人为感染的志愿者，同时，他的结果进一步证实了大洋彼岸三位科学家的发现：27 nm 病毒样颗粒就是甲型肝炎病毒。

由于对甲型肝炎研究的贡献，世界卫生组织曾邀请洛卡尼尼担任西太平洋区域（WPRO）乙型和丁型肝炎实验室主任。

隐藏更深的元凶——丙型肝炎病毒

至此，甲型肝炎病毒和乙型肝炎病毒被科学家发现和鉴定。万万没想到，在甲型肝炎病毒和乙型肝炎病毒后面还隐藏着一个更深的"魔鬼"。

故事又转回到和布隆伯格一起发现“澳大利亚抗原”的年轻科学家哈维·阿尔特。阿尔特和范斯通一样，在做住院医生时，为避免服兵役，于1961年来到美国国立卫生研究院做医学研究，不过时间比范斯通早了10年。

1964年，正当阿尔特与布隆伯格的合作富有成效的时候，布隆伯格离开美国国立卫生研究院，被调到费城福克斯蔡斯癌症研究所。临行前，布隆伯格诚邀阿尔特一同前往，继续“澳大利亚抗原”的研究，但一心想要完成临床实习的阿尔特谢绝了邀请，前往西雅图开始实习医生培训。

阿尔特在2014年回忆这段经历时说：“如果我和布隆伯格一起走，继续共同研究‘澳大利亚抗原’，直到发现‘澳大利亚抗原’与乙型肝炎病毒的最终联系，我可能会和他分享诺贝尔奖。”

阿尔特当时不知道另一个诺贝尔奖正在前面等着他。

1969年阿尔特完成临床实习。由于有鉴定“澳大利亚抗原”的科研经验，华盛顿乔治城大学医院邀请他负责输血检测。坐诊、教学和研究，他每天忙得不亦乐乎。

年底的一天，他忽然接到美国国立卫生研究院血库负责人的电话，邀请他重回血库工作。

“你和布隆伯格共同发现的‘澳大利亚抗原’被证明是乙型肝炎病毒，”血库负责人说，“我们需要你回来继续开展血液方面的研究。”

阿尔特欣然接受邀请，重新回到美国国立卫生研究院。

阿尔特重操旧业，一回到实验室就应用琼脂凝胶免疫反应技术检测志愿供血者是否携带乙型肝炎病毒。志愿供血者的血液一旦被查出携带乙型肝炎病毒，就被禁止使用，但奇怪的是，仍有10%受血者出现肝炎。

阿尔特决定用快速和高灵敏度乙型肝炎病毒检测方法重新检测所有引起肝炎的血样，奇怪的结果再次出现：在这些血样中，仅部分血样含乙型肝炎病毒，而其他血样不含乙型肝炎病毒。

“不含乙型肝炎病毒的血样怎么也能引发肝炎？难道是甲型肝炎病毒在作怪？”阿尔特百思不得其解。

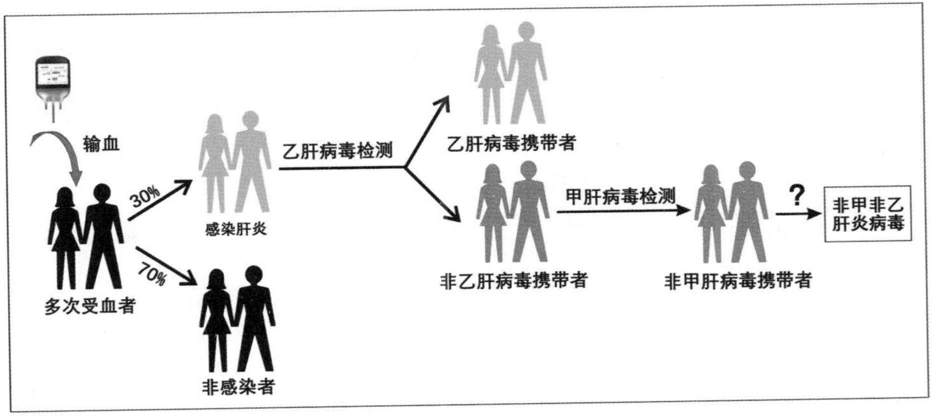

非甲非乙肝炎病毒存在吗?

就在此时，他的同事珀塞尔、范斯通和卡皮基安发现并鉴定了甲型肝炎病毒。阿尔特眼睛一亮："用电镜找找甲型肝炎病毒。"

珀塞尔立即答应帮忙，阿尔特满怀希望地期待电镜结果。可是，再次出现意想不到的结果，他们在所有不含乙型肝炎病毒的血样里都没有找到甲型肝炎病毒。

科学家们不但没有失望，反而非常兴奋：如果这些肝炎既不是乙型肝炎病毒引起，也不是甲型肝炎病毒引起，那么，一定存在一种新的病毒！参与研究的大多数人建议将这种隐秘的病毒称为丙型肝炎病毒，但珀塞尔坚持使用更不明确的术语，即非甲非乙型肝炎病毒，待解开它的面纱时，再称其为丙型肝炎病毒。大家信心满满，以为这个时刻指日可待。可没想到，这个时刻到来时已是15年之后，而且还是花落别人家。这是后话。

哈维·阿尔特（左）和罗伯特·珀塞尔（右）

几位科学家立即分头作业。

阿尔特的第一个任务是建立动物模型，证明引发非甲非乙型肝炎的病原体是可传播的。为此，阿尔特用急性和慢性非甲非乙型肝炎患者的血清接种了 5 只黑猩猩。所有 5 只黑猩猩在接种后都表现出转氨酶升高，具有轻度肝炎的组织学变化，在电镜下观察，肝组织呈现一种特殊的管状结构。这些成为临床上鉴定非甲非乙型肝炎的指标。

接下来，阿尔特观察了一名严重急性非甲非乙型肝炎患者，他从该患者身上获得了转氨酶上升的定量曲线以及大量有关非甲非乙型肝炎的信息。

珀塞尔对黑猩猩进行了感染滴度（Infectivity Titers）测定，发现一个最重要的数据，即引发黑猩猩肝炎的感染滴度（106.5 CID/ml）与引发人的病毒滴度（107 拷贝 /ml）相同，这证明黑猩猩模型的可靠性。

范斯通在用氯仿提取病毒颗粒的过程中发现，非甲非乙型肝炎病毒含有大量的脂质，说明它是一种包膜病毒。随后，他用过滤研究证明非甲非乙型肝炎病毒颗粒的直径在 30 — 60 nm 之间。

阿尔特、珀塞尔和范斯通进行了大量的实验，建立了各种检测方法。其中最著名的就是“阿尔特样本组”(Alter Panel), 它是根据科赫和巴斯德的“疾病的病原体理论”建立的，一旦找到非甲非乙型肝炎病毒颗粒，就必须用“阿尔特样本组” 验证。遗憾的是，非甲非乙型肝炎病毒就像一个一直躲在黑暗角落的幽灵，始终不与阿尔特照面。

有愁也有喜，虽然阿尔特等 3 位科学家寻找非甲非乙型肝炎病毒的努力没得到任何回报，但在 20 世纪 80 年代，阿尔特坚持不懈地测试志愿供血者血清，一个不漏地跟踪受血者，跟踪肝炎发病率，在采取各种措施降低输血风险方面成效显著。到 1989 年，因输血引发肝炎的发病率降到 4%，与 20 世纪 70 年代的 30% 肝炎发病率相比，是一个了不起的进步。

1988 年阿尔特写了一首幽默诗，其前 4 句是这样的：

我想我永远不会看到，

这种病毒叫非甲非乙，

我无法找到的病毒，

然而我知道它在肝脏里。

就在阿尔特写下这首诗后不久，他接到美国凯龙公司（Chiron Corporation）华裔科学家郭劲宏（George Kuo）的电话：凯龙公司已经克隆了非甲非乙型肝炎病毒，并合成了抗体。为了鉴定抗体，凯龙公司需要阿尔特为他们提供“阿尔特样本组”。

阿尔特马上给郭劲宏寄去了“阿尔特样本组”，但他并不相信凯龙公司真的找到了非甲非乙型肝炎病毒。在这之前，已经有 19 个实验室宣称找到了非甲非乙型肝炎病毒，找他索要“阿尔特样本组”，但经“阿尔特样本组”检测后，都发现没有找到真正的非甲非乙型肝炎病毒。

那么，这一次凯龙公司真的找到了非甲非乙型肝炎病毒吗？

美国凯龙跨国生物技术公司成立于 1981 年，总部位于加利福尼亚州埃默里维尔。公司因其雄厚的学术实力和追求尖端科学的声誉而被昵称为“凯龙大学”。公司成立伊始，就组建了研究小组寻找非甲非乙型肝炎病毒。小组的负责人是迈克尔·霍顿（Michael Houghton）。

霍顿出生于英国。他于 1977 年在伦敦国王学院获得博士学位。在 1982 加盟凯龙公司后，开始了他寻找非甲非乙型肝炎病毒的艰难旅程。

筹建好实验室后，霍顿从佐治亚州亚特兰大美国疾病控制和预防中心的丹尼尔·布拉德利（Daniel Bradley）那里得到受感染和未受感染黑猩猩的两种血液样本，开始提取非甲非乙型肝炎病毒。很快，华裔科学家朱桂林（Qui-Lim Choo）加入了霍顿共同寻找的队伍。

那时还没有广泛使用聚合酶链反应（PCR）、克隆（Clone）和测序技术（Sequence），像现在这样在 SARS-CoV-2 冠状病毒出现后数周内就拿到基因序列的想法就像是天方夜谭。尽管霍顿和朱桂林起早贪黑，日夜苦干，几年下来还是一无所获。

作为实验室主管，霍顿必须每 6 周向凯龙公司的管理层汇报一次研究进展。每次汇报对霍顿都是一次折磨。管理层的一些成员明确表示，该项目是在浪费金钱。

“我经常面临被解雇的威胁。”霍顿后来回忆这段经历时说。

当时，在霍顿隔壁的实验室里，另一位华裔科学家郭劲宏正在开展一个有关肿瘤坏死因子（Tumour necrosis factor）的项目。郭劲宏是公司招聘的第一批科学家，在公司成立的 1981 年就来到凯龙，算是元老级的研究人员。这几年里目睹霍顿和朱桂林的两人组合日夜辛劳，毫无建树，也替两人着急。

有一天，看到朱桂林满脸的沮丧，郭劲宏建议道："桂林，你们需要改变策略。病毒的水平太低，你们现在使用的技术根本无法检测到。"

郭劲宏进一步给朱桂林解释：从受感染的血液中收集所有的 RNA 片段，将这些片段在细菌中表达放大，构建 "基因文库" 。然后，用非甲型非乙型肝炎感染者血清的抗体来筛选 "基因文库 " ，他们就能够从基因库中找出病毒核酸序列。

布拉德利也推荐了这种方法，但它似乎有风险，因为当时并没有可靠的抗体，霍顿犹豫了。

1986 年，郭劲宏表示自己可以帮助设计实验，加入这项工作。他最终说服了霍顿，改变了实验策略，两人组也扩编为三人组。三人小组愉快地合作，夜以继日地工作。

朱桂林后来回忆说："每周工作 7 天，从早上 8 点工作到晚上 11 点，很少有时间和家人一起吃饭。"

郭劲宏记得，有一次，他在午夜回家时他的车在旧金山—奥克兰海湾大桥上抛锚了，弄得十分狼狈。

"那是一段艰难的时期，工作量很大，不过很开心，充满希望。" 郭劲宏怀念地说。

朱桂林和郭劲宏都说那是他们一生中最美好的时光，非常珍惜。

霍顿的工作是提取核酸，构建"基因文库"。他需要对样品进行超速离心，收集核酸的胶状颗粒。有一天，他的提取似乎出了问题。

"我得到一种非常奇怪的油性核酸提取物。"霍顿回忆说。

一位研究助理建议他把它扔到水槽里。霍顿没舍得，这可是花了多少天的功夫才得来的，他还是继续用它构建“基因文库”。

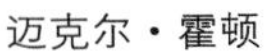
迈克尔·霍顿　　朱桂林　　郭劲宏

不久，朱桂林在这批“基因文库”中找到“黄金”：他发现了一段似乎来自病毒的核酸片段。

使用该片段作引物，三人从“基因文库”中找出相邻的序列，再以新找到的序列作引物找出新的相邻序列，就这样不断扩展。

他们与时间赛跑，以最快的速度找出所有的片段，再将这些片段拼凑在一起，最终得到整个病毒序列。然后，他们合并病毒核酸序列为蓝本，合成多肽，制备特异性的抗体。

一得到抗体，郭劲宏立即拨通了阿尔特的电话。也就出现了前面描述的一幕。

得到“阿尔特样本组”后，3人一秒也未耽搁，立即开始测试他们新制备的抗体。他们在一天内完成了所有测试，接下来，他们需要阿尔特为所有的数据解码，才能知道结果。

几年的辛劳能否修成正果，就看解码的结果了。

将数据传真给阿尔特后，郭劲宏火急火燎地拨通阿尔特的电话，但没有人接。

留言后，阿尔特还是不回电话。

无奈，他只好多次给阿尔特留言。3人焦急万分地等待，一心期盼阿尔特的电话。

“丁零零！”是阿尔特！终于！

原来，阿尔特收到传真后，并没有急着破解代码，因为他一点儿也不相信凯龙公司会真正找到非甲型非乙型肝炎病毒。在连续接到许多紧迫的留言后，他才开始解码。

结果大大出乎阿尔特的意料，他惊讶地发现凯龙公司的抗体：

第一，正确识别了慢性感染患者的每个样本；

第二，在阴性对照中没有发现任何阳性反应；

第三，错过了两个急性病例初始样本（原因可能是病毒浓度过低，而抗体的灵敏度还不够高），但是，抗体准确识别了这两个患者后期的样本；

第四，所有重复样本都是一致的。

阿尔特按捺不住内心的高兴，立即打电话祝贺 3 位科学家，兴奋地告诉他们最后验证结果完全正确。3 人欣喜若狂，紧紧拥抱在一起。非甲非乙型肝炎病毒，即丙型肝炎病毒，这个隐藏在黑暗中的幽灵终于暴露在阳光之下。

两篇论文迅速完成，同时发表在 1989 年的《科学》杂志上。一篇描述了病毒的分离，他们将其命名为丙型肝炎病毒；另一篇概述了筛选程序，3 位科学家邀请阿尔特为该论文的作者之一。

阿尔特也不甘落后，迅速从凯龙公司获得抗体，快速测试了他保存的最经典的非甲非乙型肝炎病例的血清，准确性达到 88%。这一结果被迅速发表在 1989 年的《新英格兰医学杂志》上。

阿尔特再次赋诗一首，描述他的心境。诗的最后一段是这样写的：

对于凯龙我没有怨恨，
当测试支持我的假设时，我找到了满足。
排在第二位，我不道歉；
我总是可以坐在替补席上继续工作。
对我来说不会有诺贝尔奖，
但总会有另一种病毒出现。

这首诗正确地预测了丙型肝炎病毒的发现将获诺贝尔奖，却错误地预测了自己的结局。最终，阿尔特和霍顿 2020 年一起登上诺贝尔奖的奖坛！

共享 2020 年生理学或医学诺贝尔奖的另一位科学家是美国纽约洛克菲勒大学的查尔斯·赖斯（Charles Rice）教授。他通过基因工程，组装了丙型肝炎病毒的 RNA，将这种组合的 RNA 注入黑猩猩的肝脏时，他在黑猩猩血液中检测到丙型肝炎病毒，并观察到类似于人类慢性疾病的病理变化。这进一步证明丙型肝炎病毒可以单独导致“输血性肝炎”（Transfusion-associated hepatitis）。

哈维·阿尔特（左）、查尔斯·赖斯（中）和迈克尔·霍顿（右）

2020 年诺贝尔生理学或医学奖同时授予阿尔特、霍顿和赖斯，为科学家们坚韧不拔地探索丙型肝炎病毒画上了完美的句号。

血清里还有秘密——丁型肝炎病毒

马里奥·里泽托

就在美国国立卫生研究院的科学家们还在惊讶世界上存在第三种肝炎病毒的时候，远在意大利都灵的病毒学家马里奥·里泽托（Mario Rizzetto）已探查到第四种肝炎病毒的踪迹。

里泽托企图用另一种更先进的显微镜，即免疫荧光显微镜，寻找新的乙型肝炎抗原。

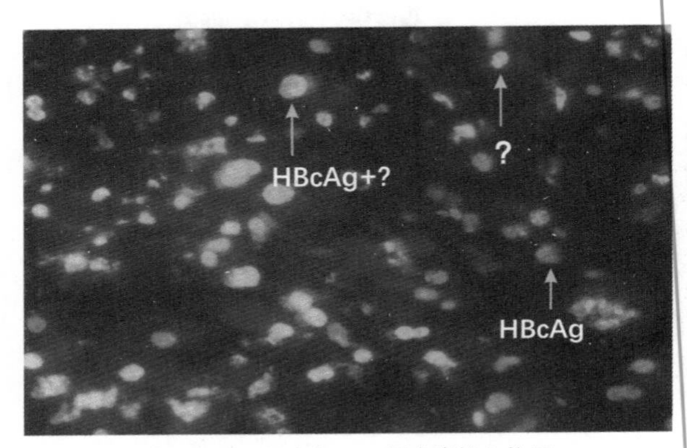

双荧光标记：绿色标记乙肝病毒核心抗原、红色标记未知肝炎抗原

首先，他采用了两种不同的荧光分别标记两种抗体：绿色荧光标记抗乙型肝炎病毒核心抗原（HBcAg）的抗体，红色荧光标记抗乙型肝炎患者血清中其他未知抗原的抗体。然后，他用这两种标记了的抗体与肝炎患者的肝细胞活检样本进行染色。最后，在免疫荧光显微镜下观察。他观察到三种颗粒：

第一种颗粒是绿色颗粒，是核心抗原（HBcAg）。第二种颗粒是红色颗粒，这说明肝细胞里有未知乙型肝炎抗原。第三种颗粒是绿色 + 红色的混合色颗粒，它表明未知乙型肝炎抗原与核心抗原两种颜色重合。这说明，活检组织中除了含有核心抗原外，还含有与核心抗原相关的新抗原。

1977 年，里泽托报道了未知乙型肝炎抗原，并将其命名为“δ 抗原”。研究结果发表后，有人持怀疑态度，甚至讽刺说：“它一定是意大利人特有的抗原，可能是吃意大利面的结果。”

此前已有多个“新”抗原在发现后就不再有下文，里泽托也准备顺其自然，从没有想到过 δ 抗原会最终演变为丁型肝炎病毒。然而，在美国国立卫生研究院发现甲型肝炎病毒的科学家、珀塞尔和另一位科学家约翰·杰林（John Gerin），对他的发现表现出浓厚的兴趣，专门邀请他来美国进一步研究 δ

抗原。这一邀请彻底改变了 δ 抗原的命运。

在美国国立卫生研究院，里泽托在研究人员吉姆·施（James Shih）的协助下首先制备了特异性更高的针对 δ 抗原的抗体，然后，开始着手确定 δ 抗原的性质。他们用黑猩猩进行关键的传播实验。

在第一个实验中，给一只未免疫的健康黑猩猩接种了一位肝炎患者的血清，他的血清含有两种抗原，即“乙型肝炎表面抗原”（HBsAg）和“δ 抗原”。结果，90 天急性乙型肝炎的潜伏期后，黑猩猩的血液中乙型肝炎表面抗原出现并升高。δ 抗原就开始在黑猩猩肝细胞中出现，说明 δ 抗原也可以传染。这只黑猩猩患上了典型的乙型肝炎疾病。

他们接下来用同样的含有“乙型肝炎表面抗原”和“δ 抗原”的血清注射到曾患过乙型肝炎的黑猩猩体内，也就是说，这个黑猩猩体内已经有“抗乙型肝炎表面抗原”的抗体。果然，“乙型肝炎表面抗原”在黑猩猩血液中迅速减少，但在注射一周后，就可以观察到肝细胞中的 δ 抗原。继续跟踪，δ 抗原在高峰时扩散到多达 85% 的肝细胞。结果始料不及，黑猩猩居然出现更严重肝炎症状，这说明“δ 抗原”是一种新病毒，但不是乙型肝炎病毒。

既然“δ 抗原”是一种新病毒，科学家下一步要分离 δ 抗原。

因为在黑猩猩肝脏细胞中观察到大量 δ 抗原，里泽托觉得从血清中分离 δ 抗原应该易如反掌，结果却非如此。经过大量的实验，里泽托也没能在血清中找到 δ 抗原。一天，实验失败后，他一个人在休息室闷头喝咖啡，正巧，研究员吉姆也来喝咖啡。交谈中，吉姆建议在收集的血清中加入一些洗涤剂，消除脂质的影响，也许方便分离。

一语点醒梦中人，里泽托马上放下咖啡，掉头就回实验室，重新制备样品。

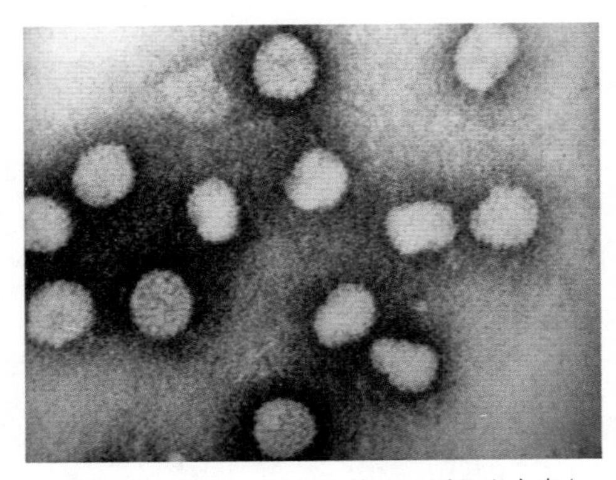
电子显微镜下的 δ 抗原颗粒（丁型肝炎病毒）

成功了！在急性 δ 型肝炎高峰期采集的经洗涤剂处理的黑猩猩血清中，检测到大量 δ 抗原。显然，δ 抗原可能是具有脂质包膜的病毒。洗涤剂将 δ 抗原从脂质包膜中释放出来。

接下来就是用电子显微镜观察 δ 抗原的结构。电镜专家只找到一层蓬松的软颗粒，完全不像经典病毒，大家都有点儿失望。不知谁说了一句“这奇特的颗粒没准就是 δ 抗原”。

大家一听都觉得有道理，立即开始调查这些颗粒。免疫电镜表明，这些粒子可以与抗 δ 抗原的抗体结合。这是个令人鼓舞的结果。

有了病毒，下一步当然是在颗粒内寻找病毒核酸。令人惊讶的是，第一个电泳条显示了大量迁移速度更快的，明显小于乙肝 DNA 的核酸。大家都欢呼雀跃，因为这进一步表明 δ 抗原是一种新的病毒。

1980 年，“δ 病毒”被国际科学界迅速接受，名称从希腊语变为拉丁语，δ 换为 D，丁型肝炎病毒（HDV）正式诞生！里泽托和同事们小心翼翼地不占用字母 C，将 C 留给更早发现的丙型肝炎病毒（HCV）。

丁型肝炎病毒的精细结构是什么样的呢？

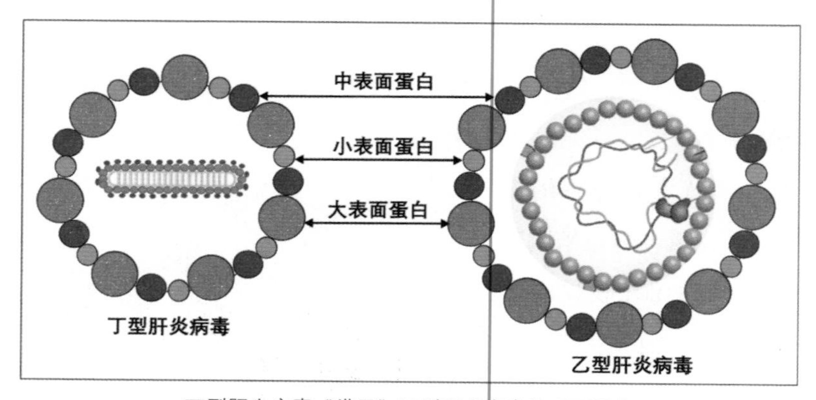

丁型肝炎病毒“借用”乙型肝炎病毒的表面蛋白

丁型肝炎病毒有一个最奇特的特点就是：它的表面蛋白与乙型肝炎病毒的表面蛋白一模一样（上图），原来它借用乙型肝炎病毒合成的表面蛋白组装自己，这样人类就很难找到它，好狡猾！

丁型肝炎病毒的核酸是负单链 RNA ，它的环状基因组只有大约 1700 个核苷酸。

丁型肝炎病毒直径为 35—36 nm，是最小的人类病毒。

在接下来的 40 年里，科学家就丁型肝炎病毒在临床上的研究取得惊人的进展。他们发现：丁型肝炎病毒可以与乙型肝炎病毒一起感染（Coinfection）；丁型肝炎病毒也可以感染慢性乙肝病毒携带者（Superinfection）。后者在 5—10 年内可引发最严重的病毒性肝炎——肝硬化甚至肝癌。

丁型肝炎病毒诡异多端，披着乙型肝炎病毒的表面蛋白掩饰自己，科学家很难发现它（们）。那么，是否有其他传染病也是由这类病毒引起的呢？我们拭目以待。

最后一个——戊型肝炎病毒

乙型、丙型和丁型肝炎病毒都通过血液感染，通过消化道感染的甲型肝炎有没有兄弟呢？答案很快就有了。

1976—1978 年，一位印度医生穆罕默德·苏丹·库鲁（Mohammad Sultan Khuroo），在昌迪加尔医学院研究生院进修胃肠病学。进修期间，他观察到急诊室和重症监护室有相当比例的孕妇患有肝病，许多孕妇因肝衰竭而死亡。

穆罕默德·苏丹·库鲁

1978 年 6 月，库鲁进修完毕，在克什米尔斯利那加医学院建立了胃肠病学临床科室。

1978 年 11 月寒冷的一天，在距离斯利那加 50 公里的一个小镇，发生了一场黄疸肝炎大流行，孕妇最严重，开始有人死亡。库鲁随即赶往发病地区，

库鲁在肝炎患者家中调查和取样

进行实地调查和采集血液样本，发现事态相当严重，200 多个村庄受到影响。这次暴发给当地居民带来了巨大的痛苦，有 5.2 万例黄疸病例，约 1700 人死亡。

回到实验室，库鲁立即对这次肝炎疫情的流行方式、临床症状、生化指标进行研究，仔细分析每个黄疸病例，他发现：新肝炎流行与水污染密切相关，水的源头是一条名为宁里—纳拉的小河。小河自古是附近村民的饮用水来源，然而，随着人口增加，河岸沿线修建的厕所日益增多，加上其他污物排放，河水污染越来越严重。进入秋季后，水位降低，增加了水中污染物的浓度，导致了这场肝炎大流行。

新肝炎的潜伏期比甲型肝炎长，患者血清中没有抗急性甲型肝炎病毒，所以，不是甲型肝炎。

患者都不是受血者，患者血清中没有抗乙型肝炎的抗体，所以肯定不是通过血液感染。

当地居民从污染的宁里—纳拉河取生活用水

因此，库鲁断定这是一种新的肝炎，可能经肠道传播感染肝脏，他称这个肝炎为“非甲非乙型肝炎”（Enteric non-A, non-B hepatitis）。库鲁在学术期刊发表了“妊娠后肝静脉血栓形成”一文，引起了全球科学家的注意。

战争似乎永远没有停止过。

1979 年 12 月，在克什米尔的西端，苏联开始向阿富汗派遣军队。由于战场卫生条件差和清洁水供应不足，肝炎在整个战争期间一直困扰着苏联军队。

忽然，在 1981 年初，一场肝炎瘟疫袭来，四分之一的整装摩托化步兵包括师长在内的 3000 多人感染了肝炎，失去战斗力，情况愈来愈严峻。苏联政府马上指定 3 名医学科学家前往阿富汗调查军队中的肝炎传染，苏联医学科学院肝炎实验室的负责人病毒学家米哈伊 · S. 巴拉扬（Mikhail S. Balayan）是其中一员。

米哈伊 · S. 巴拉扬

出发前，巴拉扬一直在收集黄疸军人的血样，研究驻阿苏军的肝炎流行。他的实验结果表明，苏军中肝炎的潜伏期为 37 天，明显高于甲肝的潜伏期，这与库鲁在克什米尔发现的“肠道传播的非甲非乙型肝炎”一致。另外，患有黄疸军人的血清中不含抗急性甲型肝炎或乙型肝炎的特异性抗体。

1981 年 8 月，来到阿富汗后，巴拉扬连续跟踪收集了 22 名感染者的血清和粪便，其中 15 人有甲型肝炎病史。研究结果表明，所有这些患者的乙肝病毒表面抗原检测均呈阴性，并且，他们的症状类似于克什米尔发现的“肠道传播的非甲非乙型肝炎”。

巴拉扬将样本带回国后，作出了一个惊人的决定：他要摄入样本中的病原体感染自己。同事们都不同意，认为没有必要将自己置于危险之中。

“这是确定肝炎到底是由甲肝病毒还是由未知病毒引发的最快方法。”巴拉扬坚持说。

巴拉扬以前得过甲肝，对甲肝病毒免疫。

"我若感染，就说明这次肝炎流行是由新的病毒引发的。"巴拉扬接着解释说。

巴拉扬在工作

巴拉扬将 9 名黄疸患者的粪便澄清和过滤，对提取物进行浓缩，制成接种材料，然后，将接种材料与酸奶混合，一饮而尽。

在摄入接种物之后的第 36 天，巴拉扬出现了病毒性肝炎的症状和体征，包括厌食、恶心、呕吐、腹痛、尿色深和明显黄疸。他于半夜被送往莫斯科第一传染病医院。

检查结果表明，他的肝肿大，肝功能显著升高至 3010 IU/ L，说明他得了肝炎。临床症状和血清检测都表明，巴拉扬感染的不是甲肝，而是新发现的"肠道传播的非甲非乙型肝炎"。庆幸的是，他的病情不算太重，4 天后出院。

出院后，巴拉扬立即投入实验。在免疫电子显微镜下，他开始检测自己接种后第 28 天到 45 天的粪便样本。一颗颗病毒颗粒清晰地跳入眼中，他简直不敢相信自己的眼睛。

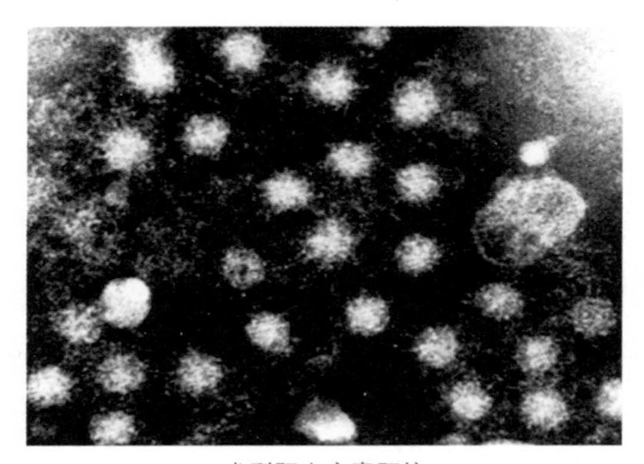
戊型肝炎病毒颗粒

最后一步要根据科赫和巴斯德的"疾病的病原体理论"，进行确证实验。巴拉扬得到如下结果：

第一，新型病毒颗粒直径为 27—30 nm。

第二，这些颗粒可与患者恢复期血清中的抗体发生反应。

第三，在其他患者的样本中

也发现了同样的病毒颗粒。

第四，用自己含有病毒的粪便提取物对两只食蟹猴进行静脉接种，两只动物都出现肝炎症状，并且，动物体内都产生了与病毒颗粒反应的抗体。这一成功的食蟹猴动物模型在未来的戊型肝炎研究中被广泛运用。

确证实验全部完成，巴拉扬发现了一个新的传染性肝炎病毒！它引发的肝炎就是库鲁在克什米尔发现的“肠道传播的非甲非乙型肝炎”。至此，科学家发现了肝炎病毒家族中的第五个病毒，戊型肝炎病毒（HEV）！

10年后，科学家成功地克隆了戊型肝炎病毒，并测序了它的核苷酸序列。

结束语

5种肝炎病毒，甲型（A）、乙型（B）、丙型（C）、丁型（D）和戊型（E），引发5种不同形式的肝脏疾病。比如：乙型和丙型肝炎导致数亿人的慢性病；丁型肝炎是肝硬化、肝癌和病毒性肝炎相关死亡的罪魁祸首。所以说，病毒性肝炎是人类面临的最复杂的病毒性疾病。

1988年，中国上海暴发了与食用毛蚶有关的甲型肝炎，报告了超过30万例病例，其中47例死亡。据估计，在中国，8700万人是乙型肝炎病毒慢性携带者，约占全球乙型肝炎病毒慢性携带者的三分之一；760万人患有慢性丙型肝炎。乙型和丙型肝炎感染是肝病最常见的原因，每年在中国导致超过38万例与癌症相关的死亡。

丁型肝炎发病率较低，2019年仅300多例。

2012年戊型肝炎发病率首次超过甲型肝炎，在2019年发病人数超过3万。

在全球范围内，每年仍有140万人新感染甲型肝炎，每年有1万多人死于甲型肝炎；150万人新感染乙型肝炎，82万人死于乙型肝炎。不幸的是，5%慢性乙型肝炎患者可以被丁型肝炎病毒感染，乙型肝炎病毒—丁型肝炎病毒（HBV-HDV）重叠感染引起严重肝硬化，并导致肝癌；150万人新感染丙型肝炎，29万人死于丙型肝炎；约有2000万人感染戊型肝炎，超过300万人感染急性戊型肝炎，造成5.66万例与戊型肝炎相关的死亡。

2016年，世界卫生组织设立目标：到2030年基本消除病毒性乙型肝炎和丙型肝炎。

抗甲型肝炎和乙型肝炎的疫苗均已成功研制并在广泛应用，抗戊型肝炎的疫苗也于2020年在中国上市。抗丙型肝炎的有效治疗药物也已开发，它们为人类最终消灭肝炎提供了切实的前景。

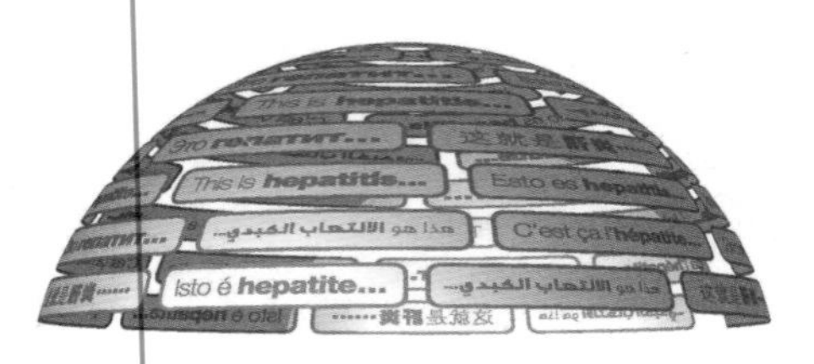

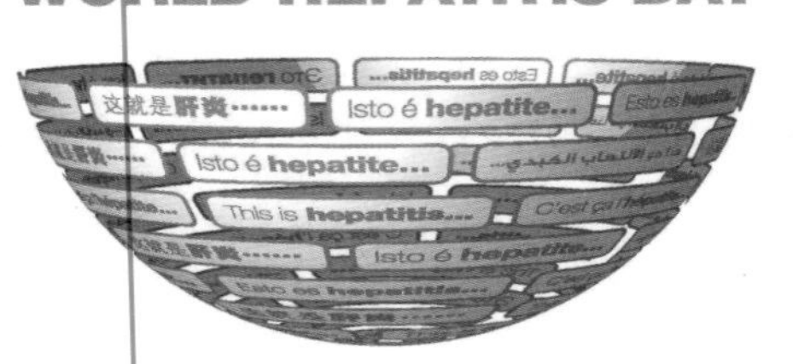

世界肝炎日标志

世界卫生组织将7月28日定为世界肝炎日，这天是巴鲁克·布隆伯格的生日，以纪念他在乙型肝炎上作出的卓越贡献。

第七章　拨开艾滋迷雾

来的蹊跷，传的神秘，离奇怪病人心悸。污名空乘造零号，奇冤旷世人发指。

寻找疾源，探究病史，两家争冠烽烟起。疫苗缥缈莫需虑，混合新药成神器。

（《踏莎行》）

除了天花和流感大流行，艾滋病（Acquired Immunodeficiency Syndrome，AIDS）也是人类现代史上骇人听闻的病毒瘟疫之一。

弗朗索瓦丝・巴雷–西努西

从1981年到2020年，艾滋病毒（Human Immunodeficiency Virus，HIV）已夺走了3630万人的生命，现在全球仍有3770万人感染艾滋病毒，其中非洲2560万人。

艾滋病在暴发早期是不治之症，发病者难逃死亡的命运。能适当减轻他们的痛苦，让他们体面地离去，是医生能做的唯一事情。

艾滋瘟疫的神秘性、严重性、恐怖性和普遍性，挑动了人们的神经，引发了社会对艾滋病来源的高度关注，并推动了科学家对寻找病因和治疗手段的激烈竞争。

科学家及社会各界对艾滋瘟疫的响应，最终使艾滋病成为一种可控的慢性疾病。然而，也惹下了许多是非恩怨，留下了团团迷雾。

神秘的死神

秋日是纽约最好的季节，天高气爽，斑斓的秋叶有的红得像火，有的黄得似金，满枝满树，飘在空中，铺在地上，美不胜收。

纽约火岛

里克·威利科夫

火岛的同性恋群体

这是1979年10月的一天，在布鲁克林工作了近10年的小学教师里克·威利科夫（Rick Wellikoff）此刻正独自走在中央公园的小径上，神色落寞，对这美景秋色毫无感觉。入秋以来，他一直感觉乏力、嗜睡、淋巴结肿胀并出现紫色皮疹。他刚刚得到诊断结果，紫色皮疹竟然是卡波西肉瘤。

“这很不寻常，” 医生告诉他，“这种癌症通常发生在地中海血统的老年男性身上。像你这种30多岁的人基本不可能得这种病。”

“那我边上班边治病吧。” 威利科夫沮丧地说。

然而，威利科夫的卡波西肉瘤在体内的扩散速度远超过常规的情形，他的病情日益严重。

半年之后，他不得不辞去心爱的教学工作，专心治病，但病情没见好转，而且出现了不寻常的肺部感染。在平安夜的钟声中，他撒手人寰，享年 37 岁。

悲痛的朋友们将他的骨灰撒入大西洋。希望他的骨灰随着海浪飘到他心中的圣地——火岛 。

火岛长期以来一直是男女同性恋者的安全而充满活力的圣地。火岛距离纽约市仅 100 公里，位于长岛之南，隔着大南湾与长岛相望。威利科夫所有的假期和周末都在火岛上度过。他热爱火岛， 这里有蔚蓝的天空，碧绿的海水，金色的沙滩，和煦的海风，还有苍郁的松林和满树的红樱桃。他爱这里自由自在、随心所欲的生活。在这里，他不用担心他的同性恋身份。在这里，他有许多朋友和性伙伴。

最好的伙伴是尼克·洛克。洛克是游轮上的调酒师，同威利科夫一样，总是来火岛寻欢作乐。不幸的是，他也染上了卡波西肉瘤、肺炎和一些不明的感染。到了生命的最后一刻，威利科夫的死讯更加重了他的病情。1981 年 1 月 15 日，他终于解脱了所有的痛苦，和威利科夫相逢于另一个世界。

远在万里之遥的旧金山，也在上演一个相同的故事。

1980 年 4 月 8 日，刚刚走出雨季的旧金山，阳光明媚，阵阵海风送来春天的暖意。市中心高楼林立，大街上人来人往，一派热闹繁华景象。离市中心不远的一条小街上，一个身材瘦小的白人男子，神情疲惫地走向街边的一个私人诊所。他叫肯·霍恩。最近一段时间，他总是感觉疲劳、恶心。原以为过段时间就会好起来，但情况似乎越来越糟。不得已，今天前往诊所就诊。医生并没有发现他的病有什么特别之处，也没有觉得有什么紧迫感，开了些药，嘱咐霍恩好好休息，就将他打发回家。

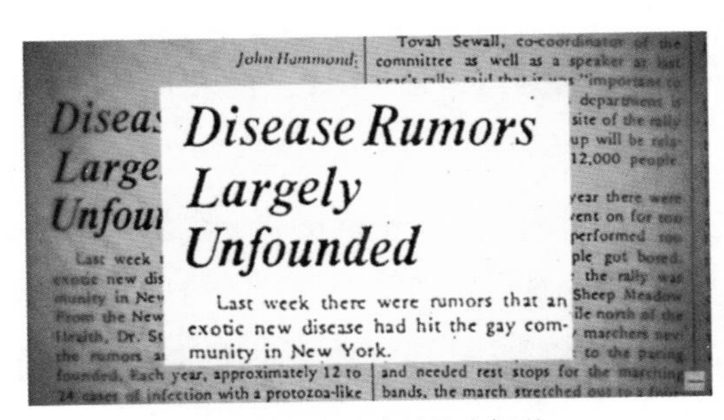

Disease Rumors Largely Unfounded

Last week there were rumors that an exotic new disease had hit the gay community in New York.

关于同性恋疾病的首次报道

霍恩在俄勒冈长大，在 20 世纪 60 年代中期，21 岁的他搬到旧金山学习芭蕾。最终，他放弃了成为一名专业舞者的野心，找了一份办公室工作。作为一位同性恋者，他特别迷恋这座城市充满活力的同性恋社交圈。

一晃，半年的时间就过去了，霍恩的病情愈发严重，嗜睡，胸前开始出现紫色斑点和淋巴结肿胀，每天头痛得厉害。1980 年 10 月底，家庭医生将他转给皮肤科医生詹姆斯·格林德沃特。格林德沃特怀疑“斑点”是恶性的，于是将霍恩紫色斑点和肿胀淋巴结的活检材料送给病理学家进行鉴定。1981 年 4 月 9 日，加州大学旧金山分校的病理学家理查德·萨奇比尔证实霍恩患上了卡波西肉瘤。

接到报告，格林德沃特立即将霍恩找到诊所，将这个坏消息当面告诉霍恩，并将霍恩送到医院住院。进一步的检查表明，他还患有隐球菌性脑膜炎（Cryptococcal meningitis）。尽管采取了各种医疗干预措施，但治疗方法都不起作用，他的病情还是恶化了。在霍恩生命的最后几周，他的体重已经减到 122 磅，一只眼睛失去了视力，并开始表现出痴呆症的迹象。1981 年 11 月 30 日，又一个鲜活的生命凋谢了。

1981 年春，纽约、洛杉矶和旧金山的医生们开始私下议论在同性恋中出现的卡波西肉瘤和其他相关的症状。医学作家劳伦斯·D. 马斯听说后，打电话给疾病控制和预防中心，那里的专家告诉他“同性恋癌症”的谣言是没有根据的。于是，马斯写了一篇文章，标题是《疾病谣言基本上没有根据》。5 月 18 日，在当时美国最有影响力的同性恋报纸《纽约原住民》上发表。

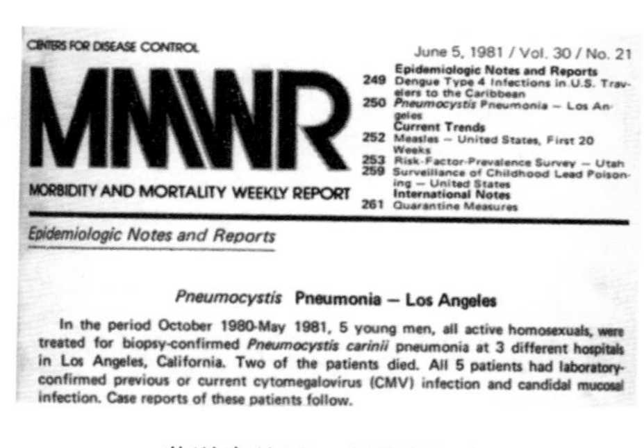

CENTERS FOR DISEASE CONTROL

MMWR

MORBIDITY AND MORTALITY WEEKLY REPORT

June 5, 1981 / Vol. 30 / No. 21

Epidemiologic Notes and Reports
249 Dengue Type 4 Infections in U.S. Travelers to the Caribbean
250 *Pneumocystis* Pneumonia – Los Angeles
Current Trends
252 Measles – United States, First 20 Weeks
253 Risk-Factor-Prevalence Survey – Utah
259 Surveillance of Childhood Lead Poisoning – United States
International Notes
261 Quarantine Measures

Epidemiologic Notes and Reports

Pneumocystis **Pneumonia – Los Angeles**

In the period October 1980-May 1981, 5 young men, all active homosexuals, were treated for biopsy-confirmed *Pneumocystis carinii* pneumonia at 3 different hospitals in Los Angeles, California. Two of the patients died. All 5 patients had laboratory-confirmed previous or current cytomegalovirus (CMV) infection and candidal mucosal infection. Case reports of these patients follow.

艾滋病的第一个医学报告

这是关于这种疾病的第一个新闻报道。

半个月后，1981 年 6 月 5 日，疾病控制中心的每周公共卫生摘要中出现了一份不寻常的报告：洛杉矶的 5 名年轻男同性恋者被诊断出患有一种不寻常的肺部感染，称为卡氏肺囊虫肺炎（Pneumocystis Pneumonia, PCP），其中两人已经死亡。

此后不久，医生们发现许多同性恋男性患上卡波西肉瘤，通常并发卡氏肺囊虫肺炎和其他感染。到年底，270 名男同性恋者被诊断患有此病，其中 121 人死亡。这种疾病最初被称为与同性恋相关的免疫缺陷（Gay-related immune deficiency，GRID）。

1982 年 9 月，疾病控制和预防中心首次将这种病称为“AIDS”（Acquired immunodeficiency syndrome，获得性免疫缺陷综合征），即艾滋病。

到 1984 年底，美国有 7699 例艾滋病病例和 3665 例死亡病例。

艾滋病给患者带来的巨大痛楚和不可避免的死亡，在美国引起了恐慌，被冠以“新瘟疫”“同性恋癌”“超级癌”“魔鬼”等称号，让美国社会谈艾色变。

科学家开始寻找艾滋病的来源，即“零号病人”。

寻找“零号病人”

疾病控制和预防中心科学家比尔·达罗（Bill Darrow）负责寻找“零号病人”。

1982 年 3 月，在纽约的一家澡堂里，达罗与许多同性恋者进行了交谈，希望收集更多有关艾滋病传染途径的信息。一位名叫盖坦·杜加斯（Gaëtan Dugas）的小伙子非常合作。

杜加斯有一头金色的卷发，穿着经过重新剪裁的制服裤子和衬衫，操着独特的法国口音，英俊性感，给达罗留下了深刻的印象。

“一种免疫缺陷疾病可能正在同性恋中传播。”达罗告诉杜加斯。

“什么意思？”杜加斯听起来一头雾水，目瞪口呆。他显然是第一次知道这种潜在的恐怖威胁。

杜加斯拍着胸膛向达罗证明自己身体健康，同时，毫无保留地提供了自己详细的隐私信息，包括 72 个性伙伴的名字，证明他们都很健康。

那时，虽然杜加斯患有卡波西肉瘤已经两年，可他感觉很健康。为了谨慎起见，一回到旧金山当天，即 1982 年 4 月 1 日，杜加斯马上来到加利福尼亚大学旧金山医学中心的医生马库斯·科南特（Marcus Conant）的医务室，进行癌症复查。

科南特是著名的皮肤科医生，也是诊断和治疗 AIDS 的第一批医生之一。此时，他已经接触到一批卡波西肉瘤同性恋患者，他们因免疫缺陷而并发肺炎和其他感染。科南特对复查结果非常吃惊，不同于其他病人，杜加斯的卡波西肉瘤没有任何恶化，而且没有并发任何其他感染。

杜加斯似乎早就预料到这一结果，他很高兴科南特医生的证实。检查结束后，杜加斯穿上他时髦的衬衫，正要出门。

“不过，你应该停止性生活。”科南特建议。

“除非你能证明我的癌症可以传染，否则，我会继续。”杜加斯很不以为然，话音刚落，已经消失在门外。

1983 年初，越来越多的科学研究表明艾滋病可以通过性生活传播，越来越多同性恋者患上艾滋病，越来越多的艾滋病患者死亡。杜加斯的健康状况也每况愈下，皮肤斑点越来越多，其他艾滋病症状也逐渐显现。杜加斯开始接受患上艾滋病的残酷现实，虽然仍坚持去同性恋酒吧聊天，但停止了发生性关系。

1983 年春，杜加斯决定离开旧金山，回到他的第二故乡温哥华养病，那里有许多他值得信赖的朋友和美好的回忆。然而，时过境迁，物是人非，回到温哥华的杜加斯已经不是当年意气风发、英俊潇洒、阳光灿烂、人见人爱的小青年，而是温哥华的艾滋第一人。

除了几个像雷德福那样的铁杆朋友，其他人对他都避之唯恐不及。

在酒吧，杜加斯总是被人骚扰，让他回家待着。

一次，杜加斯和朋友鲍勃·蒂维 一起去温哥华一家同性恋酒吧 “邻里之家”喝酒，临近的顾客看见他们入座后，纷纷起身走到酒吧的另一头，与他们保持距离。

另一次，他与朋友在海边散步时，一位陌生人冲着他的朋友喊道：“你不应该和这个人走在一起，他有艾滋病，这会损害你的名誉。”

时光渐渐流逝，杜加斯的病情日趋严重，比艾滋病更大的打击则是世人的敌意和冷漠。

在旧金山的遭遇已经让杜加斯愤愤不平，但那是异国他乡，尚可忍受。温哥华一直被杜加斯视为第二故乡，没想到自己也成为不受欢迎的人。

心灰意冷之下，杜加斯厌倦了与世人的抗争，厌倦了与疾病的抗争，他决定落叶归根，回到故乡魁北克，回到家人的身边。

离开温哥华时，已是初冬。天气阴冷，飘着毛毛细雨，几位挚友将他送到机场，大家都心情沉重，很少说话，知道这次分别可能就是永别。

在登机口，朋友们依次和他拥抱，都故作轻松地期待他早日康复，再来温哥华。杜加斯也强打精神，并玩笑地说："欢迎我的时候，场面一定要比今天热闹哦。"

从飞机的窗口，望着渐渐变小、渐渐远离的温哥华，杜加斯心里空荡荡的，眼眶一阵湿润。他收回目光，关上窗口，靠在椅背上，轻轻地长叹一声，缓缓闭上眼睛。真可谓，"人世几回伤往事，山形依旧枕寒流"。

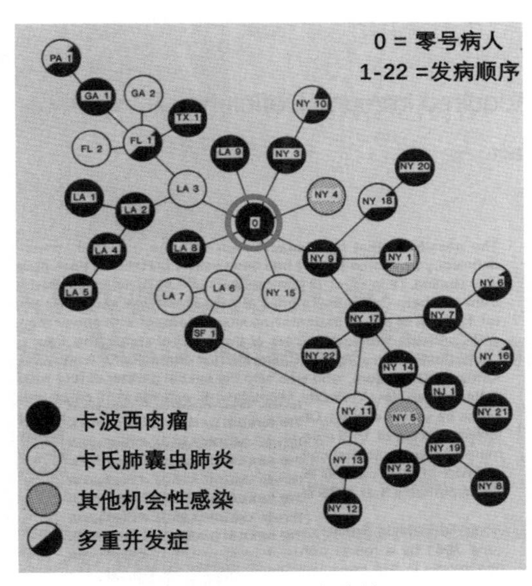

艾滋病人之间的性接触

在魁北克市等待杜加斯的是皑皑白雪，瑟瑟寒风。昔日同性恋世界中的白马王子，如今成为人人避之不及的瘟神。世人的敌意让杜加斯的心犹如魁北克的冬天一样寒冷。然而，家人无微不至的关怀，渐渐地抚平杜加斯心口的创伤，也给了他战胜病魔的勇气。

1984 年 3 月初，他奇迹般地战胜了第四次肺炎感染，似乎正在康复的路上。不幸的是，3 月底，他的病情再度恶化。3 月 30 日，在家人的陪伴下，杜加斯走完了他短暂却跌宕起伏的人生。

就在同一个月，杜加斯奄奄一息之际，达罗将他定位为艾滋病“零号病人”。

1984 年 3 月，美国医学杂志（American Journal of Medicine）发表了达罗的重要学术文章《获得性免疫缺陷综合征病例群——与性接触有关的患者》（*Cluster of Cases of the Acquired Immune Deficiency Syndrome —Patients Linked by Sexual Contact*）。文章表明：

1. “零号病人”不是加利福尼亚人（non-California）。

2. “零号病人”引发纽约与旧金山 40 例艾滋病感染。

3. 在“艾滋病人之间的性接触”图上，表明“零号病人”的“0”赫然出现在中心位置。

那么，这位“零号病人”到底是谁呢？

他就是达罗在澡堂里采访的杜加斯。

20 岁的杜加斯

24 岁的杜加斯

28 岁的杜加斯

1952 年 2 月 19 日，杜加斯出生在加拿大东部的法语地区魁北克省。他的家在魁北克市郊一个靠近机场的社区。杜加斯的成长与航空业的发展同步，每天看着一架架飞机缓缓降落，又一架架飞机腾空而起，他憧憬着自己长大后能够每天随着飞机飞向四面八方！

机会真的来了！

加拿大航空公司改变了空乘人员只招收“空姐”的政策，开始招收

“空哥”。杜加斯意识到，进入加航，成为加航的空乘人员是实现梦想的最佳途径，他开始为此而努力。在加拿大，英语和法语同为官方语言，空乘人员必须掌握两种语言。于是，20 岁时他放弃了美发师的工作，离开故乡魁北克，前往万里之外的西部海岸城市温哥华学习英语。

温哥华依山傍海，风景秀丽。相对于寒冷的魁北克，杜加斯更喜爱这里温和宜人的气候，温哥华很快就成为他的第二故乡。1974 年，杜加斯梦想成真，被加拿大航空公司录用为空乘人员。

他开始寻找同性恋情，结识了瑞·雷德福。他们的关系持续了几年，即使在分手后，也是好朋友。

每天，杜加斯带着同性恋的自豪感去工作，他与空姐们分享化妆技巧，并与她们竞争，看谁更能引起美男子乘客的注意。几年的时间里，这位带着可爱的法国口音的美男子成为一个“小传奇”。

从东到西，从南到北，杜加斯频繁穿梭于北美的各大城市，包括多伦多、蒙特利尔、纽约、亚特兰大、洛杉矶、西雅图和旧金山。有时，他也飞欧洲航线。此时的杜加斯风流倜傥，春风得意。

飞机一落地，杜加斯就混迹于当地的酒吧、影院等社交场所，他最常去的地方是专门服务同性恋者的场所。

畅销书《继续演奏》

1980—1981 年，艾滋病在美国男性同性恋群体中流行，杜加斯成为最早一批患者，1980 年被诊断出患有卡波西肉瘤。当时，科学界只认为卡波西肉瘤是一种进展缓慢的皮肤癌，后来科学家发现，卡波西肉瘤实际上是艾滋病患者的明显标志。也就是说，杜加斯 1980 年已经患有艾滋病。

“零号病人” 炒作

一晃，杜加斯去世近 4 年。

1987 年 10 月，同性恋记者兰迪 · 希尔茨（Randy Shilts）的艾滋病纪实文学《继续演奏》（*And the Band Played On*）正式发行。书中，希尔茨以达罗的学术文章为根据，真名实姓地揭示加拿大空乘人员盖坦 · 杜加斯是艾滋病“零号病人”，杜加斯的无节制性生活引发美国艾滋病大流行。

美国各媒体随即蜂拥而上，添油加醋，诬陷杜加斯故意传播艾滋病。

NEW YORK POST

Triggered 'gay cancer' epidemic in U.S.

THE MAN WHO GAVE US AIDS

《纽约邮报》

Canadian Said to Have Had Key Role in Spread of AIDS

Airline steward is identified in a forthcoming book.

《纽约时报》

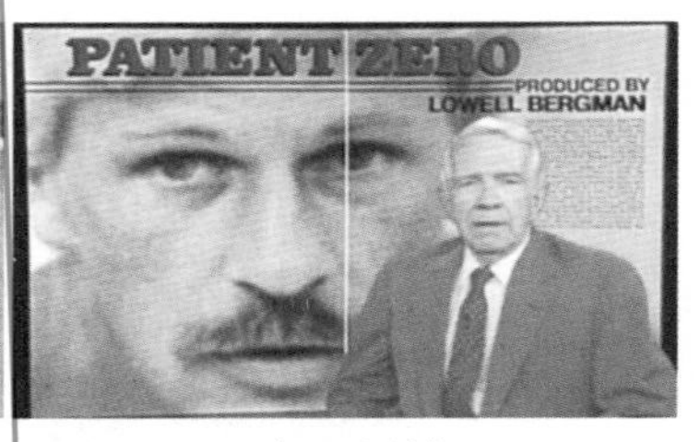

《60 分钟》

1987 年 10 月 6 日《纽约邮报》头版通栏刊登大标题为《给我们带来艾滋病的人》的书评，声称杜加斯 “在美国引发了 ‘同性恋癌症’ 流行病”，这篇书评在美国引起了轩然大波。

《纽约时报》写道，“据说加拿大人在艾滋病传播中发挥了关键作用”，并在随后数周内连发 11 篇相关书评。

而《国家评论》则将杜加斯戏称为“艾滋病的哥伦布”。

美联社的一篇报道宣称，科学家怀疑“零号病人”在欧洲与非洲人性接触感染了这种疾病后，将这种疾病带到了美国。

《时代》周刊书评以“零号病人的骇人听闻的传奇”为标题，重申杜加斯把艾滋病从非洲带到北美。

更有甚者，《美国新闻与世界报道》刊登了另一个谣言：杜加斯在浴室与他人发生性关系后告诉他们：“我得了同性恋癌症，我要死了，你也是。”

CBS 的《60 分钟》节目更是起了关键作用。《60 分钟》当时是网络电视上收视率最高的节目之一，主持人哈里·里森纳以一个小时的时间对《继续演奏》中的“零号病人”杜加斯进行了全面深入的妖魔化。

媒体铺天盖地的报道使“零号病人”家喻户晓，杜加斯成为大众心目中的艾滋病的始作俑者，艾滋病大流行中的邪恶代表，臭名昭著，人人喊打。而《继续演奏》借媒介大力推崇，连续数周位居《纽约时报》销量最好书籍的榜首，风靡全美。

《继续演奏》不仅使希尔茨一夜成名，成为当红作家、公众人物，也给他带来了巨大的经济利益。

1994 年，希尔茨也因艾滋病离世。

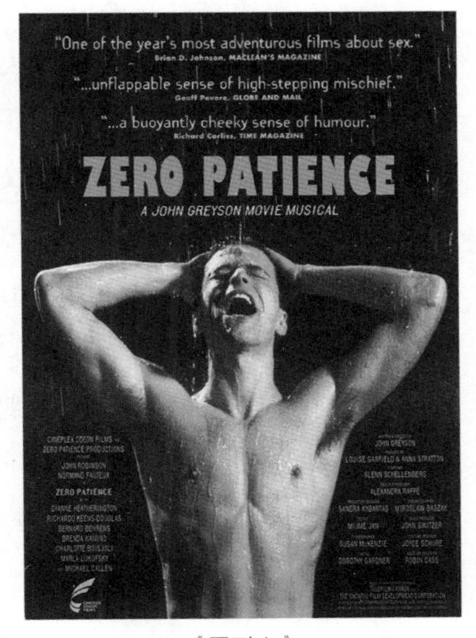

《零耐心》

“零号病人”神话破灭

那么，杜加斯是不是“零号病人”呢？历史自有公论。

美国人将艾滋病流行一股脑儿地推到加国公民杜加斯的头上，对此，加拿大人甚为不满，质疑之声不绝于耳。《多伦多星报》等几家加拿大报纸采取较为抵制的态度，在报道时暗示“流行病学家怀疑加拿大人将艾滋病传播到北美的说法”。但是，这些早期的质疑之声都淹没在主流媒体的高分贝喧嚣声中。

1993 年，加拿大导演约翰·格雷森（John Greyson）的音乐片《零耐心》（Zero Patience）强烈批评了希尔茨对杜加斯的妖魔化。然而，真正打破“零号病人”神话的两项研究，在杜加斯被妖魔化近30年后，才姗姗来迟。

2014年，科学历史学研究者理查德·麦凯（Richard Mckay）以详尽的事实证明：

第一，杜加斯并不具有反社会性，也从未故意将艾滋病传染给他人。麦凯仔细阅读了希尔茨留下的详细笔记，采访了许多希尔茨曾经采访过的人物，特别是杜加斯的昔日朋友，并进行了许多原创性调查研究。他发现，许多关于杜加斯反社会性的例子或者是子虚乌有，或者是无限夸大。

第二，希尔茨和媒体从未从杜加斯的视角来看待和解释他的行为。虽然杜加斯在1980年就患有卡波西肉瘤，但当时科学家对艾滋病的认识非常肤浅，不知道艾滋病的确切传播途径。杜加斯身体也非常健康，一直没有相关的免疫缺陷并发症，所以，与大多数同性恋者一样，杜加斯不相信自己会传播艾滋病，这就是他没有停止性生活的主要原因。

第三，1983年初，当身体出现其他艾滋病相关的感染后，杜加斯便停止了性生活。杜加斯的一位朋友告诉麦凯：“他拒绝了我的性提议。”

2016年，顶级科学杂志《自然》（*Nature*）发表了题为《20世纪70年代艾滋病人和零号病人艾滋病毒基因组分析澄清北美早期艾滋病历史》（*1970s and “Patient 0” HIV-1 Genomes Illuminate Early HIV/AIDS History in North America*）的文章，彻底打破了杜加斯是北美艾滋病零号病人的神话。

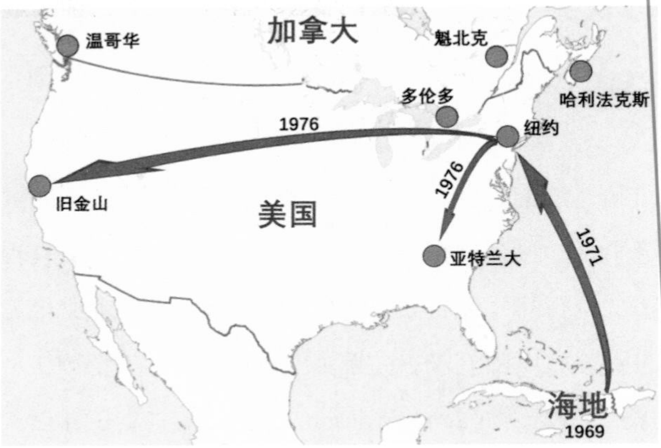

艾滋病毒输入北美时间路线图

首先，科学家对2000多个20世纪70年代的血清样本进行了筛选，获得含艾滋病病毒的样本，然后将它们的基因序列与海地、西非的病毒基因序列比较，即分子钟系统地理学分析（Molecular clock phylogeographic analysis），结果表明，北美的艾滋病毒于1971年从海地传入美国纽约，那时，杜加斯还是一个未出茅庐的小青年，尚未涉足纽约和海地。

第二，科学家对杜加斯艾滋病毒的测序发现，杜加斯的病毒类型并不属于最早传入纽约的病毒亚型，也不是北美20世纪80年代初期广为流行的亚型。

第三，“零号病人”杜加斯在CDC的原始编号是057。他既不是第一个CDC收到的艾滋病病例，也不是第一个表现出症状的病例，更不是第一个死于艾滋病的人。

第四，艾滋病的潜伏期为10年，而不是当初认为的10个月，所以，那些与杜加斯发生性关系1年后出现的艾滋病患者不可能来自杜加斯，而是来自多年前的性伙伴。可见，达罗的“艾滋病人之间的性接触”图是错误的。杜加斯给达罗提供了足够的性伙伴人数，达罗自然地以杜加斯为中心将这些人联系在一起，构成了一幅误导的“艾滋病人之间的性接触”图。

纵观历史，历史学家证明了美国人有把美国流行病归咎于外国人的恶习。

至此，“零号病人”的神话彻底破灭。

诺贝尔奖争议

2008年10月6日，诺贝尔生理学或医学委员会秘书长汉斯·约恩瓦尔宣布将2008年诺贝尔生理学或医学奖授予法国科学家弗朗索瓦丝·巴雷–西努西（Françoise Barré–Sinoussi）和吕克·蒙塔尼耶（Luc Montagnier），以表彰他俩发现了人类免疫缺陷病毒，即艾滋病毒。同时获奖的还有德国的哈拉尔德·祖尔·豪森（Harald zur Hausen），因为他发现了导致宫颈癌的人乳头瘤病毒。

消息一出，立即引起轩然大波。

“美国病毒学家罗伯特·加洛（Robert Gallo）为什么不在获奖名单？”在新闻发布会上就有人提问。

瑞典国王颁授诺贝尔奖：弗朗索瓦丝·巴雷-西努西（左）和吕克·蒙塔尼耶（右）

诺贝尔奖委员会并不回答加洛为什么没有获奖，只是重申法国科学家为艾滋病毒的发现和艾滋病的研究作出了最大的贡献。

在随后的一段时间，许多科学家，主要是美国科学家纷纷质疑为什么美国病毒学家罗伯特·加洛不在获奖之列。加洛发现了第一个人类逆转录病毒HTLV-1，建立起一整套研究人类逆转录病毒的方法，为发现逆转录病毒的艾滋病毒铺平了道路。另外，他们认为加洛也“独立发现了艾滋病毒”，直接证明艾滋病毒引发艾滋病。为此，106位知名科学家联名写信给《科学》杂志为加洛鸣不平。

对美国的加洛和法国的蒙塔尼耶来说，他们之间刚刚抹平的伤口，因诺贝尔奖的宣布，再次被撕裂。

故事还要从26年前说起。

法国科学家发现艾滋病毒

1982年，当大洋彼岸的美国出现大量艾滋病病例时，法国的艾滋病病例也逐渐增多。那时，既不知病因，也没有治疗方法，让工作在第一线的临床医生倍感压力。

蒙塔尼耶、西努西和谢尔曼在巴斯德研究所的实验室

巴黎比查医院（Hôpital Bichat）的传染病专家威利·罗森鲍姆（Willy Rozenbaum）面对日益增多的艾滋病人，束手无策，心里十分焦虑。凭借深厚的病毒学功底，他敏锐地意识到艾滋病的病原体可能是逆转录病毒。

1982 年底，他专程来到巴斯德研究所，找到时任“逆转录病毒与癌症研究室”主任的蒙塔尼耶，请求协助确定艾滋病的病因。蒙塔尼耶非常认同罗森鲍姆的想法，对寻找新的逆转录病毒有浓厚的兴趣。双方很快达成合作协议，由罗森鲍姆提供样本，蒙塔尼耶的研究团队分离病毒。

蒙塔尼耶随即将这一重任交给了实验室的后起之秀，巴雷-西努西和她的导师让-克洛德·谢尔曼（Jean-Claude Chermann），他们在逆转录病毒方面拥有丰富的经验。

1947 年巴雷-西努西出生于巴黎，她从很小的时候就对科学感兴趣。她会在假期里花几个小时观察昆虫和动物。

“为什么有些小伙伴跑得比我快？”她会好奇地问父母。

慢慢地，巴雷-西努西意识到，与人文课程相比，她对科学更感兴趣。19 岁上大学时，她选择了科学专业。虽然那时她对成为一名医生更感兴趣，但漫长的学业和昂贵的费用，使她望而却步。

在大学学习了两年后，巴雷-西努西试图在实验室找一份兼职工作，这样既可以挣一份收入，又可以从事她喜爱的科学研究。非常幸运，她被巴斯德研究所录用，跟随导师谢尔曼研究白血病的逆转录病毒。巴雷-西努西十分喜爱这份工作，她在巴斯德研究所的兼职工作很快就变成了全职。

她不再有时间去大学上课，去大学只是为了参加考试，为此，她不得不依赖朋友的课堂笔记。匪夷所思的是，巴雷-西努西的考试成绩反而比以前更好。用巴雷-西努西自己的话来说，她终于有了动力，因为她意识到从事科学事业是她想做的事情。

1972 年，她获得巴黎大学生物化学硕士学位，1975 年在巴黎巴斯德研究所获病毒学博士学位。毕业后随即前往美国国立卫生研究院（NIH）从事了 1 年的博士后研究。1976 年，巴雷-西努西返回巴斯德研究所，在蒙塔尼耶的研究室里继续她的科研生涯。

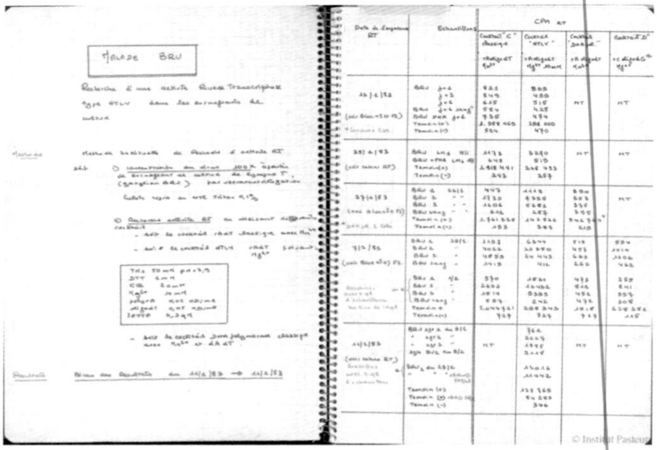

巴雷-西努西逆转录酶活性检测的实验记录

接到分离艾滋病毒重任时，年轻的巴雷-西努西已经从事了 14 年的逆转录病毒研究，虽然只是助理教授，却是老资格的逆转录病毒领域的专家。她已经十分熟悉检测逆转录酶活性的技术。原理非常简单：如果存在逆转录酶活性，则证实该病毒是逆转录病毒。

1982 年 12 月，研究工作全面展开。

巴雷-西努西计划先从患者的血液中分离受感染的免疫细胞，再从中分离病毒。然而，临床观察表明，艾滋病毒破坏免疫细胞，导致患者体内免疫细胞数量急剧下降，难以从晚期疾病患者血液中分离足够数量的受感染免疫细胞，这使得从艾滋病患者中分离病毒变得非常困难。鉴于这种情况，巴雷-西努西和她的同事决定改变策略，采用淋巴结肿大患者的淋巴结活检组织为材料。全身淋巴结肿大是艾滋病早期患者的常见症状。

1983 年 1 月 3 日，罗森鲍姆为他们提供了来自一名 33 岁的法国同性恋患者的淋巴结活检组织，标号为 BRU。巴雷–西努西将淋巴组织切碎，进行原代细胞（Primary cell）培养。她每 3—4 天检测一次逆转录酶活性。

15 天以后，也就是 1 月 25 日，她第一次在体外培养的淋巴结活检组织中检测到逆转录酶活性。巴雷–西努西在笔记本上记录下了这一重大时刻，"活性很低，不能完全确定"。

两天以后，逆转录酶活性明显升高，巴雷–西努西非常激动，整个实验室也都为这一结果而兴奋。这不仅表明艾滋病毒是逆转录病毒，还证明他们采用淋巴结活检组织的策略是正确的。

在随后的检测中，逆转录酶活性稳步上升，在 2 月 7 日到达峰值。维持 5 天后，培养的淋巴细胞开始死亡，逆转录酶活性也急剧下降。这表明，淋巴细胞中有逆转录病毒。

为了保证病毒能在淋巴细胞中继续繁殖，巴雷–西努西和她的同事决定添加健康献血者的淋巴细胞。他们的策略再次奏效，在新添加的淋巴细胞中再次检测到显著的逆转录酶活性，证明艾滋病毒确实是逆转录病毒。

"艾滋病毒是一种新的逆转录病毒，还是已知的逆转录病毒呢？"巴雷–西努西不禁问自己。

当时，美国科学家加洛，发现了两种逆转录病毒，即人类 T 细胞白血病病毒（HTLV–1 和 HTLV–2）。为了确定艾滋病毒是一种新病毒还是已知的人类 T 细胞白血病病毒，巴雷–西努西将抗人类 T 细胞白血病病毒抗体与培养基上清液混合。他们兴奋地发现：

1. 上清液不与抗人类嗜 T– 淋巴细胞病毒抗体产生免疫沉淀，也就是说抗人类 T 细胞白血病病毒抗体不识别上清液里的病毒。

2. 上清液可以与患者自己的血清产生沉淀（因为患者自己的血清含有抗新病毒的抗体），这说明，艾滋病毒不是人类 T 细胞白血病病毒，而是一种新的逆转录病毒。

下一步，巴雷-西努西准备进行电镜实验。

1983 年 2 月 4 日，巴雷-西努西和蒙塔尼耶的团队首次在电子显微镜下观察到艾滋病毒，他们将新病毒命名为淋巴结病相关病毒（Lymphadenopathy Associated Virus， LAV）， 也就是后来著名的艾滋病毒 -1（HIV-1）。

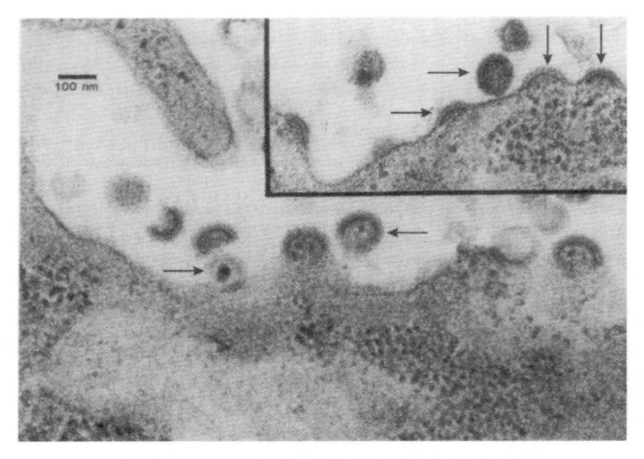

已经离开和正在离开淋巴细胞的艾滋病毒

为了标明这只毒株的来源，巴雷-西努西称之为 BRU 毒株。BRU 毒株不能在 T 细胞中培养，他们最终在 B 细胞系中成功培养了它。

整个研究工作只用了 3 个月的时间，真可谓是进展神速。研究结果于 1983 年 5 月发表在《科学》杂志上。

不久，1983 年 6 月，巴雷-西努西和蒙塔尼耶团队又从一名患有晚期卡波西肉瘤的年轻男同性恋者的血液和淋巴结样本中分离出第二株艾滋病毒株，称之为 LAI 毒株。

LAI 和 BRU 毒株之间有如下差异：

BRU 毒株只能从淋巴结中分离，而LAI 毒株从血液和淋巴结中都可以分离。

BRU 毒株不能在 T 细胞中培养，而 LAI 毒株可以在 T 细胞中培养。

LAI 毒株比 BRU 毒株具有更强生存能力和快速的繁殖能力。

美国科学家发现艾滋病毒

1983 年 1 月，当得知巴雷-西努西和蒙塔尼耶团队在艾滋病患者中发现了一种新的逆转录病毒时，加洛感到万分震惊。作为人类逆转录病毒鼻祖的他，从 1981 年开始一直在寻找艾滋病毒，如今居然让法国人捷足先登，这让他情何以堪！于是，加洛带领实验室日夜奋战，筛选 33 个艾滋病病例，两例中检测到人类嗜T淋巴细胞病毒(HTLV)。与法国科学家的结论恰恰相反，加洛认准艾滋病毒是他以前发现的人类嗜T淋巴细胞病毒，不是新病毒。加洛的结果也发表在同期的《科学》杂志上。

罗伯特·加洛

然而，事实胜于雄辩。越来越多的结果显示艾滋病毒是一种新的病毒，加洛不得不继续分离艾滋病毒。同时，他向蒙塔尼耶索取BRU毒株，蒙塔尼耶一共给加洛寄去了5个BRU毒株样本。

一波刚平，一波又起。

1983年底到1984年初，加洛实验室成功分离出数个艾滋病毒株，它们是HTLV3-RF、HTLV3-IIIB和HTLV3-MN。它们都在体外培养的T细胞中快速生长，特别是IIIB毒株。

美国卫生部部长赫克勒和加洛在新闻发布会上

1984年5月，加洛在《科学》杂志同时发表了4篇论文，描述了新逆转录病毒的分离物、其连续培养的方法、其蛋白质的分析以及证明它是艾滋病病因的证据。论文于1984年3月30日提交给《科学》杂志，4月19日被接受，5月4日正式发表。

在论文接受后，加洛专程拜访了巴黎的蒙塔尼耶，并给蒙塔尼耶带去了新分离的IIIB毒株。加洛告诉蒙塔尼耶，可以将IIIB毒株与他的BRU毒株进行比较。如果二者相同，双方可以共同召开联合新闻发布会，宣布找到艾滋病病原体，一种新的逆转录病毒。然而，事情并没有按加洛设想的方向发展。

一位自由记者通过秘密渠道得知，《科学》杂志即将发表加洛实验室关于艾滋病研究的重大发现。记者的泄密报道促使美国卫生与公众服务部（DHHS）部长玛格丽特·赫克勒，召开紧急新闻发布会，加洛被紧急召回美国参加新闻发布会。

4 月 23 日清晨，新闻发布会仓促召开。在新闻发布会上，赫克勒单方面宣称，美国科学家加洛的研究室发现了艾滋病毒。她骄傲地宣布："首先，已经发现了艾滋病的可能原因：一种已知人类癌症病毒的变种。其次，不仅已经确定了病原体，而且还开发了一种新的方法来大规模生产这种病毒。最后，我们现在有艾滋病的血液检测方法。通过血液检测，我们可以基本上 100% 确定地识别艾滋病患者。"

赫克勒最后充满信心地宣告，两年后，艾滋病疫苗就将问世，彻底消灭艾滋病。事与愿违，至今，艾滋病疫苗还没有问世。

这场新闻发布会开启了美法之间有关艾滋病毒发现的漫长的、激烈的、充满民族情绪的纠纷。这场纠纷也将加洛与蒙塔尼耶推上了风口浪尖。

谁最先发现艾滋病毒已经不仅仅是个人的荣誉，还关乎国家的荣誉。

谁发现了艾滋病毒？

与当今不同，那个年代，美国科学家对申请专利并不热心，专利申请在国立卫生研究院也不常见。但美国卫生与公众服务部指示国立卫生研究院和加洛申请艾滋病血液抗体测试专利，以便制药公司能够在全球范围内快速部署和垄断该测试。专利申请在新闻发布会的当天就递交给了美国专利局。可谓是兵贵神速。

加洛用于申请专利的艾滋病毒是 IIIB 毒株，IIIB 毒株最终成为他一生的梦魇。

一年之后，1985 年 5 月 28 日，专利获得批准。令人费解的是，巴斯德研究所早在 1983 年 12 月就向美国专利局提交了类似的专利申请，却泥牛入海无消息。专利获批，对加洛是喜讯，对蒙塔尼耶和巴斯德研究所则是不能再坏的坏消息。这意味着他们建立的艾滋病血液抗体测试将不能使用。

本来就对美国单方面宣称加洛发现了艾滋病毒极为不满，继而美国在专利上的霸道更让法国人忍无可忍。在与美国卫生与公众服务部多次交涉无果后，1985 年 12 月 14 日，法国巴斯德研究所将国立卫生研究院告上了法庭。在新闻发布会上，巴斯德研究所所长争辩说，由蒙塔尼耶领导的研究小组发现了导致获得性免疫缺陷综合征的病毒，并于 1983 年开发了第一个检测艾滋病的抗体血液的测试方法，比加洛的美国团队早 1 年。他指控美国研究人员在分离艾滋病病毒和开发病毒抗体测试时，利用了法国提供的病毒样本和研究数据。他最后宣布，为了维护巴斯德研究所的科学和商业权益，巴斯德研究所正在起诉国立卫生研究院，要求达成三个主要目标：

第一，承认法国研究人员第一个发现导致艾滋病的病毒。

第二，允许巴斯德研究所收取专利使用费，而不受美国专利的限制。

第三，有权分享美国国立卫生研究院收取的专利使用费。

法律诉讼使得双方的冲突更加白热化。加洛在接受电话采访时表示，巴斯德研究所夸大了其贡献。加洛坚持他在开发抗体测试时没有使用蒙塔尼耶给他的 BRU 病毒株。他进一步声称：“我们对他们的帮助比他们对我们的帮助要多得多。”

在公开的唇枪舌剑背后，双方也为达成庭外和解而进行紧张的谈判。最终由于双方立场相距甚远，谈判破裂。

1986 年 4 月 29 日，美国专利局立即审理巴斯德研究所专利申请，也批准了巴斯德研究所的专利：批准巴斯德研究所提交的艾滋病血液抗体测试专利。这一决定虽然姗姗来迟， 但总算来了。有了专利，巴斯德研究所授权的商业公司就可以正当销售血液测试。

专利局同时做出了另一个有利于巴斯德研究所的决定：鉴于巴斯德研究所申请在先，美国国立卫生研究院必须证明自己是专利的发明者。也就是说，如果美国国立卫生研究院不能提供无可辩驳的证据，那么，专利就自动归巴斯德研究所拥有。

面对不利的形势，美国国立卫生研究院只好主动伸出橄榄枝，重启谈判。

美国总统里根和法国总理希拉克在白宫东大厅

旷日持久的法庭程序和庭外谈判不仅让双方科学家、官员和法律团队精疲力尽，还严重影响了美法两国的友好关系，惊动了两国最高层。

在法国新任总理希拉克第一次正式访美前夕，双方加快了谈判步伐。访问的前一天，即 1987 年 3 月 31 日，双方达成全面和解协议，并将和解协议提交两国首脑。

第二天，希拉克飞抵美国，中午，美国总统里根在白宫东大厅举行欢迎仪式后，与希拉克共同宣布两国就艾滋病毒的相关专利达成如下一致意见：分享血液检测专利权，大部分收入将捐赠给一个新的艾滋病研究和教育基金会。放弃各自采用的病毒名称，将艾滋病病毒称为 HIV，这是一个独立委员会一年前选定的名称。

里根说："该协议开启了法美合作的新纪元，使法国和美国能够共同努力控制这种可怕的疾病，以期加快开发艾滋病疫苗或治疗方法。"

希拉克说："法国和美国科学家现在将共同努力对抗艾滋病。"

里根总统和希拉克总理在白宫宣布的这项不寻常的协议，回避了法国和美国科学家之间关于谁发现艾滋病病毒的争论。两位主要竞争科学家，蒙塔尼耶和加洛，共同签署了一份详细的、长达 7 页的年表，详细说明了每个人的贡献，这实际上是让历史学家来确定他们的功劳。

纵观科学史，国家元首就科学争议发表声明还是第一次。

协议的达成也让处于旋涡中心的加洛如释重负，他对记者说，和解 "就像从我肩膀上卸下了一块重铅”。加洛还向记者透露，他和蒙塔尼耶之间也恢复了友谊。

3 月 23 日在法兰克福，蒙塔尼耶与加洛一起庆祝了后者的 50 岁生日，当时他们正在共同制定发现艾滋病病毒的关键事件年表。

虽然加洛对和解感到满意，但巴斯德研究所是否完全满意呢？

巴雷–西努西的导师谢尔曼对法国报纸《世界报》表示，尽管很高兴，但他仍然忍不住“从我内心深处思考，这是一种投降”。

争议的尘埃还没有落定！

HTLV-IIIB 毒株的来历

随着艾滋病流行愈趋严重，艾滋病研究在全球全面展开，越来越多的艾滋病毒毒株从不同的患者样本中分离。一个奇怪的现象引起了科学家的注意，核酸序列分析表明，所有这些毒株的核酸序列都差异很大，但只有加洛的 HTLV3–IIIB 毒株和法国的 LAV–BRU 毒株惊人的相似，简直就是孪生兄弟。

这难道只是巧合吗？

两个实验室经过仔细地比较对照，加洛在 1991 年 5 月给英国科学杂志《自然》的一封信中承认了 HTLV3–IIIB 是巴斯德研究所另一个毒株 LAI，即 HTLV3–IIIB = LAI。这时，巴斯德研究所的巴雷–西努西和蒙塔尼耶才认识到，在培养 BRU 和 LAI 时，LAI 污染了 BRU。他们 1983 年寄给加洛的 5 个毒株中，3 个是没污染的 BRU，2 个是污染的 LAI 毒株。

谁发现了艾滋病毒的公案终于了结。

在加洛承认 HTLV–IIIB 来自 LAV 之后，法国巴斯德研究所要求，提高艾滋病检测特许权使用费的份额，但是美国国立卫生研究院不肯让步。

1994 年 6 月，美国卫生与公众服务部监察长办公室公布了一份长达 35 页的备忘录。备忘录聚焦在艾滋病血液诊断检测专利的争议，全面支持巴斯德研究所的专利权，认为：从病毒的发现，血液诊断检测方法的建立，检测的灵敏度，到申请专利的次序，专利都应归巴斯德研究所。这份报告的发表让巴斯德研究所更加理直气壮，再次威胁要将美国政府告上法庭。

美国国立卫生研究院不得已作出重大让步。

1994 年 7 月 12 日，美国卫生官员首次承认，美国研究人员使用法国科学家分离的病毒制造了第一个美国艾滋病检测试剂盒，但新协议回避了加洛是无意还是有意使用了法国病毒的这一问题。

新协议的大部分内容与前协议相同：法国和美国将各自保留 20% 的特许权使用费，然后将剩余的 80% 集中起来，并将其中的四分之一捐赠给世界艾滋病基金会，资助发展中国家的艾滋病教育和研究。

但与旧协议不同，新协议将使法国从全球艾滋病检测产品销售中获得更大份额的特许权使用费：法国将获得三分之二，而美国将获得三分之一（旧协议是两个团体平分剩余的 80%）。调整后，到 2002 年专利到期时，这两个集团的利润将大致相等。

美国国立卫生研究院院长哈罗德 · 瓦尔姆斯说："今天的协议是公平公正的，这反映了双方对结束此事的真诚承诺。"

"现在是离开有关加洛意图的时候了，"巴斯德研究所所长马克西姆 · 施瓦茨表示，"重要的一点是，法国人首先分离了用于开发这两种测试的艾滋病毒，因此得到了适当的赞扬。"

他补充说："他很高兴巴斯德研究所每年额外获得数十万美元。"

新协议不会影响向加洛支付的特许权使用费，因为美国卫生与公众服务部规定，政府研究人员可以从他们的发明中获得任何利润。加洛与助手迄今已收到约 70 万美元。该规定允许加洛也发布一份书面声明：虽然他承认巴斯德研究所科学家的重大贡献，但重申了他自己的实验室作出的几项重要贡献，包括至关重要的第一次大规模生产艾滋病毒。

"现在是永久关闭这一集的时候了，" 他说，"巴斯德科学家和我应该把我们所有的精力都集中在寻找治愈艾滋病的方法上。"

2020 年，巴雷–西努西被《时代周刊》选为 1983 年度风云女性。

艾滋病鸡尾酒

2008 年，科学界最权威的诺贝尔奖委员会给出了自己的判断，将艾滋病毒发现的生理或医学奖授予法国科学家西努西和蒙塔尼耶，而加洛不在获奖之列。这说明，在诺贝尔奖委员会的眼里，加洛的贡献不能与法国科学家的贡献同日而语。

巴雷–西努西的获奖也具有特别的意义。在艾滋病毒发现的争议中，外界熟知的人物只是加洛和蒙塔尼耶，巴雷–西努西基本上默默无闻，但她对艾滋病的巨大贡献赢得了诺贝尔奖委员会的高度评价。

诺贝尔奖委员会指出："艾滋病毒引发了一种新的流行病。科学和医学从未如此迅速地发现和分离其病原体，并提供治疗手段。现在，成功的抗逆转录病毒疗法（Antiretroviral Regimens）使艾滋病患者的预期寿命达到与未感染者相似的水平。"

治疗病毒性疾病是医学界最难的课题，什么神秘药物可以如此有效地治疗艾滋病呢?

在艾滋病流行的头几年，艾滋病是不治之症，没有任何药物可以治疗。1987 年 3 月，叠氮胸苷（Azidothymidine，AZT）成为第一个获得美国食品和药物管理局（FDA）批准用于治疗艾滋病的药物。叠氮胸苷属于一类被称为核苷逆转录酶抑制剂的药物，单独使用可减少艾滋病患者死亡和机会性感染的几率，但会产生严重的副作用。

单一药物治疗方案的局限性很快就显现出来。艾滋病毒复制迅速，容易产生突变，导致艾滋病毒对叠氮胸苷产生抗性。一些单独服用叠氮胸苷的人，几天之内就会产生耐药性。

联合用药结果会如何？科学家提出这个新的设想。他们开始实验联合用药，看是否会使病毒同时对所有药物产生耐药性。

20 世纪 90 年代初期，研究表明叠氮胸苷与另一种称为双脱氧胞苷（dideoxycytidine，ddC）的药物联合使用比单独使用叠氮胸苷更有效，降低了无症状的中期疾病患者的死亡风险，联合用药成为治疗艾滋病的新方法。虽然对许多 HIV 感染者来说，两种核苷逆转录酶抑制剂联合疗法的效果比单一药物疗法的效果要好，但病毒仍然产生抗性，它们的持续时间仍然有限。

1995 年 12 月，一种全新的抗逆转录病毒药物——蛋白酶抑制剂（Protease inhibitors）研发成功。沙奎那韦（Saquinavir）成为第一个获得 FDA 批准的蛋白酶抑制剂。蛋白酶抑制剂的问世使得三联药物疗法（Triple-Drug therapy）成为可能。

1996 年，三联药物疗法的临床实验取得重大进展，沙奎那韦、双脱氧胞苷和叠氮胸苷的三药方案比双脱氧胞苷和叠氮胸苷的两药疗法更有效。三联药物疗法可以将艾滋病毒复制持久地抑制到最低水平，同时抑制抗药性的产生。

同时，另一种新型抗逆转录病毒药物——非核苷逆转录酶抑制剂（Non-nucleoside reverse transcriptase inhibitors or NNRTIs）问世。它们比蛋白酶抑制剂更便宜且更容易生产，降低了治疗成本。

2007 年，FDA 批准了抗逆转录病毒药物——整合酶抑制剂（the integrase inhibitor）—拉特格韦（Raltegravir），它迅速成为联合抗逆转录病毒疗法的重要组成部分，但艾滋病毒可以通过多种途径对拉特格韦药物产生耐药性。

2013 年，第二代整合酶抑制剂——多替拉韦（Dolutegravir），获得 FDA 批准。多替拉韦可以阻碍艾滋病毒产生耐药性。在临床试验中，多替拉韦对以前未接受过艾滋病治疗的患者和接受过治疗的患者（包括第一代整合酶抑制剂无效的人）均有效。多替拉韦其他优点包括：用药方便（每日一次）、良好的安全性和相对较低的生产成本。多替拉韦已成为一线治疗方案中的核心药物。

目前，药物治疗非常昂贵，非洲国家的患者负担不起，所以艾滋病死亡率仍然极高。2020 年，全球艾滋病死亡 68 万人，非洲死亡人数高达 46 万人，相比之下，发达国家北美和西欧仅 1.3 万人。

当务之急，就是研制预防性艾滋病疫苗，挽救数百万人的生命。疫苗历来是预防甚至根除传染病的最有效手段，它们安全、便宜、高效地预防发病、残疾和死亡。疫苗被广泛用于预防脊髓灰质炎、水痘、麻疹、腮腺炎、风疹、流感、甲型和乙型肝炎以及人乳头瘤病毒等疾病。

艾滋疫苗

自从艾滋病毒作为艾滋病的病因首次被发现已经过去38年，但仍然没有针对这种疾病的疫苗，原因是什么呢？

原因是多方面的：

第一，感染的长期性。与新冠病毒只在人体内存活几十天不同，HIV感染是终身的。艾滋病毒在患者体内以惊人的速度复制，每天产生数万个新病毒。这些新病毒中的每一个都带有至少一个独特的突变，多年下来，每个患者体内携带无数突变体。很难有一种疫苗可以有效地攻击这么多的、一直不停突变的病毒群体。

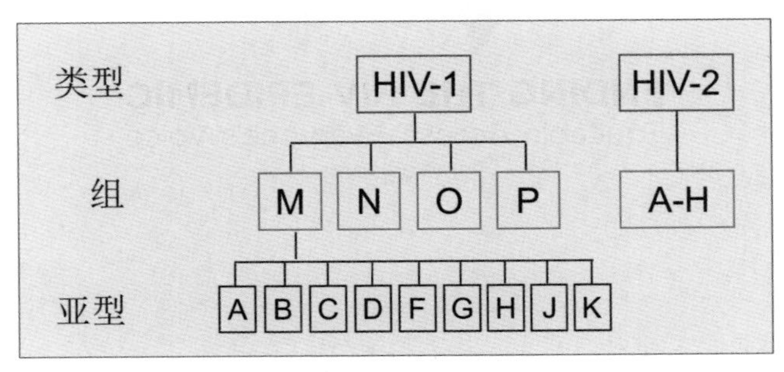

艾滋病毒的众多亚型

第二，艾滋病毒采用多种策略来躲避免疫系统：病毒用一层致密的糖分子覆盖自己的表面，这些糖分子结构与人体的糖分子结构一样，所以，人体免疫系统不将糖分子视为异物，不产生抗糖的特异性抗体，从而，人体也就无法抗艾滋病毒。

第三，艾滋病毒是逆转录病毒，它们进入人体后，感染免疫系统的T细胞，它能够将其遗传基因插入 T 细胞 DNA，在细胞中建立一个隐藏的储存库。人体免疫系统不能识别插入自身基因库中的病毒基因，也就无法产生抗体根除艾滋病毒。

迄今，唯一部分成功的疫苗测试实验代号为 RV144，它使用复杂多次接种方式。参与者总共接受了 6 次注射：4 个主要接种注射和两次加强注射。与未接种疫苗的对照组比较，感染风险降低了 2%。但是，有效的疫苗必须将感染风险降低到 50%。

科学家一定能研制出有效的艾滋疫苗。让我们一起期待那个传奇的日子。

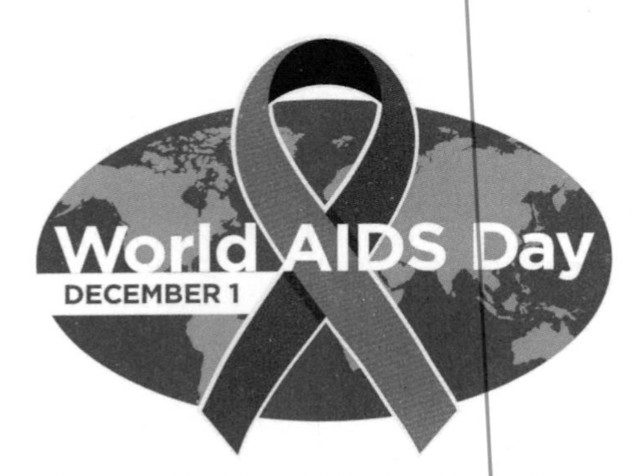

世界艾滋病日

尾　声

整整两年后，新型冠状病毒肺炎疫情还没有停止的迹象！

一百年来最大规模的病毒瘟疫，遍及全球每个角落。至 2021 年 12 月，全球已有 2.7 亿人感染，531 万人死亡，数字触目惊心！

意料之外，情理之中。人类 6 次遭遇冠状病毒，情况已经越来越糟。

早在 20 世纪 60 年代中期，科学家就发现了两种引起普通感冒的冠状病毒，一种新的人类冠状病毒 –229E 和另一种新的人类冠状病毒 –OC43。因为它们的形态像日冕，科学家给它们取名叫“冠状病毒”。这两种冠状病毒销声匿迹了几十年，一直到 2002 年才再次出现。

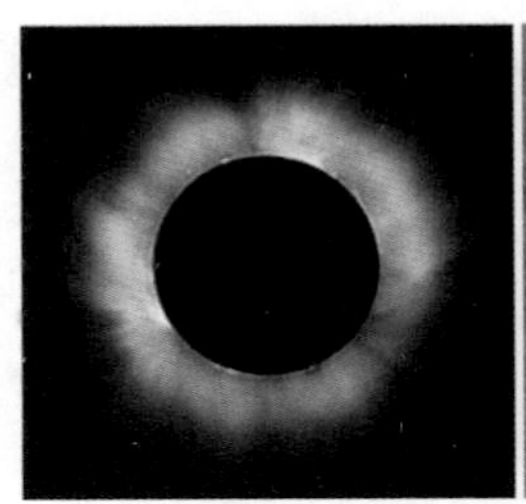
日冕

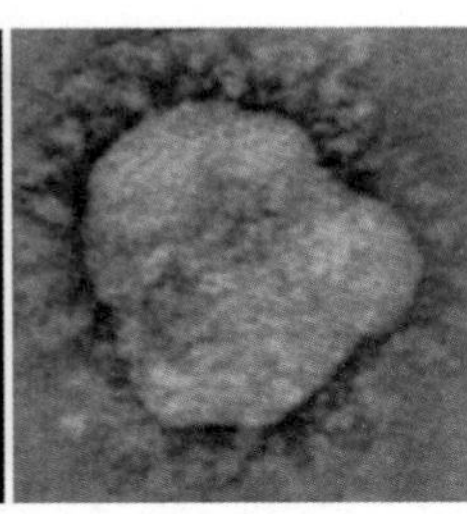
HCoV–229E

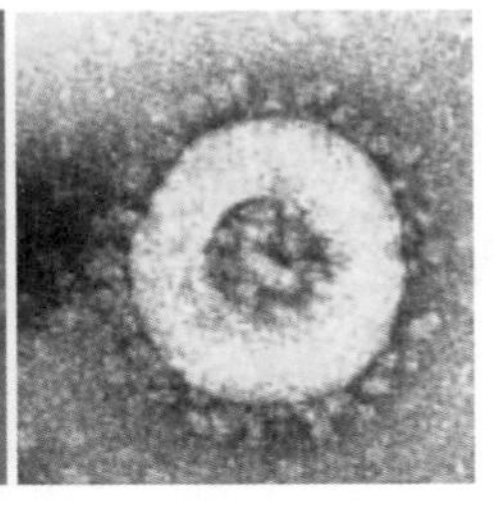
HCoV–OC43

与日冕相似的冠状病毒

2002 年 11 月，一场非典型性肺炎（非典）忽然袭来，引发感染和死亡，其背后的元凶就是一种新的冠状病毒：严重急性呼吸综合征冠状病毒（SARS–CoV）。病毒最终蔓延到 29 个国家。尽管最终确认该疾病仅感染了

8096 人，但造成 774 人死亡，死亡率接近 10%！这令人震惊的高死亡率引发全球恐慌，人人自危。冠状病毒一夜之间成为对人类构成重大威胁的新兴病毒（Emerging Virus）。

就在人们的注意力都集中在严重急性呼吸综合征冠状病毒引发的非典的时候，另一种新的人类冠状病毒出现在荷兰首都阿姆斯特丹。这次与 20 世纪 60 年代一样，冠状病毒也是成群结伙外溢。

2003 年 1 月的一天，一对夫妻抱着一个 7 个月大的婴儿焦急地跑进医院，"孩子发高烧，医生在哪里？"妈妈边跑边大声问。

"随我来！"护士立即将他们带进急诊室。

果然，孩子的体温高达 40° C。医生初步诊断为鼻炎和结膜炎，胸片显示毛细支气管炎的典型特征。为了对症下药，医生收集鼻咽分泌物（样本编号：NL63），对其进行各种常规病毒检测，结果均呈阴性，医生怀疑孩子可能感染了一种新的病毒。

他们将样本接种到猴肾细胞，观察到样本引发猴肾细胞病变。

荷兰科学家很快分离出另一种新的人类冠状病毒–NL63（HCoV–NL63）。为了弄清小孩子感染是一个孤立的临床病例，还是人类冠状病毒–NL63 已经在人类中传播，荷兰科学家重新检测过去 10 个月（2002 年 12 月至 2003 年 8 月）住院患者和门诊患者的呼吸道样本。结果发现另外 7 个患者携带人类冠状病毒–NL63，其中 4 个是不满周岁的婴儿。

后续研究表明该病毒主要存在于幼儿、老年人和患有急性呼吸道疾病的免疫功能低下的患者中。据阿姆斯特丹进行的一项研究估计，大约 4.7% 的常见呼吸系统疾病患者携带人类冠状病毒 NL63。

相隔一年，2004 年 1 月，中国科学家在香港一名 71 岁男子身上也分离出一种新的人类冠状病毒，人类冠状病毒–HKU1（HCoV–HKU1）。他当时患有肺炎。于是，科学家重新检测过去 11 个月收集的样本（肺炎患者的鼻咽分泌物），发现有 13 个人患有人类冠状病毒 HKU1。该病毒随后也在澳大利亚、欧洲和美国零星出现。

从2002年到2004年，两年之内发现了3种引发呼吸道疾病的人类冠状病毒，频率之高实属罕见。这也许是人类将要面临更多更致命的冠状病毒的前兆。

果然，冠状病毒又来了！

2012年，一种更致命的冠状病毒外溢到人类，引发中东呼吸综合征。中东呼吸综合征冠状病毒虽然没有大规模流行，但不断小范围暴发，其中，以2015年在韩国和2018年在阿拉伯半岛的暴发最为严重。相对于2003年的非典，中东呼吸综合征更为可怕：第一，其死亡率高达35%；第二，它一直存在于人群中，伺机暴发。中东呼吸综合征的流行，再次向人类敲响了冠状病毒的警钟。

在沉寂50年后，人类冠状病毒-229E突然引发急性肺炎！

2016年，希腊雅典一名45岁的学校老师来到医院的急诊室。她是一位不吸烟且没有重大健康问题的女性，但有异常症状：发烧超过39.4° C，干咳和剧烈头痛。当急诊医生为她检查时，注意到她的左肺下部在呼吸时嘎嘎作响，胸部X光检查异常。医生认为这是细菌性肺炎，对女教师采用抗生素治疗。但是，在接下来的两天里，女教师的病情不仅没有出现预期的缓解，反而持续恶化，开始出现呼吸衰竭。医院一面给女教师输氧，更换抗生素，一面积极寻找病原体。令人失望的是，一项项的检测结果都是阴性，包括各种流感病毒株、严重急性呼吸综合征冠状病毒、中东呼吸综合征冠状病毒、引起严重呼吸道疾病的细菌军团菌（Legionella pneumophila）和百日咳博德特氏杆菌（Bordetella pertussis）。正当医院开始怀疑这是一种新型疾病时，实验室送来一份检测结果，完全出乎医生们的意料！他们不相信这一结果，要求实验室重新进行测试。重检结果还是一样的：女教师感染了20世纪60年代发现的第一个人类冠状病毒，人类冠状病毒-229E！

病毒虽然是旧病毒，但它发生了变异，造成患者症状更加严重。原始-229E毒株只引起感冒，50年后则可以引起急性肺炎。

总算幸运，女教师最终从疾病中康复了。在随后的两年里，医生对她的肺部进行了定期扫描，结果都表明她已经完全康复。

这些只是序曲。3年后，2019年底，新型冠状病毒席卷全球，成为百年来规模最大、强度最高的病毒瘟疫！

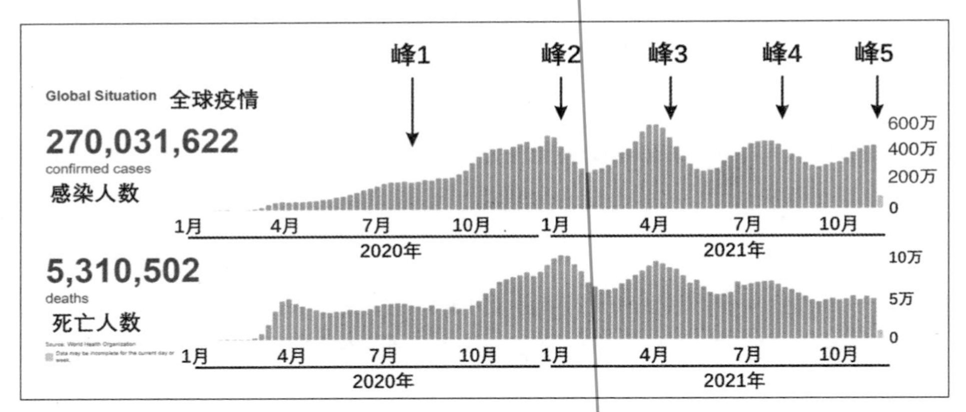

截至 2021 年 12 月全球新型冠状病毒每周感染和死亡人数

新型冠状病毒突变株

世界卫生组织标签	盘古血统	发现国家和时间	变异位点	
Alpha	B.1.1.7	英国，2020 年 9 月	+S:484K +S:452R	受关注变体
Beta	B.1.351	南非，2020 年 5 月	+S:L18F	受关注变体
Gamma	P.1	巴西，2020 年 11 月	+S:681H	受关注变体
Delta	B.1.617.2	印度，2020 年 10 月	+S:417N +S:484K	受关注变体
Omicron	B.1.1.529	南部非洲多国，2021 年 11 月		受关注变体
Lambda	C.37	秘鲁，2020 年 12 月		感兴趣的变体
Mu	B.1.621	哥伦比亚，2021 年 1 月		感兴趣的变体

截至 2021 年底，新型冠状病毒感染已出现四次峰期，一个接着一个，第五次峰期正在开始。第二、第三、第四及第五波疫情火山似暴发背后的推手都是新型冠状病毒突变株（上表）。

科学家们在与时间赛跑。从鉴别出新型冠状病毒到测序，仅用了不到 1

个月的时间。

新型冠状病毒和其他冠状病毒一样，具有独特的表面突起，称为刺突，刺突是冠状病毒的最显著特征。平均而言，冠状病毒颗粒具有 74 个刺突，每个刺突约 20 nm 长，称为 S 蛋白，它由 S1 和 S2 亚基组成。S1 亚基与宿主细胞膜上的受体结合，进入细胞。这些发现为疫苗的研制提供了宝贵资料。在不到 1 年的时间内，多个国家成功研制出多种类型的疫苗：传统的灭活疫苗、新兴的 DNA 疫苗和首次成功采用的最新 mRNA 疫苗。这些疫苗迅速在大部分国家广泛使用，然而，即使在两针疫苗接种率超过 70% 的国家，一旦人群密集和不戴口罩，感染率又迅速攀升。

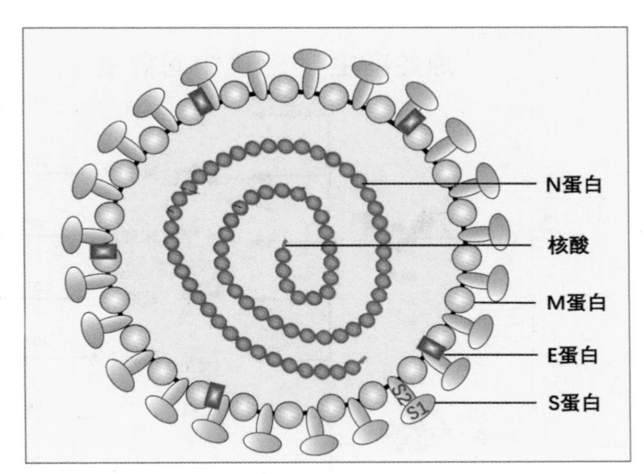

新型冠状病毒结构

人类不禁要问，我们能够根除新型冠状病毒吗？

病毒灭绝必须满足 4 个条件：（1）病毒应该只在人类之间传播，也就是说，不能在动物之间传播；（2）疫苗产生持久的免疫力；（3）疫苗接种覆盖率高；（4）大多数感染者有症状，也就是说，无症状感染者的比例小，这样才能及时采取隔离和治疗。

天花病毒满足这 4 个条件，成为至今唯一灭绝的病毒。

让我们来看看新型冠状病毒是否满足这 4 个条件。（1）新型冠状病毒可以反向外溢到各种哺乳动物特别是水貂，但是，是否能在动物中传播不确定；（2）现有的疫苗虽然有效率很高，但持久性不尽如人意，刚刚接种两针不到一年，就在谈论第三针；（3）疫苗全球范围的覆盖率现在还不够；

（4）无症状感染者的比例似乎呈上升的趋势。按照最新的估计，超过三分之一的感染是真正无症状感染。与老年人相比，儿童的无症状比例更高。以上分析表明，根除新型冠状病毒的可能性很低。最终结果如何，让我们拭目以待。

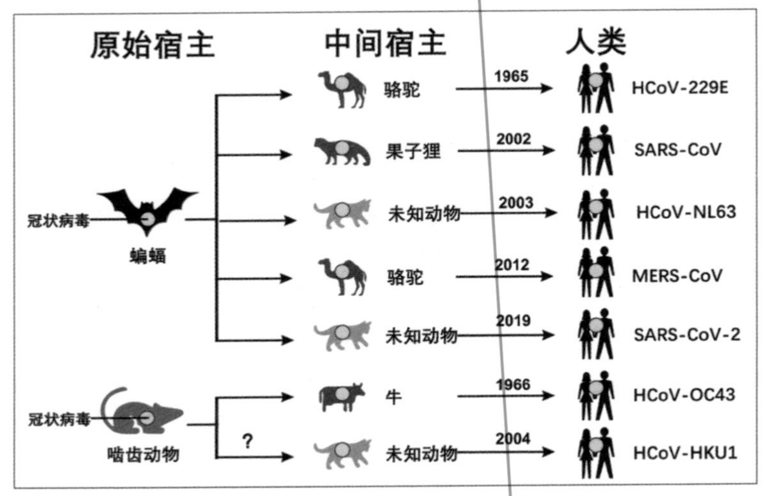

冠状病毒从动物外溢到人类

冠状病毒对人类造成的伤害越来越严重。从 20 世纪 60 年代的普通感冒（人类冠状病毒-229E 和人类冠状病毒-OC43 引发），到 21 世纪初的严重肺炎（严重急性呼吸综合征冠状病毒和中东呼吸综合征冠状病毒引发），到当前的新冠肺炎（新型冠状病毒引发）。

仅仅 50 年的时间，7 种冠状病毒从动物相继外溢到人类，5 种从蝙蝠外溢，两种从啮齿动物外溢。它们都经过中间宿主，4 种冠状病毒的中间宿主已经找到，包括严重急性呼吸综合征冠状病毒（果子狸）、中东呼吸综合征冠状病毒（骆驼），但还有 3 种冠状病毒包括新型冠状病毒中间宿主还没找到（上图）。

频繁暴发的病毒瘟疫，居高不下的慢性病毒疾病（艾滋病，肝炎）死亡率，给人类敲响了警钟。人类必须接受教训，改变自身的行为。

首先，人类必须善待野生动物。

2021 年 2 月 24 日，在疫情防控的关键阶段，十三届全国人大常委会第十六次会议通过了《全国人民代表大会常务委员会关于全面禁止非法野生动物交易、革除滥食野生动物陋习、切实保障人民群众生命健康安全的决定》（简称《决定》）。这个《决定》聚焦滥食野生动物的突出问题，为各级执法、司法机关严厉打击非法交易、食用野生动物等行为提供了有力法律依据，为全力做好疫情防控工作、夺取抗疫全面胜利提供了坚实的法治支撑。我们要毫不松懈、再接再厉，抓实抓细《决定》的贯彻实施工作，加强宣传阐释和教育引导，依法保障人民群众生命健康安全，推动全社会形成科学健康、绿色环保的生活方式和文明风尚。

其次，人类必须善待自然。

广泛的森林破坏增加了新型病毒外溢的机会，人畜共患病愈来愈多，日趋严重。人类活动排放大量 CO_2，已造成全球气温升高，蚊子的分布范围越来越广，使蚊子传播的黄热病、登革热病、寨卡病和西尼罗河病等疾病，从热带扩展到温带。各国政府虽然已经感受到后果，认识到问题的严重性，并正在采取行动，但是行动太迟，力度也不够。

2015 年世界各国达成《巴黎协定》，它是迄今最重要的全球气候协定。《巴黎协定》要求所有国家作出减排承诺，各国政府设定了称为国家自主贡献（Nationally Determined Contributions，NDCs）的目标，其目标是防止全球平均气温比工业化前水平高出 2° C（3.6° F），并努力将其保持在 1.5° C（2.7° F）以下。它还要求在本世纪下半叶实现全球净零排放，即排放的 CO_2 气体量等于从大气中去除的 CO_2 气体量，这也称为碳中和（Carbon neutral）。然而，5 年过去后，联合国环境规划署（UNEP）的分析表明，现有的政策不能实现 1.5° C 的目标。必须有进一步的行动。

2021 年 11 月，在苏格兰格拉斯哥举行了 2021 年联合国气候变化框架公约缔约方第 26 次会议。在这次会议上，受中美两国签署《中美应对气候危机联合声明》的鼓舞，与会国在多个领域达成多项新协议，在实现 1.5° C 目标的道路上又迈进一步。特别值得一提的是，来自覆盖世界 85% 森林的国家的

100 多位世界领导人承诺到 2030 年结束森林砍伐，而且 30 多家金融公司承诺停止对与森林砍伐有关活动的投资。

最后，人类必须消除不均，全球共同进步。

科学家不断推出针对各种病毒传染病的疫苗、测试方法和药物，足以从容应对各种病毒传染病。那么，为什么有些病毒还是没有有效地得到控制或者灭绝呢？

真正阻碍人类有效控制病毒传染病的已经不是科学，而是社会不公、贫富不均。

以艾滋病为例，在西方发达国家，艾滋病患者可以接受最新最好的治疗，他们的生活基本不受艾滋病的困扰，他们的预期寿命和健康人一样。然而，在非洲，许多艾滋病患者不能得到有效的治疗，每年仍然有近 50 万人死于艾滋病。主要原因就是药费昂贵，特别是受专利保护的新药。

再以肝炎为例，在西方发达国家，甲型和乙型肝炎疫苗早已普及，但在第三世界，疫苗的接种率则远远落后，导致无数生命早夭。仅乙肝疫苗一项，如果能将全球 110 个中低收入国家的接种率提高到 90%，10 年内，可挽救 71 万人的生命。

这次新型冠状病毒疫苗的接种再次凸显贫富差距。在 2021 年的前 9 个月，西方发达国家愿意接种疫苗的人都已完成两针接种，而在许多第三世界国家，特别是大多数非洲国家，接种率只有个位数，有的不到 1%。

根除麻疹和脊髓灰质炎一直是个挑战，因为必须生产大量疫苗，分发到偏远地区和战争地区。国际卫生组织现在正在努力应对这一挑战。

一线医务人员、公益组织和国际卫生组织长期呼吁，但西方发达国家政府和医药公司为了赚钱，不肯放弃或放宽专利权，使得治疗费用居高不下。

富裕国家有责任为贫困国家提供药物和疫苗。在交通高度发达的今天，只有全球的疫情得到控制，瘟疫才是真正得到控制，否则，当今世界的城市化和全球化将使疫情再次迅速蔓延到世界其他地区。

是否能在全球普及预防和治疗？这，正在考问西方国家的良心。